陈先达先生

　　陈先达（1930—2024），江西鄱阳人，我国著名马克思主义哲学家和教育家，教育部社会科学委员会委员、哲学学部召集人，教育部哲学领域"101 计划"专家组首席专家，中国人民大学荣誉一级教授。1953 年从复旦大学历史系毕业，1956 年从中国人民大学哲学研究班毕业后留校任教，曾任中国人民大学哲学系主任、中国人民大学学术委员会主任、中国历史唯物主义学会会长、北京市哲学会会长、国务院学位委员会第三届学科评议组成员等。

　　作为新中国培养的第一批马克思主义理论家的杰出代表，陈先达先生在哲学基础理论、马克思主义哲学史、马克思主义哲学中国化、中国特色社会主义文化理论等方面有精深的研究和著述，主持课题四十余项，出版《陈先达文集》（十四卷）、《漫步遐思：哲学随想录》等著作多部，发表文章两百余篇，产生了广泛的学术和社会影响，被誉为"行走的马列字典"、当代中国马克思主义哲学研究领域的旗帜性人物，为传播和发展马克思主义哲学，为推进马克思主义哲学中国化时代化作出了突出贡献。曾荣获中宣部第七届、第九届、第十四届精神文明建设"五个一工程"奖、第五届吴玉章人文社会科学终身成就奖、全国普通高等学校人文社会科学研究优秀成果一等奖、北京市哲学社会科学优秀成果特等奖和一等奖、第二届高等学校优秀思政课教师一等奖教金。被评为北京市优秀共产党员、北京市"教书育人"先进工作者，荣获"全国十大最美教师"称号。

哲人哲思
– 书系 –

01

Philosophy and Life

哲学与人生

陈先达 – 著

中国青年出版社

图书在版编目（CIP）数据

哲学与人生/陈先达著 . —— 北京：中国青年出版
社，2025.1. —— ISBN 978-7-5153-7531-1

Ⅰ.B821-53

中国国家版本馆 CIP 数据核字第 20240RG823 号

01

哲人哲思
- 书系 -

哲学与人生
Philosophy and Life

陈先达 著

特约策划：王　瑞	印　　装：北京中科印刷有限公司
责任编辑：李钊平　彭慧芝	经　　销：新华书店
装帧设计：今亮后声 HOPESOUND pankouyugu@163.com	规　　格：710mm×1000mm　1/16
出版发行：中国青年出版社	印　　张：28
社　　址：北京市东四十二条 21 号	字　　数：336 千字
网　　址：www.cyp.com.cn	版　　次：2025 年 1 月北京第 1 版
编辑中心：010-57350578	印　　次：2025 年 1 月北京第 1 次印刷
营销中心：010-57350378	印　　数：1-6000 册
	定　　价：98.00 元

如有印装质量问题，请凭购书发票与质检部联系调换 联系电话：010-57350337

让哲学回归生活

法国作家莫里哀的喜剧《醉心贵族的小市民》中有个人物茹尔丹，他是小市民，偏偏醉心于贵族，处处假装爱艺术、爱文学。他弄不清什么是散文，别人告诉他，你说的就是散文。他说，天啊，我整天说散文却不知道什么是散文！恩格斯曾引用过这个故事，他说，"人们远在知道什么是辩证法以前，就已经辩证地思考了，正像人们远在散文这一名词出现以前，就已经在用散文讲话一样"。哲学也是如此。在我们的日常生活中，就存在哲学。

我们面对两种哲学：一种是生活中的哲学，一种是书本上的哲学。我们不但要学习书本上的哲学，更应注意生活中的哲学。哲学既不能没有形而上的问题即纯哲学问题，也不能没有形而下的问题即生活中的哲学问题。没有形而上只有形而下，哲学就会变为生活常识；可没有形而下，哲学就在天上，没有着陆点，永远与人的生活相分离。

哲学家的哲学，就是历史上或当代一些哲学家创立的哲学体系。例如，中国古代的老子、庄子，西方的苏格拉底、柏拉图、康德、黑格尔等，这些人提出了基本的哲学概念、范畴和理论体系。我们要学习哲学家的哲学，学习中国、西方、马克思主义的哲学经典著作，学习他们的哲学思想。这是非常重要的。

但我们千万不能忘记还有一种哲学，就是生活中的哲学。如果我们只懂书本上的哲学而不懂生活中的哲学，这就叫书斋哲学、书呆子哲学。德国哲学家叔本华在《论哲学和智力》一文中说过一段很深刻的话，大意是说，哲学家比任何其他人更应从直观知识中汲取素材，因此哲学家的眼睛应永远注视事物本身，让大自然、世事、人生而不是书本成为他的素材；不能把书本视为知识的源头，书本只是哲学家的辅助工具而已。当然，这不是说读书不重要，而是说要读活书、活读书。生活中的哲学不以命题、范畴的方式呈现，而是日常生活中经常发生的、能从中体悟出哲学道理的生活状态。生活中的哲学智慧是丰富多样的："变""联系""矛盾""过程"等都是活生生的生活观念。

矛盾变化是什么？是辩证法，所以日常生活现象中的变与不变就是哲学问题。老百姓从日常生活中都知道，事物是变化的，人也是变化的。例如，古代有一个故事，说的是一个儒生找裁缝做衣服，衣服前短后长，他不乐意，说为什么前短后长？师傅说，你未发达，逢人低头，自然前面短点，便于弯腰。后来他考中状元，又找了这位师傅做衣服，变成了前长后短，他又不乐意，问为什么这次前长后短？师傅说，这次你做了官，不用低头而是挺胸、昂头，自然前面长点好。这则故事里包含的不仅有裁缝哲学，还有成衣哲学、人生哲学。

又如，人们从一片树叶落地就知道秋天到了，即所谓"一叶落而知秋"。这里面包含的是什么？是联系的观点，也是一种关于事物信息的观点：一个事物的变化与另一事物的变化相联系。我们可以从一个事物的变化看到与它相联系的事物变化。如果世界上事物彼此没有联系，都是孤立的，就不可能一叶落而知秋。矛盾也是如此。什么叫闹矛盾？就是把矛盾扩大、激化，但如果及时交流、化解，就能使矛盾得到解决。这些都是哲学问题。

关于过程的思想是最重要的哲学思想之一，恩格斯称之为伟大的哲学思想。万物发展都是一个过程，如一串葡萄很简单，但要得到葡萄，就必须经历种树、施肥、浇水、除虫等一系列过程。没有过程，就没有结果。过程通常是枯燥的，而结果往往是丰富的。人也是一样。例如，一个刚开始学钢琴的人，练琴时使人掩耳，自己也苦不堪言；而一旦成为钢琴大师，他的成果就是辉煌的。只要结果、不要过程是不可能的，要重视过程。台上一分钟，台下十年功。这就是生活中的过程哲学。

让哲学回归生活，不是蔑视经典、回归平庸，而是既要重视经典，更要重视生活。哲学家应善于从平凡的日常工作和生活中捕捉为人熟知但不真知的哲学问题。不是把生活作为书本的注脚，而是把书本作为生活的注脚，这样的哲学家才是贴近生活、贴近群众的哲学家。

代序：让哲学回归生活

第一章 | 理解哲学

第二章 | 思辨人生

第三章 ｜ 生活智慧

第四章 | 历史视野

第五章 | 文化反思

第六章 │ 叩问信仰

哲学与人生　Philosophy and Life

理解哲学

哲学难题之谜的破解

布哈林说，人们不会去数落在窗户上的苍蝇有多少只，可是牧民会计算自己有多少头牛和羊，因为前者与个人生活无关，而后者即牛羊是自己的财产。人只关心自己或创造自己需要的东西。各门科学、各种技术，甚至各种风俗禁忌，无不如此。在社会生活中，与人类无关的学说是不可能产生的。哲学不是哲学家们闲极无聊的思索。哲学需要思索，需要有闲暇，但思索与闲暇并不是哲学产生的原因，而是产生哲学的条件。

什么是哲学？是个难题。从来没有一种学科像哲学这样，它存在着、发展着，而且出现各种学派，但不知道是什么，都在追问什么是哲学。哲学家为"什么是哲学"而为难。黑格尔说过，哲学有一个显著的特点，与别的科学比较起来，可以说是一个缺点，就是我们对它的本质，对于它应该完成和能够完成的任务，有许多大不相同的看法。

罗素也说，哲学是无法定义的。他说，如果有人问我什么是数学，我们可以给他一个词典上的定义，说数学是数的科学。对于任何一个具体学科，我们都可以通过这种方式定义，但我们不能说哲学是关于哲学的学说，这种同义反复毫无意义。连黑格尔、罗素这样顶尖哲学家都为什么是哲学而为难，岂非咄咄怪事？

其实所谓难题，并不是说哲学家不知道什么是哲学，而是难在寻找一个一致赞同的"什么是哲学"的定义。迄今为止，这个共同定义还不存在。每个哲学家都知道什么是哲学，都有自己的哲学观，对什么是哲学都有自己的看法。对哲学家来说，哲学就是自己研究的东西，自己研究的就是哲学。

在黑格尔看来，哲学本质的多义性是哲学的缺点，因此他要寻找"真的哲学概念"。在他看来，哲学就是"反思的学说"，是对思想的思想。他说哲学是黄昏时起飞的猫头鹰，意思与反思一样，对事实的反思是对事实内在的反思，即对思想的反思。当黑格尔说哲学就是哲学史时，他实际是在说，全部哲学史或者说历史上的哲学家进行的全部工作都是对思想的反思，哲学史昭示给我们的是一系列的高尚心灵，是许多理性思维的展览，他们凭借理性的力量深入事物、自然和心灵的本质，即思想和精神。马克思说，对黑格尔来说哲学家是"回顾既往的意识"，是"事后才上场的"。

我们能不能换个视角，不着力寻找"什么是哲学"的共同定义，而是用历史唯物主义观点探求人类为什么需要哲学，全部哲学发展史向我们展示的内容究竟是什么？可能这个问题比较容易回答。

哲学离不开人类的需要。人与动物不同，动物是自然的一部分，它的生存是适应自然，而人类需要改造自然，为此需要理解自然，理解自己生存于其中的环境。哲学当然是哲学家的创造，他们都是按照自己的兴趣、学识和爱好创造某种哲学的。但把哲学的产生仅仅归为哲学家的个人兴趣，就永远无法理解什么是哲学。从根本上说，人类只有产生理解自身生存环境的需要，才会产生哲学。没有人类对哲学的需要，世界上就不可能出现哲学家。人类需要哲学，才会出现哲学和哲学家。这不是实用主义。哲学确实是有用的。如果哲学根本无用，世界上就不会出现哲学。我们还没有见过绝对无用的东西能成为一门学问。哲学无用即有用，无小用有大用，大用仍然是用。古希腊罗马哲学家自认为是为哲学而哲学，毫无实用之意，这可以理解，因为他们大都是有闲有钱有奴隶的人，不是为了个人生存而爱好智慧。可他们自认为为知识而知识的哲学，就真的无用吗？不是，只要看到至今古希腊罗马哲学家的思想仍在影响人类，影响我们的思想和时代的哲学思维，就知道哲学是为"用"而产生的。哲学家把哲学视为灵魂的追求，鄙视追求实用，但实际上，只要一种哲学产生出来，就会在或大或小的范围内发生影响。一个民族的哲学家越是伟大，他的影响作用越久远，就越能超越国界。

人类处境有相似之处，都要面对残酷的自然，面对许许多多困扰人类生存的自然问题，面对自己从何处来到何处去的问题。因此，如何认识与自己生存息息相关的自然、认识人类自己、认识人类生存于其中的社会，就成为与人类生存密切相关的根本性问题。人类要理解自然才会产生自然观，理解人和人类生活的意义才会产生人生观，理解社会才会产生社会历史观。人类生存需要解答的这些根本性问题，就构成哲学的本质。人类哲学思想不可能同时提出这些问题，而是先从对自然本质的探索，逐步发展到认识人类自己。当人类的自我认识发展到一定阶段，要求对人生百态和人类命运进行回答时，就会进入社会问题的探索。尽管人类对自然、人、社会的哲学探索过程中，可以产生不同的哲学家、哲学学派，哲学体系和人物的更替也因此表现为哲学史，但它展示的是从不同问题、不同角度、不同水平切入的对自然、人和人类社会普遍问题的求索。

没有抽象的自然、抽象的人和人类社会，它们都必然表现为特定民族生存中的现实自然、具体的人和具体的社会。哲学具有共性，但由于各个民族生活于不同的自然环境，各自的生存条件的差异导致了各个民族发展水平的差异，因此，有的民族哲学思维发展较早，被称为哲学早熟的民族，如古代希腊、印度、中国，以及两河流域的埃及、巴比伦等。哲学具有民族性，会产生各种不同类型的哲学。而且随着时代发展，人类面对的自然、社会不同，人类面对的自身的问题也不同，因而会产生具有不同时代特征的哲学体系。没有抽象哲学家，哲学家都是现实的具有个性的思想者。即使同一个民族、同一个时代，其哲学家的兴趣不同、关注的问题不同，问题的切入点和思维方式也不同，因而哲学是有个性的存在，这就是不同的哲学体系。由于哲学的民族性、时代性和个体性，会出现各种各样的定义，但归根结底都不可能超出一个大圆圈，这就是都离不开对自然、人与社会的根本问题的探索。

不要抽象争论哲学是"一"还是"多"。哲学既是"一"又是"多"。哲学是"一"，但它的存在方式是"多"。哲学没有唯一的榜样，哲学以哲学家为承载器具，以哲学体系的方式存在，以民族的思维方式和价值观念的方式存在。哲学体系无论如何多样，它都是哲学，都属于同一学科，都是以各种方式探索自然、探索人与自然、人与社会，以及人与自我关系中的普遍性问题。哲学异中有同，哲学可以由于共同的对象而成为一个学科——哲学学科。

哲学体系间的区别是哲学问题探讨的方式和解决方式，运用的范畴和概念不同，而不是哲学与非哲学的不同，这种差别是同中之异。同中之异是哲学史，异中之同是哲学。人类的生存和实践需要解决的是共同的问题，决定哲学应该有共同定义，而哲学史展示的是差异性中的共同点，也表明哲学可以定义。

哲学从根本上说是源于人类生存的需要，源于人类对生存于其中的自然、社会和对人自身理解的要求。人类并不是从成为人开始就有产生哲学的要求和能力，最初只有牲畜般的动物意识。哲学的产生需要人类文化的积累、抽象思维的发展，以及生产力的发展和体力劳动、脑力劳动分工的出现，需要一些有空思考的智者。不管哲学在何种条件下产生，它的产生决不是源于爱好思辨的哲人的头脑，也不是单纯出于惊奇，尽管哲学的产生需要哲学家和哲学探索的头脑，需要面对无法理解的种种自然现象的惊奇。哲学探索可以说是哲学探险和探奇。

哲学史表明，哲学的产生就是为了人类生存和实践的需要，而不是单纯出于哲学家的思辨爱好。那种认为哲学应该高居哲学圣殿、离生活、离群众越远越好的观点，是与人类对哲学的需要相悖的。凡是伟大的哲学家，无一不对自己时代有关自然、人或社会的一些根本性问题，或者以哲学方式提出问题，或者探求答案。哲学研究需要闲暇，需要兴趣，但更需要对"什么是哲学"的正确理解。

哲学的使命

有人问我，你是干什么的？我说是哲学教员，夸大点是哲学家，谦虚点是哲学工作者。可人家又问，哲学工作者是干什么的？你们的使命是什么？这就很难回答了。我相信许多像我这样的人，从来没有考虑过哲学的使命问题。

一个理发师知道自己是干什么的。理发员就是为人理发，如何把头发理好，或者理得有点花样，顾客满意，这就是他们的使命。

一个修鞋的人知道自己的任务就是修鞋。把鞋修好、修结实，顾客拎破鞋而来，取好鞋而回，这就是修鞋者的使命。

一个厨师知道自己是做饭做菜的，把菜做得色香味俱全，食客称赞；医生知道自己是治病救人，行医济世；律师知道自己是为人打官司的。总之，各个行当、各个职业，都知道自己的使命和任务，知道自己在干什么，知道什么叫干好，什么叫没有干好。唯独哲学家缺少这种专业意识和自觉性。可以说，有的人一辈子都不知道何谓哲学水平高，何谓低。以为能写别人不懂的文章和著作，能思辨，能绕来绕去，就是高。连这点都没弄清楚，遑论哲学的使命！

哲学不是一种实用性技能。实用性技能是手艺，像理发师、厨师、木工之类。这些有技艺的人靠手艺为生，他们的使命就是他们的技能的实现，运用他们的技能实现他们的目的，一清二楚，没有什么可争论的。

哲学也不是一种专业性技能。医生、律师都是具有专业性质的职业，有明确的职业分工和特殊的专业技能。干什么，为什么干，他们的使命和任务也是一清二楚的。

唯独哲学什么也不是。哲学不是实用性技能，因为它不是靠手艺为生，哲学水平的高低并不在"手"上；哲学没有一种工具，不像理发师有电剪，木工有刨子。哲学也不是某种具体的专业性技能，以具体的知识为手段。哲学家不能以哲学为职业，三百六十行中，没有哲学这一行当。当然，哲学家可以当教师教授哲学，他的职业是教师；可以当研究员研究哲学，他的职业是研究员。哲学是课程的内容、研究的内容。哲学是一种学科分类，而不是一种职业分类。

哲学既不是实用性技能，即不是一种手艺，也不是一种具体的专业性技能，不可以成为社会的一种职业、一种行当。但是，哲学是人类不可缺少的最具重要性的一门学问，代表一个国家、民族、社会所能达到的智慧水平。它是时代精神的精华，是文明的灵魂，是人类全部知识和实践的积极成果的凝结，因此任何一个国家和民族都以拥有伟大哲学家而自豪。古希腊有苏格拉底、柏拉图、亚里士多德，德国有康德、黑格尔、费尔巴哈，中国有孔子、老子、庄子等。尼采说过，如果一个民族一个贤哲都没有，那是丢脸的事。

为什么对哲学会产生如此不同的评价？因为评价的标准不同。如果从直接实用的角度看，当然实用性技能最有用，谁的头发长了不需要理发呢？所谓"一招鲜，吃遍天"，讲的就是这种实用性。如果着眼于一个民族的民族精神、道德教化和人文素质，却必然要重视哲学的价值。如果哲学真的一无用处，这种文化现象岂不令人费解！

哲学肯定有用，肯定有大用，但我们不知其用，不知应如何用，才认为它无用。因为知道哲学的大用就是理解哲学，而理解哲学就是一种对哲学作用的哲学理解，是有哲学素养的表现。

哲学实际上也是一种特殊的技能。这种技能，一般人很难理解，很难应用，也很难学会。因为它不像理发师有剪子，木工有刨子，医生有听诊器，律师有各种法律条文，哲学家似乎什么也没有。哲学的技能就在于它是思维的技能、思想的技能，它最大的技能就是引导或者教导人们如何进行抽象的理论思维。抽象思维的特点是不可能依靠任何有形的工具，像马克思说的，化学家可以用试纸，物理学家可以用显微镜，而哲学依靠的是抽象思维能力。如果说哲学有技能的话，哲学最大的技能就是拥有善于抽象思维的头脑——哲学头脑，善于观察事物的眼睛——哲学的眼睛。哲学家的眼睛和非哲学家的眼睛的区别就在于它能从现象看到本质，从事物看到过程，从现在看到未来，即所谓由此及彼，由表及里，察近观远，高瞻远瞩。哲学的眼睛就是哲学头脑的表现。没有哲学思维的头脑就不可能有哲学观察的眼睛，就不可能有理论思维能力，永远只能就事论事。

可以说，哲学是有技能的，并非人们所说的一无所能。它的技能就是思维的技能。怀特把哲学比作斧头，他认为，哲学是为某种目的而设计出来供使用的工具。就此而言，哲学与斧头并无二致。一种哲学可能比另一种哲学优胜些，意味着前一种哲学是一种较好的解释工具，恰似一把砍劈工具比另一把更锋利一样。当然，任何比喻都是不完善的。哲学不可能完全类似于斧头，因为它是具有高度哲学素养才能运用的思维工具。学习某一种技能要求的是训练，是熟练，而哲学的技能是包括人格、理性、信念在内的思维技能，而不单纯是一种实用性技能。它绝非无用，而是超越一切技能的最具价值的技能。

哲学需要专门学习，需要专门研究。否则何必办哲学系？哲学系就是对哲学进行专门学习和专门研究的。陈云说，学习哲学，终身受益，正是强调它是超越一切技能的最重要的技能。

要懂得哲学作为思维技能的重要性，就要理解人。人是宇宙中唯一能思维的动物。帕斯卡尔称人为"能思想的芦苇"。人虽然就其自然本能来说，与其他动物相比是最弱的，仿佛是芦苇，可人有思想，能思维，因而人能自觉地进行实践活动。这就是人作为人的力量所在。可以思维不等于善于思维，能实践不等于能正确实践，要使人成为具有创造性的人，不仅要能思维而且要善于思维，能实践而且要善于实践，就必须学习哲学。因为正确的实践和思维能力，都要求拥有关于世界、社会、人生的基本理论和正确的思维方法。这些不是任何具体科学、任何专门技能提供的。

哲学学说不同于教科书。哲学家的工作是创立哲学学说，而不是编哲学教材。没有任何一种哲学体系能包括各种不同的功能，因为哲学是多种多样的，它的使命也是多种多样的。中国哲学传统偏重政治、人生、伦理，所以中国哲学对如何做人、处世强调较多。例如，孔子把他的道德哲学视为修齐治平的箴言，老子视为"众妙之门"，庄子视为齐万物，一生死，达到至人、真人境界的要言妙道。张载的"为天地立心，为生民立命，为往圣继绝学，为万世开太平"，至今仍为哲学家们称道。西方哲学传统重本体论、认识论、方法论，对哲学作为认识工具和思维方法的功能比较强调。

从哲学史看，中国哲学家负有政治和道德使命，西方哲学家负有科学使命。中国哲学家多是政治家，西方哲学家多是科学家，就可见一斑。当然这也不是绝对的。例如，费希特在《学者的使命》中也专门讲到哲学的人文使命，强调全部哲学，一切人类的思维和学说，其目的无非是要回答最高最深的问题，即人的使命是什么？通过什么手段才能最稳妥地完成这一使命？在费希特看来，哲学的使命在于回答人生的意义和价值。

在所有以往哲学中，马克思赋予哲学家以前所未有的最重要使命，就是不仅要解释世界，更重要的是要改造世界。哲学由哲学学说变为实践的哲学，变为行动的指南。当马克思说无产阶级是人类解放的心脏，哲学是人类解放的大脑时，实际上是说明哲学之所以能担当改造世界的伟大使命，因为它起着人类头脑的作用。人类不可能没有哲学，正如一个人不可能没有大脑。没有哲学的世界是愚蠢的没有智慧的世界，而对无产阶级的解放事业和社会主义建设事业来说，更是如此。这样，我们就可以了解为什么毛泽东如此重视哲学的学习，尤其是每当革命事业或社会主义建设因思想路线和思想方法的错误而遭遇挫折时，总是号召全党特别是高级干部学习哲学，并亲自指定书目，规定要读多少本书的原因。

我们说哲学学说不是教科书，但从功能的角度又可以说它是教科书，因为各种不同的哲学体系都会从不同的角度、不同的方面为人类的哲学思考提供智慧。哲学智慧就像大海，我们每个人都能从这个大海中获取自己需要的东西。

我们可以从各种哲学包括马克思主义哲学中，吸取它们各自的精华，概括出哲学的积极作用。哲学可以提供世界观，这是关于整个世界的总体性、本质性、规律性的哲学图景；哲学可以提供关于认识的理论，它是关于如何获得正确认识和检验认识的指导；哲学可以提供思维方法，因为关于世界的规律性的认识可以在实际应用中成为认识和思维的方法。恩格斯强调，唯物主义辩证法是马克思和他自己

"最好的劳动工具和最锐利的武器"。

总之，哲学是一种素质，是一种才能，是一种品格。真正具有哲学胸怀的人，目光远大、豁达、宽容、雅量，不会为鸡虫得失而斤斤计较。所谓"君子坦荡荡，小人长戚戚"，孔子所说的"君子"就是具有儒家道德哲学和人生哲学理想的人，"小人"则反之。

哲学，特别是马克思主义哲学是可以应用的哲学。马克思、恩格斯、列宁和毛泽东都强调马克思主义哲学的应用性。毛泽东说过，对于马克思主义的理论，要能够精通它，精通的目的全在于应用。一种理论能够应用，意味着它具有某种"可用"的功能。哲学不是一种实用性技能，但它是比任何实用性技能更有用处的理论思维技能；哲学不是一种专门职业，但它是任何职业都离不开的一种特殊的职业。任何实用技能都离不开哲学。革命、建设需要哲学，日常生活也离不开哲学。一个好的厨师不仅要知道调和五味，而且要会看火候。调和五味就是和而不同，看火候就是掌握度。这都是哲学，他们不一定懂哲学但都在自发地按哲学规律办事。一个好的理发师应该根据脸型和头型调整发型；一个好的律师一定思维严密，在法庭上语无伦次绝不会是一个好律师；一个好的医生绝不应该是头疼医头脚疼医脚，而应该有辩证思维和整体观念，这是最简单的道理。尼采说过，在一切科学思想甚至猜想的深处都可以找到哲学思维的踪迹。所以，哲学无处不在，哲学无处不可用。问题是要学习哲学，掌握哲学，不要使应用庸俗化、简单化。

再谈哲学的使命

一个国家的经济发展、社会稳定，有利于科学和技术的发展。在山河破碎、民不聊生的旧中国，科学与技术的落后是不言而喻的。可对人文学科来说，不见得如此。诗人会因民族的苦难而大声呐喊，作家会因社会的黑暗而横眉怒对，愤而为文，字字泣血，句句如刀。所谓投枪匕首式的文字，只能是出于黑暗的压力。可国家太平，日子似乎很平淡，没有风暴没有雷电，也没有激情。如果不调整自己的思想方向，认清自己的新使命，很难出新的精品。小说只能是情爱文学，历史剧只能是戏说，影片多是拳头与床头。诗，不是风花雪月，就是自作多情、无病呻吟。好的作品多来自生活。许多著名的篇章是苦难磨出来的，不是酒足饭饱后侃出来的，"民族危亡多壮士，国家无事唱檀郎"。

文学名著是不可复制的，它只能应时而生。每个时代的作家如何适应自己的时代，明确自己新的使命，调整写作方式都是至关重要的，否则，只能封笔或陷入平庸。在文学史上，有的作品有上半部而没有下半部，或者江郎才尽，这些都是常事。

历史是会有空白的。除了在文学史或其他思想史上，接连不断一茬接一茬出现伟大作家和思想家的事几乎没有。写作不是木工活儿，并不存在一种随时随地都能制作产品的不变技巧。思想终究是思想，在一种地方枝盛叶茂，换个地方或许会枯萎。何况"长江后浪推前浪"，"各领风骚"几乎是一种规律性现象。我们关注的重点应该是有没有新人，有没有新作品，这才是判断一个时代最重要的标准。

作家如此，哲学家何尝不是如此呢？人们总以为哲学家不食人间烟火，只要闭门苦思就能写出传世之作，这是不知哲学为何物的幼稚想法。真正有成就的哲学家是应时代需要而生的。尼采说，每当危机重重，时间之轮越转越快，哲学家就应运而生，天才产生于开始意识到自身危机的民族。

战国时期的百家争鸣，魏晋玄学、宋明理学的兴起，清末西学的传入，以及五四运动后马克思主义的崛起，无不有它们的时代背景和需要。西方也是如此，奴隶制时代的古希腊罗马哲学、资产阶级的启蒙哲学、英国唯物主义、法国唯物主义、德国古典哲学，以及后现代主义的兴起，无不基于社会的需要。有社会需要就会出现一批适应这种需要的人物。马克思主义哲学就是整个西方世界，尤其是英法德的无产阶级苦于资本主义矛盾而产生的对人类摆脱苦难的探求。没有资本主义的社会矛盾及其社会需求，马克思和恩格斯以及一大批哲学家是不可能产生的。

司马迁在《报任安书》中说过一段具有总结性的话，他在列举了从文王拘而演周易以及历史上许多名人名著之后说，这些著作"大抵圣贤发愤之所为作也。此人皆意有所郁结，不得通其道，故述往事，思来者"。这里说的既有个人遭遇，也有民族的不幸。民族危机往往会在更大范围内更广泛地推动文史哲的发展。文学家们喜欢讲20世纪30年代，那不正是民族危如累卵时吗？

难道我们因为要出传世之作，就要整个民族重新陷于苦难吗？这当然是荒唐的想法，也没有人会这样想。新时代、新任务，为什么就不能出新作品呢？文章憎命达，对个人可能如此，做官就难以有空为文，或难以知道或了解下层人民的艰辛，难道整个民族也是这样吗？如果这样，就注定人文科学不能发展。因为中国社会只能越来越发达，越来越富裕，生活只能越来越好。这样，我们似乎陷入了一个怪圈：生活越好，人文越糟，整个民族都躺在沙发上听情歌打发无聊空虚的日子。这不就是整个民族的人文危机吗？精神的匮乏可能比物质的匮乏更可怕。

如果真是这样，这可是整个民族的平庸时代。我相信，正在建设中国特色社会主义的中国，是不会这样的。因为我们的时代和处境不允许我们这样。不始终坚持中国特色社会主义的前进方向，就是倒退或毁灭。历史并没有给我们进行保险，需要我们自己的努力。我们党一直教育全党全国人民要有危机意识、忧患意识，原因正在于此。

每个时代有每个时代的文学和哲学，成就和方式也不可能一样。文学史和哲学史上都有大年有小年，有高峰有低谷，不能说我们的文学和哲学当前就一定处于低谷期。其实，推动文学和哲学发展的动力因素有很多。改革开放四十多年来取得的伟大成就，无论为文学还是哲学都提供了可供总结的素材，其中有需要大力歌颂的旷世伟业，当然也有某些问题需要我们进行批判性的文学反思和哲学思考。问题在于我们的屁股已经习惯于沙发、身体习惯于宽敞的客厅，这才是危险所在。毛泽东当年说，中国的革命文学家艺术家，有出息的文学家艺术家，必须到群众中去，必须长期地无条件地全心全意地到工农兵群众中去，到火热的斗争中去，到唯一的最广大最丰富的源泉中去，观察、体验、研究、分析一切人、一切阶级、一切群众、一切生动的生活形式和斗争形式、一切文学和艺术的原始材料，然后才有可能进入创作过程。否则文学艺术的劳动就没有对象，就只能做鲁迅在他的遗嘱里嘱咐他的儿子万不可做的那种空头文学家或空头艺术家。这段话，对我们的哲学同样适用。

我经常想，我们这些"哲学家"是什么人，要我们干什么？如果我们写的东西别人不爱看，看不懂，既没有对重大社会问题的哲学分析，也没有对理论问题的思想闪光，只有自言自语的哲学独白或对唱，这种哲学有用吗？能走多远？能不被边缘化吗？

我们的时代与社会为哲学的发展提供的可能性空间很大。仅就习近平新时代中国特色社会主义思想而言，需要研究的问题就很多，其中不少是具有创造性意义的重大课题。不是没有什么可研究的，而是我们没有深入研究。

我在平遥参观，看到旧县衙大堂上的两副楹联，一副的上联是"吃百姓之饭，穿百姓之衣，莫道百姓可欺，自己也是百姓"，下联是"得一官为荣，失一官不辱，勿说一官无用，地方全靠一官"。还有一副的上联是"不求当道称能吏"，下联是"愿共斯民做好人"。我们有些干部看到这种楹联，不知有何感想？一些理论文章对于社会腐败现象，不痛不痒、不中肯綮、说不清问题的实质，也没有可行的对策，这种所谓哲学思考是没有用的。

现在不是艾思奇写《大众哲学》的时代，但我们需要艾思奇写《大众哲学》的那种精神。哲学当然是一个需要专门研究的高深学问，也有特殊的专业要求。哲学家不是万事通，但马克思主义哲学家应该接近群众、接近实际，能够对社会普遍关心的现实问题从哲学的角度给予分析，而不是缩在神圣的哲学殿堂里咀嚼自我。

哲学的智慧

对智慧有两种不同的理解。一种是宗教所宣扬的神的智慧，基督教认为上帝代表智慧，有智慧的人就是信仰上帝的人；一种是人的智慧，即人间的智慧。马克思说过，宗教是来世的智慧，哲学是现实的智慧。宗教关心的是来世，是彼岸世界，是死后的世界；哲学关心的是现实世界，是今生今世。因此，哲学代表的是人的智慧。

从哲学上来说，究竟什么是智慧，这是个很难回答的问题。智慧不等于天分，不等于智商高。当然白痴难以成为有智慧的人，但智商高只是生理条件优越，如后天不学习也不可能成为有智慧的人，王安石的著名文章《伤仲永》就是一个例子。古人说过，"小时了了，大未必佳"，也是这个意思。

知识也不等于智慧。哲学智慧不同于实证知识。比如说，知道水 0℃ 会结冰，100℃ 会变为汽，这是科学知识，但由此知道量变可以引起质变并懂得防微杜渐，能够见于未萌而不是谙于成事，这是哲学智慧。知道树叶有正面有背面，房子有阴面有阳面，这是常识，可由此知道事物无不有两面，能够全面看问题，懂得兼听则明偏听则暗，这就是哲学智慧。知道水可载舟亦可覆舟是生活知识，可以比喻官民关系并从中引出治国之道，这是历史智慧。最有趣的是，一些看似违背常识的论断却包含着深刻的哲学道理。说白马非马显然违背事实，可中国哲学中关于白马非马的命题却包含一般与个别关系的哲理。说卵有毛，显然不是事实，可如果卵无毛为什么鸡有毛？鸡的毛是从哪里来的？这显然包含哲学中关于抽象可能性与现实可能性、可能性与现实的关系问题，以及事物变化的同一性问题。飞矢不动不符合事实，可它揭示的运动过程中连续性与非连续性统一的观点，却是一个深刻的哲学命题。哲学智慧与实证知识的不同之处在于，它虽然要以具体知识为依据，但它揭示的是各种知识中蕴含的普遍规律和意义。

我们可以从各种百科全书中查到所需的知识，但绝不可能查到智慧。智慧是一种洞悉问题的能力，它是人类知识和个人实践经验的完美结合和升华。书读得多不一定有智慧，书呆子式的人物并不少见，但是哲学智慧又不能离开对哲学知识的学习和掌握。一个人根本不学习哲学，不了解有哪些哲学问题，有哪些哲学派别，有哪些大哲学家和哲学体系，马克思主义哲学的原理是什么，如此等等，不可能有哲学智慧。

智慧和知识不是相互分离的。赫拉克利特说过，爱智慧的人应当熟悉很多事情；西塞罗说，无知是智慧的黑夜，是没有月亮和星星的黑夜；爱尔维修说，无知会使智慧因缺乏食粮而萎缩。智慧虽然不同于知识，但智慧必须依赖知识。中国古代"智"与"知"是通假字，古书中的"知"字就是"智"字。一个既没有书本知识又没有实践知识的人是不可能有智慧的。一个既无文化素养，又闭目塞听，与外界隔绝不参与实践活动的人，怎么可能有智慧呢？

哲学知识是可以通过学习得到的，但哲学思维方式、思维能力、思维素质是要通过自己的体悟，并在实践中通过运用哲学才能逐步积累起来的。大家都读过《西游记》，孙悟空本领大，一个跟斗十万八千里，唐僧何必骑马长途跋涉，历尽千难万苦去取经呢？孙悟空背着他师父脚不沾地就把经取回来了，岂不省却了许多麻烦？不行，真经是要唐僧自己一步一步去西天取回来的，正如智慧是要自己亲身体悟和积累一样。唐僧即使有高徒齐天大圣，仍然要一步一步去西天取经，暗喻真经是要历经磨难才能取得的。智慧不是单纯的书本上的知识，而是一种在长期学习和实践过程中由知识和实践经验积累而内化成的特有的辨别力。

有智慧比有知识具有更高的判断力。毛泽东对历史非常熟悉，喜欢读史书。对他来说，历史不是故事而是如何从中总结经验吸取智慧的借鉴。从李自成进北京又退出北京，最终起义失败，他得出结论：中国共产党1949年初进北京城，同样是进京赶考，可能及格可能不及格，从而寻找跳出历史周期率的办法。这就是历史智慧。邓小平提出"一国两制"解决香港澳门问题，这是政治智慧，是书本上没有的。

智慧不仅包括书本知识和实践知识，而且包括情感和意志，可以说，是知情意的和谐与统一。情是感情，一个情感淡漠、心胸狭隘、总是怀有嫉妒和负性情绪的人不可能是有智慧的人，而真正有智慧的人是乐观向上、助人为乐、怀有爱心的人。无论中国哲学还是西方哲学都认为，智慧与道德是不可分的。英国的大诗人雪莱说，一个人如果不是真正有道德，就不可能真正有智慧。

精明和智慧也是不同的。精明的人是精细考虑自己利益的人，智慧的人是精细考虑他人利益的人。在中国儒家哲学中，智慧与道德是一体的，智与仁是不可分的。获取智慧的过程，对于儒家来说，也就是道德修养的过程。"大学之道，在明明德，在亲民，在止于至善"，最终的目的就是追求"至善"这种道德境界。

孔子说自己的学习过程是，"十有五而志于学，三十而立，四十而不惑，五十而知天命，六十而耳顺，七十而从心所欲，不逾矩"，也就是道德和智慧都最终达到可以随心所欲不逾矩的境界。真正达到这个境界的人，也是在尘世中最快乐的人。他用不着像贾宝玉那样因苦恼而出家当和尚，而能以平常的心态面对不可避免的生老病死和名缰利锁。孔子称赞颜回说："一箪食，一瓢饮，在陋巷，人不堪其忧，回也不改其乐。"真正有智慧的人是人间最快乐的人。

不仅要有情，还要有意志。意志是非常重要的。孔子说："三军可夺帅也，匹夫不可夺志也。"一个意志软弱、动摇、毫无进取心的人与一个坚强、正直、不随波逐流的人相比，后者肯定是一个更有智慧的人。

孔子说："知者不惑，仁者不忧，勇者不惧。"只有知情意统一，才是有智慧的人，才可能成为一个真正有哲学思维的人。如果把学习哲学等同于学习具体科学，是单纯知识的学习，这是违背哲学智慧的本性的。

哲学家与水管工

莱·柯拉柯夫斯基在《形而上学的恐怖》中说，切勿在哲学上自寻烦恼；如果你不幸成为一位哲学家，那么你最好寻找一个更令人尊敬的工作，如成为一名护士、牧师、水管工或马戏团的小丑；在这些领域中人们彼此相当了解，不会提一些不可能的认识论问题。按柯氏的意思，宁做水管工，也不要做哲学家。

鲁迅先生临终前的遗嘱中有一条，千万不要让儿子做空头文学家，而为了谋生可以寻点小事干干。以文学成就卓著如鲁迅这样的大师尚且如此"教子"，可见靠卖空头吃饭不牢靠也不舒坦。

我这一生就在哲学这个行当中，别无他能，只能依靠"皇粮"为生。我有时想，如果不发工资怎么办，何以为生？哲学家最大的缺陷在于哲学只是一种学问而不是一种职业。哲学家不能以哲学为生，也就是说，哲学不能成为一种谋生的技能。在古代，无论是希腊罗马还是中国，都不存在这个问题，那些哲学家或者有钱，是奴隶主或地主；或者是做官为政，是大大小小的官吏，衣食不愁。翻开中国哲学史看看，那些有名的哲学家，大抵都有一官半职。进到资本主义时代，在市场经济条件下，一个哲学家如果要生存，只能是在大学教书或在研究院研究，或者为政府出谋划策，参加什么智囊团之类，否则也难以存活。如果想单纯独立地以哲学为生，还不如照柯拉柯夫斯基说的，找个实际的工作干干。当年费尔巴哈的父亲就竭力反对费尔巴哈学哲学。他知道费尔巴哈已痴迷于哲学，不会回心转意，但还是劝阻。他在写给他儿子的一封信中说，我深深相信，要说服你是不可能的，就是你想到将遭受没有面包、丢尽体面的悲惨生活，也不会对你产生任何作用。因此，我们任你按照你自己的意志行事，任你委身于你自己一手制造的命运，让你尝尝我向你预言的悔恨。

这是一个半世纪以前的事，现在哲学作为谋生手段并不比费尔巴哈的时代更好一些。我们生活在社会主义国家，是社会主义国家的哲学工作者，靠的是吃"皇粮"，或当哲学教师，或在社科研究机关，总之并不是哲学个体户。如果把我们推向市场，靠哲学专业为生，也是难矣哉。哲学作为谋生手段是末流，可对人类贡献并非如此。费尔巴哈同时代的那些所谓事业有成的百万富翁和千万富翁身死名灭，除了自己的家人无人知道，可是一心从事哲学的费尔巴哈，他为人类提供的宝贵的思想财富是无法以金钱衡量的。费尔巴哈高踞19世纪恢复唯物主义光荣的宝座，并成为马克思主义产生的哲学前驱。马克思因费尔巴哈而得以前进，费尔巴哈因马克思主义而得以永生。费尔巴哈与马克思一样不朽。

哲学还有个弱点，这就是哲学家的语言和思考的问题，往往无法与常人交流，容易变为行话或哲学独白。在日常生活中，没有一个人吃苹果时会提问，苹果是真实的苹果还是自己的观念的复合；世界是不是客观的，我不来看花山上的花是否还存在之类的问题。在日常生活中人们在行动，而行动本身就是非思辨的。从来没有一个人会把手放在火里试验"火不热"的问题，没有人会认为火是不热的，没有人会认为山中自开自落的花没有人看，就不存在了。哲学家思考的问题与常人相距十万八千里，因而被看成怪人甚至怪物。可是，这些在常人看来的怪问题，确实有其道理。它们训练人们一个重要的思维方法，这就是从不疑处生疑，从熟知中求真知。

哲学不是一个好的谋生手段，绝不是说它无用；哲学的抽象性，并不是说它注定是空头。在有用无用、空头与非空头的问题上，哲学家的看法与世俗看法会有差距。用，有有用之用，无用之用。一种学问、一种技能，可直接应用并为人们日常需要的，往往是有用的。医学是有用的，人人都会得病，都会牙疼；法学是有用的，人免不了打官司；会计是有用的，只要有经济活动就要有会计；企业管理是有用的，它教人如何管理企业。至于具体的技能特别是专门手艺更是有用，简直是人们日常生活须臾不可离的。这种用，都能看见。可无用之用是很难看见的，因为它并不是人人都需要，都能体会的。它的用，功在国家，功在民族，当然最终也功在这个国家的全体人民。

哲学也是无用之学。谁要用功利主义观点看待哲学，期待哲学成为个人发财致富的手段，那当然认为它是无用的。可从国家和民族的角度看，哲学是有用之学，而且用处大得很，它对一个国家和民族的精神是至关重要的。一个没有哲学传统的民族是肤浅的民族，没有深厚的思想土壤。费尔巴哈说人有两个金苹果：一个是钱，另一个是哲学；哲学给予我永生的金苹果，给我提供现世永恒福祉的享用，我将变得丰富，无限的丰富。哲学是取之不尽用之不竭的源泉。的确，从人类文明发展来看，哲学的教化作用，可以把粗野的本能变成道德的意向，把天然的独立性变成精神自由，使个人和整体的生活打成一片，使整体在每个个人意识中得到反映。

我们这些马克思主义哲学教师就肩负特殊的使命，就是对学生进行马克思主义世界观、人生观和价值观的教育，为他们在进入社会后能够有一个正确的人生态度和观察问题的方法，打下一个比较牢固的基础。这个过程，既是对学生进行马克思主义观点的教育，也是对学生原来接受的错误观点的清理，更是与各种影响学生的错误社会思潮的一种争夺。我们都知道学生们的世界观、人生观一旦被错误的观点侵入，特别是一旦定型化，是很难改变的。很多人不懂一个简单的道理，一门专业课没有学好甚至不及格还可以补考补修，可一个人的世界观和人生观一开始就歪了，满脑子糊涂观点，这可是影响一辈子的事。从这个角度说，专业课影响一时一事，哲学课影响一生一世。这能说哲学无用吗？

哲学抽象，这正是哲学是哲学而不是实证科学之所在。抽象并非空洞，哲学家不等于空头。中外哲学史上的那些大家们，尽管他们所研究的问题在常人看来玄妙莫测，但并不是空头。苏格拉底、柏拉图、康德、黑格尔的著作是难懂的，甚至是晦涩的；老子的"道可道，非常道，名可名，非常名"，也许终身难以理解，要不断体会。可这些都是人类的思想瑰宝，像马克思说的都是人类天才的多年劳动、繁重艰辛孤独工作的果实，是使人困顿的无形的思想斗争的成果。正是这些哲学家们多年的世世代代的艰苦劳动，才使人们更多地理解宇宙和人生的真谛。

空头哲学家是有的，这就是上不着天、下不着地的哲学家。既不能真正研究一些形而上的问题，给人以智慧和启迪；又不能面对形而下的问题，对现实社会中的一些难点和热点问题，从哲学角度提供一些看法，从思想方法上为人们释疑解惑。有的哲学书和文章实在看不懂。我说的是真正看不懂，不知所云，不是说道理深得看不懂。季羡林先生在《人生漫笔》中着实给了这种空头哲学家一棒，他说哲学家的哲学，至矣高矣，但是恕我大不敬，他们的哲学同吾辈凡人不搭界。让这些哲学，连同他们的"家"坐在神圣殿堂去独观惶惶吧。这段话对我这个终生以哲学为业的人非常刺激。可不能不说这个意见一语中的，非常深刻，非常正确，对于靠空头哲学沽名钓誉者不啻当头棒喝。

哲学的确不是谋生手段。要想发财不要搞哲学，可以买股票去。哲学就是哲学，它不能摆脱抽象性与思辨性。但这不是说，哲学家应该心安理得地当空头哲学家。文学家不应该躲在象牙塔之中，哲学家也不应该缩在哲学的殿堂中。毛泽东当年说过，让哲学从哲学家的课堂和书本中解放出来，变为群众手中的尖锐武器，现今很是受到非议，被视为取消哲学的"左"的源头。我认为，毛泽东的说法是有道理的，问题是如何正确理解。如果把事情说成是取消课堂和书本哲学、停止教学和研究当然是错误的。可是强调马克思主义哲学家必须面对现实生活，发挥马克思主义哲学的群众性教育功能还是有道理的。如果谁非要强辩说，康德的哲学、黑格尔的哲学都是课堂和书本哲学，并没有面对群众，而且自古以来，他们的哲学都是书本哲学，这并没有妨碍他们成为大哲学家，这样讲对不对？有一定的道理，但并不全面。

从哲学与现实的关系来说，所有有成就的哲学家都没有停留在课堂和书本上。哲学家不能脱离他们生活的世界，哲学的确不是世界之外的遐想。哲学家越伟大，他们的思想越深邃，与他们生活其中的世界联系就越紧密。尽管他们可能生活在大学里，站在讲堂上或者终生都在书房里，但他们的哲学的确与他们所处的时代息息相关，去捕捉并在不同程度上解决或试图解决他们面临的时代哲学课题。后人从他们的著作中不仅读出了哲学家本人的思想，也读出了他们的时代。从这个角度说，他们也以他们特有的方式走出了课堂和书本，不是不食人间烟火、与时代无关的哲学家。如果不这样，他们也成不了伟大的哲学家。凡是与自己时代无关的哲学，也不可能与其他时代有关。适用一切时代的哲学，就是一切时代都不适用的哲学。这种哲学才是真正的空头哲学。

从另一个角度说，从柏拉图到黑格尔的确没有走出课堂和书本。这正是马克思主义哲学和它以前的哲学的根本区别所在。马克思主义哲学的本性和历史使命要求它宣传群众教育群众，这样才能发挥认识世界和改造世界的作用。马克思形象地把他们创立的哲学比喻为"思想闪电"，说哲学把无产阶级当作自己的物质武器；同样地，无产阶级也把哲学当作自己的精神武器；思想的闪电一旦真正射入这块没有触动的园地，德国人就会解放成为人。因此对马克思主义哲学工作者来说，提倡从课堂和书本里解放出来，把它变为群众手中的武器，是有道理的。问题是区分对象，讲究方式，注重效果，不能重复过去"群众学哲学"的形式主义的错误。我以为马克思主义哲学家应该低下自己高贵的形而上学头颅，面对群众，俯身于形而下，这不仅不妨碍反而更能丰富我们的课堂教学和书本研究。

如果能这样，就不会变为空头。哲学是需要的，尽管它不是一种好的谋生手段，可是要使生活成为被思考过的有意义的生活，要使宇宙成为被思考过的能理解的宇宙，要使世界的丰富多彩的现象成为可理解的现象，就必须有哲学，即穷根究底的学问。哲学是需要的，尽管它不如当今流行的一些热门学科风光，如果能出一批即使是几个能在世界上立起来的大哲学家，这可是我们民族的骄傲，是我们民族对人类文化的伟大贡献。

哲学与答案

据说哲学是没有答案的，只有问题，尤其是没有唯一的答案。因此，哲学是永远的提问；有答案的是科学，无答案的是哲学。如果此说成立，哲学就无是非对错，可以信口胡言。这样的哲学还有什么意义？

以著名的王阳明南镇观花为例。如果我们问，你不来看花时，在山中自开自落的花存在不存在？存在。你不来看花时，知不知道它存在？不知道。既然不知道，你何以肯定花存在？你来看花时，花才显现在你心中，而你走后花与你的心同归于寂，对不对？对。但结论不应是花存在于你心中，而是花在心外，当你赏花时，花才进入你心中。一个属于本体论问题，一个属于反映论问题。无反映，则不知道有花存在。心外无花，则主体不可能有对花的反映。你走了，花与你的心同归于寂，但不是归于无，因为赏花的游客众多，你来我往，人人都能见到花。因此，哲学不能因个人而立论，执着于我，否则就成为唯我论。大家都能见到花，这叫集体意识，而不是个体意识。集体意识是共同意识，大家共同意识到有花的存在，至于各人对花喜爱与否，则属于价值评价，它是多样的。存在是客观的，是一；评价是多样的，是多。唯心主义以多否定一，机械唯物主义则以一否定多。主客体关系往往包含一与多的关系。主体反映是多，这个多属于主体世界；多中有一，这个一属于客观世界。朱熹说理一万殊，天上一轮月，水中有无数月，凡有水处都有月。一方面，这种说法是合理的；另一方面，不合理之处在于，朱熹讲的是理，是外在于物的理，这个理只能是理念世界。相当于说，水果是一，其多种存在是水果的表现。这种看法是头脚倒置的。

哲学回归生活是由天上回到地上。柏拉图的理念世界，是现实世界之外的世界；程朱理学中的理，是离事而言之理。黑格尔的绝对观念是一个凌驾于现实之上的世界。这些都是非生活世界。生活世界是现实的、实践的世界。人们要研究现实世界的规律，理不过是现实世界规律的升华。

中国哲学与西方哲学尤其是西方近现代哲学不同。中国哲学是言简而意深，它的智慧蕴藏在命题之中，需要体悟，言有尽而意无穷。而西方哲学注重"前提—论证—结论"的联系。可以说，中国哲学概念比较含糊，可解读空间大，争论空间也大；而西方哲学注重概念清晰，推论清楚，结论明确，可解读空间小。西方哲学受自然科学影响大，而中国哲学接近诗意，受文学影响大。换句话说，中国哲学类似写意画，注重神似而非形似；而西方哲学近似油画，讲究画面逼真。

哲学是追求真理的学问，真理不仅在于结论的真实性，而且在于达到真理的过程的合理性。学习哲学，不仅在于掌握结论，而且要知道结论的根据和如何得出结论的。比如，阶级社会中存在阶级斗争是结论，是研究全部阶级社会历史得出的结论。如果只知道这个结论而不懂它是如何得出的，则这个结论对于我们来说仍然是抽象的真理。可以说，马克思主义哲学的基本原理都包含一部认识史。正如列宁所说的，哲学结论应该是关于世界的全部具体内容及其发展规律的学说，即对世界的认识历史的总计、总和、结论。如果只是学习抽象的哲学结论，只知其然而不知其所以然，那么是学不好哲学的。知其然，是结论，知其所以然，是其何以得出这个结论的依据和过程。

中、西、马哲学有一个共同主题，即关于人与他生存于其中的外在环境的关系。这个关系在西方哲学中被称为主客体关系，在中国哲学中被称为天人关系，在马克思主义哲学中则被称为人与世界关系。它们的理论各不相同。

西方哲学谈论主客体关系，有一个从主客对立到主客统一的线索，但统一的基础是主体。在古希腊罗马时代，自然哲学处于主导地位，宇宙是人仰望的天空，自然是外在于人的研究对象。彼时，主客体处于二分阶段。这种区分当然是对的，没有主客体的区分，任何科学研究和人类认识都是不可能的，人不能认识主客不分的对象。可是，当西方哲学发展至近代，笛卡尔提出"我思故我在"后，"我思"成为存在之根。这样一来，主客体关系倒置，思想决定着存在。思想的决定作用表现在黑格尔的命题"实体即主体"中。实体虽然是人的认识对象，但当实体逐渐被主体把握时，人类发现，作为对象的实体其实是主体的体现。主体与客体并非二分，而是同一的。正如恩格斯所说的，在黑格尔那里，认识对象的本质或内容存在于思想之中，对象无非主体的异化；人变得不认识作为自身体现的异在的东西，仿佛不知道回家的孩子，精神处于流浪之中，最后才认识到认识和对象其实是同一的。这显然是唯心主义观念。然而，它的合理之处在于，揭示了人对对象本质的认识是个过程，而思维与对象具有同一性。

中国哲学研究天人之际，重视天人关系。但它没有把对天人之际的认识导向科学地认识外在世界，而是把它导向道德修养，以求达到最高道德境界，即天人境界。这种关于天人关系的思想一直是儒家学说的主流。因此，儒家学说不可能是科学学说而只能是道德学说。天人境界是什么？就是知天命、识天理，行天道、有天良。天理天良是最高道德境界。

马克思主义哲学是一种认识世界和改造世界的哲学。马克思主义哲学强调世界是有自己规律的客观世界，它的存在和运行不依赖人，即不依赖主体，但人可以认识世界和改造世界。因此，人是在实践基础上达到主体和客体统一的。客体的内容是客体自身固有的，而不是主体的显现。相应地，主体获得的认识内容是从客体中获得的。真理，并非主体赋给客体的，而是主体的认识和客体相一致，即主体中包含来自客体的内容。只有这样，人类才能有科学。各门科学的最高目标就是探求对象的规律，否则科学不能成立。即使研究人，也要把人当作不依赖研究者主体的对象，研究有关人的生存和发展的规律。人之所以能改造世界，正因为有主客二分。改造世界，就是在实践中消除主客的对立而达到主客的统一。没有客体，就没有主客体统一的客观前提；没有主体，就没有主客体统一的动力。主客体统一是一个过程，是在实践基础上逐步达到的。

主客体绝对统一是不可能的。主客体绝对统一意味着人的认识穷尽了绝对真理，穷尽了世界。这在任何时候都不可能。恩格斯说过，我们现在的认识在后世子孙看来可能是原始的、可笑的。后人纠正我们的错误比我们纠正前人的错误要多得多。否定主客二分，梦想主客绝对统一是狂妄可笑的。主客体实现统一，对个人来说是一个过程，对人类来说也是一个过程，而且是一个永无止境的过程。

只有这样，人类才能发展进步。

　　胡塞尔的现象学，本质上与康德、黑格尔的哲学一样。胡氏所说的回到事情本身，并非回到意识之外的客观存在本身。因为未被意识到的存在，不可能被意识掌握。它存在于意识之外，表明它是不可知的，至少是未知的。凡是在意识中的存在，都是被意识到的存在。因此，回到事情本身，实际上是回到意识中的存在本身。然而，既然是意识中的存在，就不再是客观意义上的存在。这是一个认识论矛盾。事情没有被意识到时，就不可能知道它存在；当其被意识到时，已经是意识中的存在。黑格尔解决这个矛盾的路子，是规定"实体即主体"，实体是被主体化的实体。因此，主客体对立是异化，消除异化则是主客体的统一。统一于什么？统一于主体，或者说统一于绝对精神。另外一条路子是康德的物自体理论。凡是进入人的思想的东西都是现象，物自体是在认识之外的，永远不可能进入人的认知。因此，胡塞尔所说的回到事情本身，不可能是回到物自体，因为它在认识界限之外。一句话，凡被意识到的东西，必存在于意识之中；凡不存在于意识之中的东西，一定是未被意识到。无论是贝克莱的"存在就是被感知"，还是王阳明南镇观花典故，逻辑都是一样的。可以说，这是一个难题。这个难题只有马克思主义哲学才能予以解决。

　　毫无疑问，只有进入意识才能被意识到，意识是被意识到的存在。马克思和恩格斯对此并不否认。于是，我们需要解决两个难题。第一，既然意识是被意识到的存在，未被意识到的存在我们是一无所知的。可是，被意识到的存在，是否由于它被意识到而失去它的客观性呢？是否由于被意识到就会变为主体性存在呢？究竟是我们的意识由于反映存在才成为真正的意识，成为真理性意识，还是存在由于被意识到而成为非客观性存在呢？马克思在其著名的《关于费尔巴哈的提纲》第一条、第二条中已经解决了这个问题，既反驳了彼岸世界的物自体，也反驳了凡被意识到就失去客观性而不可能有真理的观点。第一条阐述了唯物主义的主客体观，既反对旧唯物主义也反对唯心主义，强调在实践基础上的统一，既保持了客体的客观性，又高度重视主体对客体的能动作用。第二条进一步明确人的思维是否具有客观的真理性，不是一个理论问题，而是一个实践问题。人应该在实践中证明自己思维的真理性，即自己思维的力量、自己思维的此岸性。关于离开实践的思维的现实性或非现实性的争论，是一个纯粹经院哲学问题。所谓不可知的物自体，或回到事情本身，都是脱离实践的抽象议论。

第二个问题是个难题。何以断定世界的物质性，断定没有被人意识到的世界仍然是物质世界？有人认为，按照时髦的实践哲学，人不能承认实践之外的存在，只能承认实践之内的存在。世界物质性的观点是形而上学，是拜物教。我多次驳斥过这个观点。人的实践是有限的，世界是无限的，以人类有限的实践限定无限世界是荒谬的。在人的已知世界之外还有一个无限的世界，一个人类的实践还没有到达的世界。如果世界只存在于实践之内，那么实践就是一个封闭的牢狱，而人类实践的扩大就是在向一个原本不存在的世界扩大。岂不荒唐？

马克思主义哲学实现了哲学变革

　　无论中外，都出现过不少著名哲学家，他们至今仍然是哲学天空灿烂的明星。但我们强调马克思主义哲学实现了哲学变革，为什么？这不是从哲学思想的思辨水平说的，不是因为我们认为马克思主义哲学超越了一切哲学思想，是最具哲学智慧的思想体系，而是因为马克思主义哲学开辟了一条不同于以往哲学的道路，即创造了一种真正为人民服务、为实践服务的哲学。马克思主义哲学使哲学从神圣殿堂走向民间，从思辨走向实践，从小众走向大众，从单纯解释世界走向同时改变世界，这在人类哲学史上是第一次。

　　卢梭说，"我需要我自己的哲学"。这句话没有错。哲学思想体系从来都是哲学家个人的思想创造物，它打上了个人的烙印，并往往直接以个人命名。然而，哲学思想体系属于哲学家个人，但哲学内容不能只属于哲学家个人。只属于个人的哲学思想是一种哲学妄想。马克思说过，"任何真正的哲学都是自己时代的精神上的精华"，"哲学家并不像蘑菇那样是从地里冒出来的，他们是自己的时代、自己的人民的产物，人民的最美好、最珍贵、最隐蔽的精髓都汇集在哲学思想里"。哲学是智慧，是真理。智慧不能只是一个人的智慧，而是人类实践和知识的结晶；智慧可以共享，可以得到人们的认同，能滋润众多人的心灵，而且传之于永久；真理也不是一个人的真理，而是属于大家的。马克思说过，他关心的不是一个人的真理，而是大家的真理。只属于个人的想法不是真理，最多只能算是一种意见、一种看法。意见和看法不等于真理，真理必须具有共性和普遍性。当然，真理不是依照人数多少来决定，投票不能决定真理。因此，真理是顽强的。个人可以向权威屈服，而真理永远不会低头。这就是为什么马克思说真理是不会谦逊的。

真理需要传播，要有接受者。永远没有观众的演出，不算演出；永远没有读者的著作，不算著作；永远没有人相信的真理，不是真理而是胡说。真理要有人接受才能发挥作用。马克思主义哲学产生之前，真正能超越少数知识分子范围而在大众中传播的哲学是很少的。以往哲学的特点可以说是精英哲学，而不是大众哲学。正因如此，以往的哲学家可以有学派，有传人，但没有群众基础。随着某一著名哲学家逝世，学派往往发生传承的中断。马克思主义哲学之所以是革命的，是因为它改变了哲学只属于哲学家、哲学只是哲学家个人的哲学的传统，把哲学变成大众的哲学。当马克思说，哲学是人类解放的头脑，无产阶级是人类解放的心脏，说理论一旦掌握群众就会变成物质力量时，就使哲学突破了哲学家的圈子，变成无产阶级革命的武器。这种武器一旦为群众所掌握，就会变为摧毁旧世界的物质力量。正因为马克思主义哲学负有这样的使命，它必然成为大众的哲学，必须向群众宣传，而不是把它关在书斋里，让它成为一种精妙的玄谈。

马克思主义改变了哲学与人民的关系，它也必然改变哲学与世界的关系。人民按其本性来说是实践家，人民的生活就是他们的日常实践；他们要求改变自己的生活处境和状况，改变自己不合理的社会地位。有一种鸡汤不断宣传说，任何人都不能改变世界，能改变的只是自我。这种说法没有超越狭隘的个人眼界。的确，单凭个人是不能改变世界的，但世界确实在人民革命和人民实践中被改变了。整个人类社会发展史和自然人化的历史都证明了这一点。因此，为人类解放而创立的马克思主义哲学，就不能继续走思辨哲学的老路，不能满足于解释世界，而必须把改变世界摆在首位，并把认识世界和改变世界结合起来；不能满足于自己做哲学家，而是要把如何认识世界和改造世界的道理告诉群众，用哲学武装无产阶级和劳动群众。《关于费尔巴哈的提纲》第十一条"哲学家们只是用不同的方式解释世界，而问题在于改变世界"，不仅是具有哲学意义的论断，也是马克思宣告要创立改变世界的学说的政治宣言。

研究马克思主义哲学，不能避开规律，更不能否认规律。只强调哲学是智慧之学，是追求智慧的学问，而不谈对客观规律的把握，就没有马克思主义哲学。马克思主义哲学是关于自然、社会和人类思维普遍规律的科学。如果要发挥马克思主义哲学既能认识世界又能改变世界的功能，就不能不把对规律的认识提到首位。没有对自然和社会发展一般规律的认识，就无从认识世界，更谈不上改造世界。马克思主义哲学和其他哲学体系的一个最大区别，就是马克思主义哲学关于世界的本质；世界的运动、变化和发展；人类社会基本矛盾及其运动等，都有规律性论述。没有对规律的认识，就没有马克思主义哲学。没有对立统一规律、量变质变规律、否定之否定规律，就没有唯物主义辩证法；没有社会存在与社会意识相互作用规律，生产力与生产关系、经济基础与上层建筑矛盾运动规律等，就没有唯物史观。马克思主义哲学不是供人清谈和思辨的，而是可以验证的，可以作为基本理论和认识方法来运用，因为它的根本内容是自然、社会和人类思维的规律。正因为马克思主义哲学包含规律性内容，因此它才可以被称为马克思主义哲学原理。

马克思主义哲学之所以遭到资本主义统治阶级及其理论家的反对，就是因为它是关于规律的学说。资本主义统治阶级及其理论代表最不能接受的就是规律。马克思在讲到辩证法时说过："辩证法，在其合理形态上，引起资产阶级及其空论主义的代言人的恼怒和恐怖，因为辩证法在对现存事物的肯定的理解中同时包含对现存事物的否定的理解，即现存事物的必然性灭亡的理解；辩证法对每一种既成的形式都是从不断的运动中，因而也是从它的暂时性方面去理解；辩证法不崇拜任何东西，按其本质来说，它是批判的和革命的。"可见，接受唯物主义辩证法，就是接受剥削阶级统治的暂时性，接受私有制的非永恒性，接受资本主义并非历史的终结的结论。这当然是资产阶级统治者不可接受的。

历史经验证明，当一个阶级处于上升时期，其利益与社会发展存在某种一致性时，他们可以在一定程度上接纳规律，而当其统治地位和社会发展相冲突时，他们就会否定规律。资产阶级及其理论家像害怕瘟疫一样抵制马克思主义，就是因为他们害怕规律。正是对规律的揭示，赋予马克思主义不可战胜的力量，也正因为它站在人类社会发展规律一边，代表大多数人的利益，从而站在了道义制高点。

哲学是历史性存在

　　哲学家属于历史，每个哲学家都有自己的时代。他们的生卒年就是他们的时代；每个哲学家面对的问题都是时代性的，面对的是自己时代的课题；每个哲学家的回答都具有历史性，因为他不仅要回答历史上哲学家没有解决的问题，而且自己提出的回答也不可能不受历史条件的限制。衡量一个哲学家的地位，取决于他的智慧在何种程度上超越自己时代的限制，对人类具有长久的价值。转瞬即逝的哲学是时髦哲学、流行哲学，而转瞬即逝的哲学的作者是流行哲学家。正如流行音乐或流行歌手一样，这类哲学家只能算作哲学领域的过客，而不是真正的智者。

真正的哲学既具有时代性又超越时代

　　为什么真正的哲学既具有时代性又超越时代呢？一方面，哲学具有时代性，因为哲学是哲学家的哲学，任何哲学家都是具体的现实的人，都生活在一定时代，他的哲学思维水平必然受具体时代的科学发展和社会发展程度的限制；另一方面，哲学不是技术而是追求智慧和真理，因此它必然包含超越自己时代的具有普遍性的因素。这就是为什么我们现在仍然读《道德经》、读《庄子》、读苏格拉底、读柏拉图的原因。只看到鼻子底下的事，只看到现实中发生和存在的事，这叫时事，叫新闻，哲学则要穿透事实而看到其中的普遍性，从特殊中看到普遍，而普遍性必然具有某种超越性。

庄子说，小知不及大知，小年不及大年。小知即小的智慧，小知不是哲学智慧，至多叫聪明，即使精于计算，但仍然目光短浅。《红楼梦》中的凤姐，机关算尽太聪明，反误了卿卿性命，这叫精明而非智慧。哲学是大智慧。大智若愚，考虑的是大问题，而忽略小问题，因而在生活上显得木讷甚至愚蠢。不与人争夺，不与人计较，仿佛很蠢，但不争是大智慧。《道德经》说，"水善利万物而不争，处众人之所恶，故几于道"。在老子看来，"夫唯不争，故无尤"。

"三种关系"问题兼具永恒性与时代性

所有哲学都离不开人类普遍存在的大问题，即人与自然的关系、人与社会的关系、人与自我的关系。这三种关系既是人类面对的永恒性关系，又是具有时代性特点的关系。

它们是人类面对的永恒性关系，这决定于人的生存方式。人不可能没有自然界，否则不能生存。人本身既是自然的一部分，又是自然的对立面。因此，在任何时代，人与自然都存在矛盾关系。处理好这种关系，是人类的大智慧。人生活在社会中，天生是社会动物。人的社会性决定了每个人永远处在人与人的关系之中。古人有所谓"隐"，其实"隐"是对现实社会不满的一种表现，或避官或避市，但绝不可能避人。在人之外，人不可能成为人。即使陶渊明的归隐也是不为五斗米折腰，辞官归隐："少无适俗性，性本爱丘山。

误落尘网中，一去三十年。羁鸟恋旧林，池鱼思故渊。开荒南野际，守拙归园田。"田园将芜胡不归？没有田园，没有人烟，也是隐不成的。任何时代的人都只能生活在社会中。人除了与自然的关系、与社会的关系外，还存在与自我的关系。人既是类存在即社会性存在，同时又是个体性存在，每个人都是独立存在的唯一者即我。我作为我，存在肉体与精神的关系。在原始人那里，它被视为肉体和灵魂的关系。原始人不理解梦，把梦视为灵魂与身体分离。死亡也是如此，被诊断为灵魂离开肉体。肉体可以腐烂，但灵魂可以不死。当人从宗教进步到哲学思维时，肉体和灵魂的关系就变成思维与存在的关系。

人与自身的关系极其复杂，涉及宗教、哲学、心理学、医学等众多学科。人对于自然永远是人，自我像自然、社会一样是一个永恒研究的领域，而且在一定意义上比自然、社会更为复杂。我们的自然科学在突飞猛进，如今能上天入地，对社会的研究也在不断进步，特别是马克思主义创立后，人类对社会规律的认识实现了重大跨越。可是，人类对自身的认识仍然很落后。虽然随着医学和生物学的发展，人类对于自身生理的解剖学知识有了长足进步，但对自身最重要的领域即精神领域的认识，仍然在艰难探索之中。

从哲学来说，人与自然、人与社会、人与自我，既是永恒性关系，又是历史性关系。因为是永恒关系，中外哲学有共同性；因为是历史关系，哲学具有时代性、民族性和个体性。

从人与自然的关系来说，社会的发展同时就是人与自然关系的变化。农业社会靠天吃饭，人们懂得尊重自然、顺从自然。孟子说，不违农时，谷不可胜食也，讲的就是这个道理。何止生产，就养生来说，也要顺从自然。老庄学说的突出特点就是主张回归自然、道法自然。一切人为的都是伪。伪者，人为也。这种思想在工业社会被颠覆。工业社会的产品都是人造的。工业化时代，是强调人改造自然的时代。可是物极必反，过分开采自然，向自然无限索取导致生态恶化。这种教训使一些哲学家主张回归人的自然本性，回归自然界的固有本性。因此，后工业时代的学者批判现代化。可是，如果没有现代化，人类社会重回风光绮丽但生活贫困、交通不便的农业时代，人们愿意吗？后退是没有出路的，只能前进。人与自然关系的出路不是片面强调自然或片面强调人，而是强调人与自然和谐共生。显然，这是中国经过几十年快速发展后，传统文化热得以重新兴起的重要原因。然而，这不是单纯的哲学观点问题，而是涉及社会制度的安排。资本的逐利本性不是哲学宣传能解决的。不解决现代化的社会性质问题，不解决人类发展方向问题，人与自然和谐共生是难以实现的。只要看看美国反对气候条约，发达国家把洋垃圾运往发展中国家，就能明白这一点。

人与人的关系也是变化的。小农社会是熟人社会，人与人之间温情脉脉，允满人情味；而市场经济条件下形成的社会是陌生人社会，充斥着竞争，认钱不认人。人与自我的关系也不是独立的，它受人与自然、人与人的关系制约。两者矛盾的激化会导致人与自我的矛盾也随之激化。现代人的生活尽管可以现代化，但焦虑和抑郁程度远超农业社会。农业社会就没有当代这样的人与自然的矛盾，更没有由于工业污染产生的生态恶化问题，也没有现在市场经济条件下人与人的竞争关系，没有现代人的焦虑和烦恼。因此，一些人产生复古思想，也有不少人逃避城市、逃避现代文明、逃避工业化。这都是一种消极方法，不懂得问题的实质所在。在当代社会，逃避社会，回归山林，独善其身是不可能的。我们非常需要一种能够理解和改变这三种关系的哲学，这就是马克思主义哲学。马克思主义哲学不是停留在这三种关系的表面，而是深入问题的实质。

马克思主义哲学重建"三种关系"

人与自然关系的优化与社会制度的优化不可分。当自然成为掠夺对象，成为利润来源时，自然的恶化就是必然的。破坏自然环境的是人，而支配人的是对利益的追逐。只有当人不把自然单纯作为获利对象，而看成人类共同的生存环境，并看成审美对象，爱护自然与保护自然才有可能。而这种可能性的实现最终必然要求消灭私有财产制度；同理，只有消灭贫富对立，才能消灭仇恨，和谐人际关系；只有消除失业，人人没有后顾之忧，才能减少社会性的和个人的焦虑。企图依靠逃离社会、遁入空门或参禅修炼来追求灵魂的平静和安宁，对个人可能，对一个社会则不可能。而且，对个人来说，依靠逃避来追求内心的安宁，或服用心灵鸡汤之类的"大补丸"，代价也太大。哀莫大于心死，肉体活着，而心已死了，这同样是一种痛苦——被麻醉的痛苦。

马克思主义哲学的伟大之处在于，它改变了考察上述三大关系的视角，不再把它们单纯作为道德问题、人性问题，而是把它们置于社会经济制度和政治制度下来考察，在合乎人的共同利益的基础上重建新的人与自然、人与社会、人与自我的关系。马克思在《1844 年经济学哲学手稿》中说过，摒弃私有制，是人和自然矛盾、人和社会矛盾的解决，是人向人自身作为社会存在物的社会本性的复归。阻碍这种复归的就是社会的阶级制度和财产制度。因此，在一个国家范围内构建人类命运共同体，是与消灭贫富对立、实现共同富裕相联系的；在世界范围内构建人类命运共同体，是与反对霸权主义、反对白人至上主义、反对种族歧视相联系的。这是人类面对的艰巨任务，也是一个长期的过程。中国共产党高瞻远瞩，提出构建人类命运共同体，引领世界历史潮流，代表着世界历史前进的方向。

一位不懂哲学的国王
就像一头戴王冠的驴

　　这句话是我杜撰的。文艺复兴时期有个学者说，不懂文学的国王就像一头戴王冠的驴。我以为不懂文学尚且如此，不懂哲学更可以这样说。何况，柏拉图在他的《理想国》中就提倡过哲学王呢。这种说法包含某种夸张和着意的强调。不懂哲学的国王多的是，照样当国王。可是，如果要善于治国理政，当一个既有远见又能体恤民情的统治者，有哲学头脑还是比没有哲学头脑好。当然，哲学不能保证实践不犯错误。这不能怪哲学，而是错误地运用了哲学。吃饭会噎着，这不是吃饭的过错。

　　我们是普通人，无资格也无水平大谈如何治国。尽管从黄老的无为而治到儒家一整套治国平天下的主张，都可以说是政治智慧，但这是我们能力所不及的问题。不懂哲学的国王是不是戴王冠的驴不关我们的事，但哲学与我们这些普通人，无论是知识分子还是干部，无论是青年还是老年都息息相关。我们不能说不懂哲学是徒有其名的人，但可以说善于哲学思维的人是个有智慧的人。

　　知识不等于智慧。知道 1 加 1 等于 2 是知识，知道 1 中包括两个 0.5 是知识，知道 1 个苹果可以切成两半是生活常识，可是从中得出"独中有对""凡物莫不有对"，即一中包含二而且一可分为二，这就是智慧。这不是直接凭感官或经验能知道的，而是从大量知识积累中悟出的道理。所以老子说的道生一，一生二，二生三，三生万物，不是实证知识而是智慧，是宇宙生成的辩证法。同样，知道水有两个氢原子一个氧原子，是化学知识，可老子说，上善若水，水善利万物而不争，处众人之所恶，故几于道，这是智慧。因为他从水的特性中引出的是人应如何处世的道德结论。知道白马是马是知识，而说白马非马则是智慧，因为它提出的是个别与一般相互关系的哲学难题。知道 1.7 米比 1.6 米高是知识，可由 1.8 米比 1.7 米更高，得出世界万物高矮长短是相对的结论，就不是量的知识，而是一种关于对事物认识中存在绝对性与相对性相互关系的智慧。

苏格拉底在《斐多篇》中非常生动地讲过知识与智慧的区别问题。他说，当我看到一个高个子站在矮个子旁边，是因为高个子比矮个子高出一头，同时我还知道 10 比 8 大，因为多了 2；2 尺比 1 尺长，因为长了 1 尺，这是再清楚不过的，可我后来发现，我并没有弄清楚事物的原因，例如 2 的原因究竟是什么。是 1 和 1 两个数相加形成 2，还是把 1 分开来形成 2 呢？推而广之，其他事物是如何生长、如何消亡、如何继续存在的更不清楚了。我完全丧失了对获得确切知识的信心。这说明仅仅有知识是不够的，还要有智慧。当然，智慧不能离开知识，它来源于知识，可又多出于知识，是对知识中包含的规律和意义的揭示。赫拉克利特说，博学并不能使人有智慧，智慧就在于说出真理；康德说，智慧就是能在无数的问题之中，选择出对于人类至关重要的问题。他们的话都包含智慧是关乎人类探求真理、认识和处理问题的能力的意思。

传说在古代希腊，犬儒学派的第欧根尼反对柏拉图的理念说，他争辩说我的确看到一张桌子、一个杯子，但我没有看到"桌子性""杯子性"。柏拉图回答说,你说得不错,因为人们有用来看桌子和杯子的眼睛,可却没有用来看桌子本质和杯子本质的精神,这种精神是理念。当然,柏拉图的理念说是客观唯心主义的,但他说人有用来观察事物本质的眼睛的看法是有启发的。其实,这个眼睛就是哲学的眼睛,因为哲学是一种智慧,它能使我们看得深些、远些,能透过现象看到本质。眼睛只能观察而智慧才能理解。一个东西加一个东西等于两个东西是能用眼睛看到的,而1中包含2必须通过抽象思维。中国哲学中"独中莫不有对"是哲学命题,而不是科学知识命题。

哲学是智慧。人类认识中最高的智慧就是关于世界普遍规律与人生意义和价值的智慧,即对宇宙和人生问题的哲学把握。当代不少哲学家企图把宇宙的本性和规律问题当作旧唯物主义问题排斥掉,而把哲学局限在主体自身,以为哲学的智慧就是关于人自身的问题。这是偏颇的。把哲学智慧仅限于探讨世界的规律而把人的问题排斥在哲学视野之外,这种哲学对人毫无意义;反过来说,任何关于人和人的意义问题的智慧,如果离开了关于宇宙问题的理解,仅仅就人生说人生是无论如何说不清弄不明的。

中国哲学的优良传统或者说高明之处,是把宇宙与人生问题结合在一起来把握。《庄子·秋水》中有段话很有启发性:"知道者必达于理,达于理者必明于权,明于权者不以物害己。"这就是说只有掌握规律(道),才能通达事物的理,只有把握事物变化的理,才能裕如应变,这样的人才不会受外物的伤害。人无论就其来源和现实存在而言,都不可能离开自然。不懂自然及其规律,对人的理解也不可能是全面的,因而也不可能知道应该如何对待人类自身。实际上人的智慧从本质上说是人对人的世界、人自身的存在以及人与世界相互关系的规律性把握。一个人高瞻远瞩，见微知著，我们说此人有智慧。他之所以能如此，正因为他理解事物发展由量变到质变的规律，不为表面现象迷惑，比别人看得深看得远，从事物的现象进到本质。月有阴晴圆缺、人有悲欢离合，这是自然和人生的事实。理解这种事实，以平常心对待这种事实就是智慧，正如人有生有死，死是必然的不可避免的，以一种顺应自然的态度对待死亡，而不是妄求长生不老，这就是智慧。离开了对自然与社会规律的透彻理解，离开了对人生规律的领悟，所谓智慧只能是假大空。

在中国传统文化中，哲学是很发达的。老子的《道德经》可以说是一本智慧大全，我们仔细读读《道德经》就能体会到，人的智慧不是靠拍脑袋，而是对道的体悟，所谓道就是规律。天道是宇宙规律，人道是社会和人生规律。老子说，域中有四大，人居其一。人法地，地法天，天法道，道法自然。实际上讲的就是人自身的自由程度与人对天地的规律即道的把握是相依存的。人的智慧表现在人迅速和准确地把握事物的思维方式、对人的人生意义和目的的体悟、对理想人格的塑造，这一切都取决于人对道的体悟。老子从"飘风不终朝，骤雨不终日"的自然规律中体会到人也是不能长生不老的；从"三十辐共一毂，当其无，有车之用。埏埴以为器，当其无，有器之用。凿户牖以为室，当其无，有室之用"体悟到"有之以为利，无之以为用"的道理。这种从宇宙规律、从日常生活中体悟哲理的例子俯拾即是。尽管其中一些东西有其明显的局限性，但把对人生问题的认识，与对宇宙规律的认识和意义的体悟结合起来还是很有启发性的。

智慧是不能购买和出卖的。我们可以买到哲学书籍，但不等于买到智慧。我们可以讲授哲学，但不一定能传授给学生以智慧。智慧是不能光从读书中得来的。读几本哲学书不一定就有智慧，满腹经纶但缺少智慧的书呆子多的是。我记起《庄子·天道》中关于书的一番高论。说是桓公读书于堂上，有个在堂下制造车轮的匠人轮扁放下工具上去问桓公读什么书。桓公说读圣人的书。轮扁说圣人在乎，答曰已死。既然是古人的书，那只能是糟粕而已。他说我以自己的经验为例，制造车轮的方法，慢了就松滑而不坚固，快了就滞涩而难入，不快不慢，就能得心应手，这个道理口里说不出来，完全是凭经验积累的技术。我不能告诉我的儿子，儿子也不能继承我的经验。古人和他所不能传授的经验已经消失了，所以你读的就是古人的糟粕。虽然庄子在这里主要是说明言不尽意，但智慧不能离开经验的说法是有道理的。经验是不能凭书本传授的，凡能传授言说的都是理性的间接的东西，要吸取前人的智慧还必须要有自身的经验。

没有生活经验的积累，只能引经据典肯定没有多少智慧。真正有哲学智慧的人，使用的往往是生活语言而不是哲学语言。智慧可以说是哲学的人格化，它被自己的生活实践经验融化于自己的灵魂之中，它不需要刻意引证，不需要查书，不需要装腔作势，而是已经变为自觉的思维方式、处世原则和人生态度。真正的哲学家是生活和实践中的智者，而不是停留在书本上的人。有位学者说，人应该把自己的生活实践作为最大的一本书来读，而把书本当作注解。这个说法有道理，对哲学尤其如此。这不是主张不要读书，而是应该善于结合自己的经验来验证、来理解、来消化书中的真理，使它真正变为自己的智慧而不是仅仅放在口袋里准备引用的格言。我们可以发现年轻的诗人，但很少发现年轻的哲学家。诗，需要生活激情，而哲学，需要生活的磨洗。同一句哲学格言，有不同生活经历的人的体会是不同的。

我们除了读哲学书外，还应该善于从生活实践中发现智慧。这就是为什么没有读多少哲学书的普通人，在遇到人生难题时有时比哲学家更像哲学家。我的邻居有位亲戚是文盲，家庭妇女，五十来岁，得了肠癌。我从来没有听到她诉说过，也不知道她有病，她像健康人一样，有说有笑。有一天，她亲戚告诉我说她已经过世了，临死前几天还把丈夫和儿子的棉衣拆洗得干干净净，仿佛要去走亲戚一样。这种态度比庄子鼓盆而歌的态度一点不差。那是书本上的，这是现实的。这位妇女对待死亡的顺其自然的态度是我们知识分子所不及的。这种态度是一种哲学态度，是一种智者的态度。我们读了多少本哲学书，研究过死亡哲学，可临到死时谁知道怎样呢。这是四十多年前的事，我终生难忘。

我总是劝我的学生要以哲学的态度对待哲学，不要以为哲学水平的高低仅仅取决于读书的多少，而要真正地"悟"，即真正化规律为智慧，把书本上的真理变为生活实践。坦白说我做不到，也没有能力做到。我希望年轻一代能朝这个方向做，真正把外在的哲学变为内在的智慧，而不是与自己的生活方式、思维方式、人格理想无关的哲学教条。

走出神圣的哲学殿堂

　　文学要从象牙塔走向十字街头，哲学同样应该跨出神圣的哲学殿堂走向生活。其实，哲学原本源于生活，但它在以后的发展中越来越远离生活，从地上升入思辨的天国。

　　在人类哲学的童年，哲学与生活是紧密相连的，无论是东方还是西方都是如此。因为哲学本身就是为解决人类生存中所面对的问题而产生的。当人类的思维跨过对人类自身存在和它面对的自然力量的原始神话与原始宗教的解释时，就进入了哲学领域。比起具体的栩栩如生的神话的形象，哲学思维无疑具有抽象性和思辨性的特点，但思辨性不同于思辨哲学。因为对世界统一性和宇宙生成论最早的哲学解释，都是从可见的对人类自身生活具有决定性的因素出发的。

　　人类的生活经验不同于科学结论。生活经验依赖于观察，而科学结论决定于科学实验，所以最初的哲学总是与对生活的经验观察不可分。当被称为西方哲学第一人的泰勒斯说，万物来源于水，它表达的是一个事实，这就是人类的生存离不开水，没有水就没有人类；没有水就没有动物，没有植物，也没有生命，因而也就没有生命世界。万物来源于水，这个道理并不来自科学的研究而是源于生活事实。生命万物对水的依赖是普遍现象，所以这个命题的出现具有一定程度的普遍性。例如，中国哲学也有同样的思想，《管子·水地》一文中就说："水者，何也？万物之本原也。"在这一点上，管子的思想类似于西方的泰勒斯的观点。

水在人类生活，包括在农业生产和日常生活中的地位，决定了它在人类哲学思维中的地位。不仅上述的关于世界的本原问题，而且对人类至关重要的道德和人性问题，都源自对水的特性的体悟。《道德经》对水的德性可以说是称颂备至："上善若水，水善利万物而不争，处众人之所恶，故几于道。"《荀子·宥坐》中通过子贡与孔子关于水的对话非常生动地体现了古代哲学的这一特色。

据记载，孔子观于东流之水，子贡问孔子："君子之所以见大水必观焉者是何？"孔子的回答完全以水来比喻儒家的一些最重要的道德范畴，他说："夫水，大偏与诸生而无为也，似德。其流也埤下，裾拘必循其理，似义。其洸洸乎不屈尽，似道。若有决行之，其应佚若声响，其赴百仞之谷不惧，似勇。主量必平，似法。盈不求概，似正。淖约微达，似察。以出以入，以就鲜洁，似善化。其万折也必东，似志。是故君子见大水必观焉。"至于孟子与告子各自以水为喻来表明自己的性善论和性无善恶论，也表明古代哲学与人类最切近生活资源的联系。

同样，气也是人类生存不可缺少的。西方的阿那克西米尼说，气是万物的起源，没有气，人类就会因窒息而死亡。气，开始说的就是呼吸之气。气，在中国哲学中更为重要。气的一元论和气的本体论，可以说是中国哲学的支柱。通天下万物一气，一直是马克思主义哲学传入之前中国唯物主义哲学的主导思想。气支配自然，"阴阳失序，乃有地震"；气支配社会，王朝的灭亡是气数已尽；气支配人，"有血气，然后有心知"，"精神皆气也"。骨气、气节、阳刚之气，都是对人的品质的价值评价。从其根源看，这个气论原初也是来源于得气则生、无气则死这个简单的生活事实。没有气，就是死人，死人是一切都无从谈起的。从呼吸之气到整个宇宙的浩然之气，就是从生活到哲学的飞跃。至于中国最早的"五行相杂，以成百物"的五行说，难道不是因为人若离开金、木、水、火、土，就无法存活吗？

哲学来自生活，都是从与人的生存息息相关之物开始的，可是哲学终究是哲学。它所寻求的是非经验的东西，如世界的本原和世界的统一性之类的问题，但它力图从可见的东西寻求不可见的东西。虽然这种直接源于生活的哲学观念是直观的、朴素的、非科学的，但它确实与人的日常生活紧密相连。自然界和日常生活中到处有哲学问题，哲学家之所以是哲学家，只是因为他们比常人多一双体察生活和自然现象的普遍本质和规律性的哲学眼睛。这双眼睛就是哲学智慧。

中国的《易经》是一部包含丰富哲学思维的不朽之作。它强调的就是哲学与生活的联系："仰则观象于天，俯则观法于地，观鸟兽之文与地之宜，近取诸身，远取诸物，于是始作八卦，以通神明之德，以类万物之情。"观于天，天行健，君子以自强不息；观于地，地势坤，君子以厚德载物；观于鸟兽，知亢龙有悔，盈不可久也。根据人生的经验，懂得德薄而位尊，智小而谋大，力少而任重，终究不会有好结果；根据社会的变动，懂得应该安而不忘危，存而不忘亡，治而不忘乱，这样才能身安国保。这些极具哲学智慧的思想，都是与直接观察自然、社会与人生，从中得到的生命体验不可分的。

从科学的角度说，许多哲学命题似乎不可能成立。实证科学并不表明天行健，更不能从中引出君子自强不息的结论；也不表明地势坤，从中引出厚德载物的道德教义；至于盈不可久这种辩证思维，更不可能从根本不存在的"亢龙有悔"中引出。古代人的哲学思维，是直觉的体验性的思维，不可能根据自然科学原理来判断。尼采说过，不可证明的哲学推理不仅仍然有价值，而且一般说来比一个科学命题更有价值。就哲学命题中可能包含的智慧而言，尼采的这种说法有一定道理。当然我们不能因此把哲学置于科学之上。

如果说，最初的哲学思维方式是从可见的东西中寻求不可见的本质，而哲学的进一步发展，则是从不可见的不能感知的"东西"中寻求对可见的东西的解释。不是哲学原则来自生活，而似乎是生活依赖哲学。哲学的发展与人的日常生活越来越远，成为超越和凌驾于世俗生活之上有权解释和裁决世俗生活的最高原则。在西方中世纪，作为神学婢女的经院哲学，就是与人的世俗生活相脱离的关于彼岸世界和人的来世的哲学。神是宗教哲学用来解释世间一切现象的最终原因。

文艺复兴以后，哲学经历了从神到人的转变，是哲学从天堂再度进入人世的过程。人重新在哲学中占有中心地位。可是这种人只是认识的主体，而不是生活的主体。它已经高度理性化，变为理性的存在物。人的理性过度神圣化就会被独立化，哲学就会通过这种独立的理性再度升入神圣的天国，变为思辨哲学。这种哲学的特点，同样是轻视人们日常生活中可见的、直接的感性的东西，认为这些都是不真实的。真实的东西是永恒的、不变的、超越于人们感性经验之上的超验的东西。这个超出人的经验的东西，只能是无人的理性、精神。这种理性和精神，实际上就是宗教中的神的别名。

当哲学家以探求不存在于现象之中而存在于世界现象之后的东西作为哲学的最高追求时，就必然远离人的实际生活，变为一种由地下升到天国的思辨哲学。这种哲学发展到德国古典哲学特别是黑格尔哲学那里达到极端。例如，黑格尔的思辨哲学就是把名之为绝对观念的理性视为实体和主体，全部哲学就是这种观念的自我认识。人类生活和自然科学的成就反而变为他的思辨唯心主义的注脚。

哲学发展的上述两种状态，都存在不可克服的缺点。西方或中国古代的唯物主义学说，以人类生活中必不可少的要素来解释世界的本原和世界的统一性，虽然立足于人类的实际生活，但它并不能真正解释世界；思辨哲学关于个别是一般体现的观点，虽然包含世界的本质和规律性观点，但由于它在个别之外寻找一般，在现象之外寻找本质，必然轻视现实生活而高居尘世之上。

思辨哲学是对思想的思想，实际上是纯概念的逻辑推演。它晦涩难懂，与现实生活相脱离，连生长在思辨哲学气氛最浓的德国的叔本华都不同意哲学只在纯粹概念中讨论生活的观点。他说过，对哲学的奇怪和糟糕的定义是，哲学是一门由纯粹的概念组成的学问。康德也得出了这一结论。真正哲学的生成不可能依靠编织纯粹抽象的概念，而只能以我们对外在和内在的世界的观察和经验为基础，要在哲学里做出真正的成就不可能通过试图组合概念就能达到，就像人们经常做的那样。人们无论怎样抬头不看地上，有心有脑的他们也不可能在世界发展中始终不曾投入行动和感受到完全彻底的震撼。尽管叔本华自己就是一个唯心主义的唯意志论者，但他反对哲学龟缩在纯概念领域的意见还是有道理的。

历史经验和现实表明，要妥善解决哲学与生活的矛盾，既要源于生活又要高于生活，就要善于从生活实践中捕捉哲学问题，把它升华为哲学智慧并以浓缩的方式变为哲学概念、范畴和哲学命题。

哲学必须始终保持与生活的联系。它不能高踞由概念与范畴垒砌而成的神圣哲学家殿堂之中，而应该重新回归人的实际生活。

哲学的困境与中国哲学的前景

　　历史往往昭示着未来。人类历史上的变革、革命都与哲学不可分。18 世纪的法国、19 世纪的德国，哲学都是作为革命的先导。中国共产党领导的革命，同样与马克思主义哲学在中国引发的思想变革不可分。从文化角度说，哲学是文化的活的灵魂。人类轴心时代之所以如此久远，仍未成为历史遗忘的角落，与彼时出现的灿若星辰的伟大哲学家不可分。17 世纪的英国、18 世纪的法国、19 世纪的德国，在它们的文化光芒中都闪烁着哲学家群星的身影。中国历史更是如此。从先秦百家争鸣时代，历经魏晋、两宋、明清，都有着名载史册的杰出哲学家。在当代中国，中华民族的伟大复兴，哲学尤其是马克思主义哲学如果缺位，是根本不可想象的。

　　当代哲学学科陷入某种困境是世界性的。只要我们把哲学地位演变放在人类历史过程中来考察，我们就不会感到沮丧。社会主义中国前途光明，中国哲学的前途同样光明。一个有如此丰厚民族传统文化底蕴的中国，一个由于改革开放而有条件会通中西、贯通古今、打通马中西哲学的社会主义中国，哲学在人们心目中的衰落，只是市场就业导向导致的暂时现象，绝不是中国哲学发展的没落。我坚定地相信，在中华民族文化复兴的大潮中，哲学一定能发光，密涅瓦的猫头鹰将会在中国天空再度起飞！

科技与人文主导地位的嬗变

哲学的被边缘化，是世界历史进入现代化、工业化发展的一种必然趋势。工具理性压倒价值理性，是人类思想发展的畸形。科技与人文主导地位的嬗变，是由传统社会进入现代社会必然会出现的思想现象。然而，现代化带来的种种弊端，使回归人文、呼唤两种文化的结合，成为当代世界的最强音。

在前资本主义社会，无论是在东方还是在西方，文史哲，是社会的主导思想形态。在中国，春秋战国时期的诸子百家、楚辞汉赋、唐诗宋词、元曲、明清小说，都是如此。哲学地位尤其显著。中国历代著名哲学家之多，世所罕见。在中国近代历史上，虽经洋务运动、中体西用、维新变法，以至倡导科学救国，在中国处于主导地位的仍然是人文文化。1949 年以前的中国，科学技术非常落后，从来没有取代过人文文化的主导地位。

西方的历史进程，在很长的时间里大体相似。在前资本主义时期，古代的希腊罗马哲学、中世纪的经院哲学、17 世纪英国哲学、18 世纪法国启蒙哲学和百科全书派、19 世纪的德国古典哲学，都具有时代标志性。在西方文化史上，哲学家名人辈出，他们都是人类文化史上闪光发亮的人物。只有当西方进入工业化、现代化阶段，科学技术逐渐取代人文学科处于主导地位之后，人文学科才逐渐被边缘化。尤其是当科学技术成为第一生产力以后，更是如此。在当代西方，哲学同样是冷门专业。哲学系很小，教授也不多。与科学技术、财经管理等学科相比，哲学是"弱势"学科。

两种文化，即科学技术文化与人文文化主导地位的嬗变，是资本增值和市场需要流向的必然表现。在资本迅速增值的推动下，一切与资本和市场紧密相关的学科得到发展，人文学科尤其是哲学开始褪去它在前资本主义社会的神圣光环。当一切价值都变成可以由货币估价时，资本之神就坐上头把交椅，智慧女神、缪斯女神等诸神必然退位。只要读读《1844年经济学哲学手稿》中的货币一节，读读《共产党宣言》第一章，读到"资产阶级抹去了一切向来受人尊崇和令人敬畏的职业的神圣光环"，我们就会发现，在工业化时代，哲学被冷落毫不奇怪。

　　黑格尔1816年在海德堡大学的演讲词、1818年在柏林大学的开讲词都曾说到，"时代的艰苦使人对于日常生活中平凡的琐屑兴趣予以太大的重视，现实上很高的利益和为了这些利益而作的斗争，曾经大大地占据了精神上一切的能力和力量以及外在手段，因而使得人们没有自由的心情去理会那较高的内心生活和较纯洁的精神活动，以致许多较优秀的人才都为这艰苦环境所束缚，并且部分地牺牲在里面"。这是200年前的话，何其精辟！当时，资本主义在德国刚刚兴起，比起英国和法国仍然落后得多。后起的德国还没开始尝到工业化的甜头，就已经尝到资本主义的苦头。德国哲学家对社会摒弃德国古典哲学传统，人们过分关注世俗的物质生活，啧有烦言，呼吁重回精神生活。可历史并不理会哲学家的牢骚话，它按自己的规律往前走。

　　当年费尔巴哈报考哲学系时，他父亲写信坚决反对。费尔巴哈的父亲是刑法律师，他期望费尔巴哈子承父业学习法律。在得知费尔巴哈坚决报考哲学系时，费尔巴哈的父亲在给他的信中说："我深深相信，我说服你是不可能的，就是想到你将遭受没有面包丢尽体面的悲惨生活，也不会对你发生作用，因此，我们将按照你自己的意志行事，委身于你自己一手制造的命运，让你去尝尝我向你预言的悔恨。"费尔巴哈没有听从他父亲的意见，坚持进入柏林大学哲学系就读，因为他认定，"哲学之外没有幸福！人只有在自己满足的地方才能有幸福，哲学的嗜好保证了我的哲学才能"，"哲学给予我永生的金苹果，向我提供现世的永恒福祉的享用，给予我以自身的相等，我将变得丰富，无限的丰富。哲学是取之不尽，用之不竭的源泉"。可德国的古典哲学家以及费尔巴哈的执着追求，也不可能挽回哲学在科学技术飞速发展以及资本对利润追逐面前所处的弱势地位。

物极必反，这是历史的辩证规律。当科学技术迅速发展的同时，各种危机，如生态危机、文化危机、道德危机开始涌现时，理论家们开始记起人文文化，尤其是哲学。可有些思想家把责任归结为科学技术的发展，"科学终结论"随之而起，反科学反技术成为一种思潮。曾经作为推动人类社会进步的科技力量，变身阻碍人类社会发展，甚至被视为败坏人性的恶魔。奥地利哲学家维特根斯坦说，"科学技术时代是人性终结的开始，有关伟大的进步观念，与那种认为真理最终会被认识的观念一起，都是一种错觉，科学知识中不存在良好的值得欲求的东西，而追求科学知识的人类则落入一个陷阱"。这当然是错误的科技观。

问题并不在于科学技术本身，而在于它如何被运用。对科技的运用，既有社会制度问题，也有科技学者的价值观和人文道德修养问题。自然的惩罚，使人们从物质生产和精神生产严重失衡的痛苦中，从生态环境和社会伦理生态的恶化中慢慢清醒过来。20世纪50年代，英国学者C.P.斯诺在演讲集《两种文化》一书中，已经看到科技与人文对立的危害性。他说，"我们必须用以反对技术恶果的唯一武器同样是技术本身。没有别的武器。我们无法退入一个根本不存在的没有技术的伊甸园"。但是"人们必须了解技术、应用科学和科学本身究竟如何，它能做什么，不能做什么。这种了解是20世纪末教育的必要组成部分。我们需要一种共有文化"。所谓共有文化，即科学与人文并重和结合的新的文化。哲学必然成为，也应该成为这种共有文化的指导和黏合剂。从人类世界历史发展来看，即使不会出现第二个轴心时代，哲学也绝不会由于科学技术的发展而失去它的光辉。科学技术越发展越需要哲学，后现代主义者鼓吹的"哲学终结论"是与历史发展规律相背而行的。"哲学终结论"仍然是一种哲学，它处在以一种哲学否定另一种哲学的自我矛盾的悖论之中。只要社会在发展，人类的精神渴求在不断充实，哲学之星就绝不会陨落。

哲学在当代中国的暂时困境

为什么在社会主义中国，特别是改革开放以来，我们也会出现哲学被冷落的情况呢？当市场需要成为社会经济生活中的主导力量，哲学必然处在社会主义国家和民族的需要、市场经济的需要、个人的需要这三者之间产生的巨大裂痕的夹缝之中。哲学正在夹缝中苦苦奋斗。

从国家需要来说，社会主义中国不仅需要物质财富，物质不能贫困；同样需要精神财富，精神也不能贫困。物质贫穷不是社会主义，精神贫穷同样不是社会主义。社会主义中国需要发展哲学。精神是民族的灵魂，是一个民族能否持续发展的精神动力。一个没有哲学思维的民族，很难自立于世界民族之林。一个有远见的民族和国家的领导人，一定会重视哲学。

毛泽东同志是非常重视哲学的，他自己就是一个伟大哲学家。

习近平总书记同样高度重视哲学社会科学，他在哲学社会科学工作座谈会的讲话中历数的中外文化名人中，不少就是哲学大家。他在中央政治局集体学习历史唯物主义基本原理和方法论时的讲话中强调："党的各级领导干部特别是高级干部，要原原本本学习和研读经典著作，努力把马克思主义哲学作为自己的看家本领。"应该说，我们的党、我们的国家是高度重视哲学社会科学的。习近平总书记也非常重视中华优秀传统文化，尤其是其中的哲学智慧。随着封建君主制的结束，儒家作为国家主导意识形态的功能已不复存在，但其中包含的丰富的道德伦理和治国理政思想，仍然是中华民族优秀文化的重要构成部分。中国共产党继承儒学中的优秀文化，但不会延续儒家道统。在中国共产党及其领导人心中，马克思主义哲学，包括中外优秀哲学智慧占有着极其重要的地位。

可是，市场经济的需要与国家的需要存在着较大的不同。市场经济对于推动生产力的发展，增加社会物质财富，解决商品短缺和匮乏问题具有重大作用。社会主义社会同样要建立市场经济，这是生产社会化的历史必然。中国有十四亿人口，发展经济仍然是第一要务。市场经济下财富的积累，有助于社会主义文化的投入，从而有助于哲学的发展。但是市场经济就其本身的主导作用来说，一定会把那些能直接为资本获得最高效益的学科推到前台，而把不能直接为市场所需要的学科往后挤。无论是私人资本还是集体资本都是一样的。对"无一技之长"的哲学来说，要在受市场支配的各个行业中找到充分就业的位置，很难。在市场需要的指挥棒下，高校各个不同学科冷热排名的洗牌是难以阻挡的。企业要获得最大效益，当然急需为获得最大效益服务的学科的毕业生。资本对科技人员的需要，或者对财会人员的需要，对法律、经济、金融、管理、投资、证券等各种专业人才的需要，肯定要比对一个亚里士多德式人才的需要更为迫切、更为现实。这与企业家的个人爱好无关。一个企业家，其个人可以非常喜欢诗歌、喜欢文学、喜欢哲学，这是他个人的爱好，但资本的本性并不喜欢文学、诗歌、哲学，而是喜爱利润，除非文化产品能转变为文化商品，能为资本带来巨大的利润。对市场来说，具有决定意义的是资本的本性，而不是作为资本人格化的个人的嗜好。任由资本选择，把并非市场急需的学科或人才往后挤，这是资本运作的铁的规律。

个人的需要与市场经济的需要、国家的需要又不完全相同，它既有个人兴趣和爱好的问题，又有谋生的问题。在市场经济条件下，个人对专业的选择会受市场经济影响，甚至会受市场需要的支配。对许多学生包括考生家长来说，往往最好的学科就是能在市场上找到最好岗位的学科，而最好的岗位就是工资最高、待遇最好的岗位，这是个人生活的现实需要。这种完全以市场为导向的专业选择，往往会压制个人的兴趣和爱好。一切为生存而奋斗、为工资而奋斗，对人文学科的发展是极其不利的。这也就是黑格尔说的，人们太重视尘世的利益，而对精神活动的价值越来越疏远。

这三种需要，即国家民族需要、市场需要、个人需要存在的矛盾形成一个夹缝，哲学就处在这个夹缝之中。往往是市场的需要和在市场影响下个人就业的需要，压倒许多人对哲学的爱好、对精神的需求，压倒个人的兴趣和可发掘的哲学潜在才能。与哲学谈谈"恋爱"可以，要与哲学"结婚"，终生以哲学为业、过清寒的生活，没有费尔巴哈那种绝对的爱好和价值理想追求，是很难做到的。

国家和民族的需要，代表的是民族的整体发展的需要；市场的需要，是企业经济效益的需要；而个人的需要，是满足个人现实生活的需求。按道理说，在这三种需要中，最重要的是国家和民族的需要。国家代表的是全体人民，它的需要是全面的。既要考虑经济发展，又要考虑人民的整体的人文和道德素质。社会主义核心价值观体现的就是家国情怀，是国家、集体、个人的统一。

对于国家和民族来说，一个贫困而有卓越成就的哲学家对民族精神的贡献，是任何一个亿万富翁、任何达官贵人都无法相比的。人们至今仍然记得古希腊的那些大哲学家，苏格拉底、柏拉图、亚里士多德，记得中国的孔孟老庄。庄子穷得借米下锅，孔子靠收学生的十条腊肉学费为生，但他们对民族的贡献是无与伦比的。他们是民族精神的塑造者，是民族永远的骄傲。

市场中企业的需要是追求现实的经济效益，是近期的；个人的需要往往是当下生活改善，是短视的。一个真正对哲学具有高度爱好和兴趣的人，不应该仅仅为了高工资而牺牲自己的爱好。真正在学术上有成就的人，他们不会屈从世俗鄙视的目光，也不会只关注自己的物质生活，而更重视自己的兴趣、爱好和才能，重视对国家、对民族的贡献。

在市场经济条件下，个人对专业的选择应该重视理想和信仰追求。前面提到的费尔巴哈不顾父亲的反对选择哲学，终于成为对人类做出伟大贡献的哲学家。马克思的父亲也是律师，马克思在波恩大学、柏林大学读的都是法律。随着资本主义的发展，学法律当然比学哲学吃香。马克思虽然读法律，但他对哲学可以说是痴迷。他在波恩大学钻研康德、费希特，后来转向黑格尔，如醉如痴，几近疯狂。他在给父亲的信中倾诉了对哲学的"钟情"——"没有哲学，我就不能前进"。转到柏林大学后，更是如此。马克思终于成为马克思主义的缔造者，成为千年伟人。如果像费尔巴哈和马克思这样的天才人物，屈从世俗观念，追求所谓体面生活，也许多了一个后世不知其名的费尔巴哈律师，少了一个在哲学史上重新恢复唯物主义权威的伟大哲学家；多了一个子承父业的马克思律师，少了一个新哲学创造者。

资本主义发展史证明，物质欲望的膨胀和对消费的无限追求，可以使一些有才能的人由于屈从物质生活而牺牲自己的哲学才能。这种情况，在我们这里也难完全避免，但有志气的青年应该具有更远大的眼光。笔者总是劝自己的学生认真读读马克思的中学毕业论文《青年在选择职业时的考虑》，这对市场经济条件下如何选择职业有指导意义。马克思说："选择一种使我们最有尊严的职业，选择一种建立在我们深信其正确的思想上的职业；选择一种能给我们提供广阔场所来为人类进行活动、接近这个共同目标即完美境地的职业。""如果我们选择了最能为人类福利而劳动的职业，那么，重担就不能把我们压倒，因为这是为大家而献身；那时我们所感到的就不是可怜的、有限的、自私的乐趣，我们的幸福将属于千百万人，我们的事业将默默地、但是永恒发挥作用地存在下去，而面对我们的骨灰，高尚的人们将洒下热泪。"

哲学需要有孔颜乐处的精神。哲学家个人的清苦和贫困顶多是个人的不幸，一个民族的哲学贫困则是整个民族的不幸。我们至今仍然对中华民族历史上众多哲学家怀有一种民族自豪感，原因正在于此。

精神家园的重建与中国哲学的前景

哲学在社会地位上陷入困境，导致昔日皇冠上的明珠，现在变为某些人眼中的沙石。是不是中国经济越发展，越不需要哲学，哲学系学生越来越没有前途呢？事情恰恰相反。

中国市场经济越发达，物质财富越来越多，越需要关注精神的需求。市场可以解决商品短缺、物资匮乏问题，但不能解决精神贫乏问题。有钱，可以从市场买到自己需要的东西，尤其是现在的电子商务，你可以买到全国甚至世界各国的东西，可是我们不可能从市场上购买精神。

人是需要有点精神的。人的精神需要有个安放之处。在西方，经济社会越发展，灵与肉的矛盾也越来越严重。肉体的需要可以在市场上得到满足。把肉体交给市场，尽情消费、享受；把心灵的需要交给上帝，交给教堂，在上帝面前虔诚忏悔。这是当代资本主义社会的现实。我们的精神同样需要有个安放之处。宋代朱熹在《答张敬夫书》中提出安身立命问题："而今而后，乃知浩浩大化之中，一家自有一个安宅，正是自家安身立命、主宰知觉处，所以立大本行达道之枢要，所谓体用一源，显微无间者，乃在于此。"科学解决不了这个问题，市场更解决不了这个问题。在西方，只有求助于宗教，宗教确实起着安抚精神的作用。但我们不能走这条路。

改革开放以来，物质丰富了，但上教堂的人也越来越多了，进寺庙烧香拜佛的人越来越多了，口诵南无、手捻串珠的人不少见。当然，信教是个人的自由，一个真正有宗教信仰、注重道德修养、一心向善的信徒是受人敬重的。我们从这种现象中窥视到的不仅是宗教信仰问题，而是当代中国一些人正在寻找精神安顿之处。等而下之的是信大师、信大仙、信风水，甚至信来世、信天象，都折射出灵魂的某种强烈需求。不过这不是精致的需求，而是粗陋、低俗、功利性的精神满足。在微信群里转来转去的各种心灵鸡汤，良莠不齐，不少是群发性的精神的恐慌和缺失的表现。中国是社会主义国家，当然不能以宗教作为安身立命之学，同样不能把儒学变为儒教，但必须重建以人文文化为核心的精神家园。

对一个国家和民族来说，精神危机是最严重的危机，也是最危险的危机。社会道德滑坡、价值观念颠倒影响的可以是整整一代人，而受影响的一代，又会成为影响下一代人的思想土壤。如果代代相继，这个民族的素质就会恶化。滑坡，这个词很形象，也很贴切，就像从山上往下滚的石头，不采取有效措施，它不会自动停止。党中央已充分认识到这个危害的严重性，并正在采取措施扭转这种现象。

在市场就业导向下，哲学可以由热变冷，但随着人们的精神家园的重建，随着过度消费引发的精神饥渴症的发作，哲学作为世界观、人生观、价值观，作为思维方式的需要，一定会由冷变热。经济越发展，哲学尤其是马克思主义哲学作为精神压舱石的作用会越来越重要。我们生活在一个最需要哲学的时代，但我们并不自觉。当代信仰的缺失、理想的动摇、道德的错位、价值观的颠倒是社会经济转型期的某种并发症，是前进中的倒退。我们生活在真正需要哲学的时代，偏偏由于种种原因哲学专业被冷落。

对于这种现象，哲学工作者需要经常进行自我追问：我们是一群什么样的人？我们是否尽到了自己的社会责任？哲学各学科片面专业化和自我封闭，哲学人才的知识结构单一化，哲学研究的自我娱乐化，都是我们必须严肃面对的问题。

在中外哲学史上，有名的哲学家并不是专业哲学家，更不是学院派的哲学家。孔孟老庄、二程陆王、黄宗羲、王夫之，以及康有为、梁启超等，都是或向当权者推行自己的政治理想，或为高官、改革家、革命家。王阳明上马能平叛戡乱，下马能从政为文，贬谪能沉思悟道。古代哲学家都是文史兼通、能言能行，对社会、政治、人情、世情、国情有深切理解，有理想有抱负，而不是寻章摘句、皓首穷经、老死书斋的所谓专业哲学家。哲学成为专业，在中国始自1912年北京大学的"哲学门"。有了哲学系以后，哲学才开始成为专业。

在西方同样是如此。哲学专门人才的出现是伴随近代教育世俗化而来的。苏格拉底之前的哲学家是自然哲学家，对自然科学有贡献；苏格拉底、柏拉图和亚里士多德都关注城邦的政治和公共生活；中世纪主要是神学，神学院培养的是神学家，哲学是神学的婢女，是为神学服务的。18世纪以后出现的一些大哲学家，洛克、休谟、笛卡尔、斯宾诺莎、莱布尼茨都不是教会或大学哲学系培养的，他们都具有精深的科学素养，与自然科学群体联系反而紧密。德国古典哲学家包括康德、费希特、谢林、黑格尔、费尔巴哈都出自大学，但他们不单纯是学院派哲学家，他们都从哲学角度关注德国的社会现实或重大的哲学问题，他们的哲学成为时代精神的精华，被称为德国政治变革的先导。19世纪后，西方哲学家变为专业化、职业化和学院派的哲学家。与前辈相比，真正从大学哲学系出来的哲学大家极其罕见。问题并不在于哲学成为哲学系科和培养专门哲学人才，而在于哲学家一旦成为只关注书本而脱离社会，对自己所处时代的问题，无论是现实问题抑或重大哲学问题冷漠，而热衷于从头脑中构建体系，这种哲学家终究会成为时代的弃儿。

我们大学的哲学系不应该培养学院派哲学家。我们的哲学老师，我们哲学系的学生，无论是本科生，还是硕士博士研究生，都应该关注社会、关注现实、关注生活，不能只关注书本，应该有从现实中捕捉哲学问题的本领，而不能从书本的字里行间中寻找微言大义，从概念到概念构筑所谓哲学新体系。这是在沙滩上搞建筑，不管乍看起来多么雄伟，几脚就可以踹倒。

当代中国，哲学系已经是一个哲学大家族。20世纪50年代辩证唯物主义和历史唯物主义教研室一枝独秀，而现在是包括八个二级学科的一级学科。这个变化是哲学学科的进步和发展，但也容易带来一个问题，那就是各个二级学科筑垒自守、彼此隔绝。如何在发展各个二级学科的同时，使各个二级学科研究形成一股合力，推动当代中国哲学的发展，仍然是一个没有解决的问题。尤其是如何发挥马克思主义在各个二级学科中的指导作用，也是一个有待解决的问题。中国的哲学院系的各个二级学科，如果拒绝马克思主义作为基本理论和方法论作用，就不是社会主义中国的哲学院。这种哲学院与西方哲学系有何区别？如果我们的哲学研究缺少创造性思维，没有为祖国为人民立德立言的推动力，即使能炮制一些不具有任何现实价值或理论价值的论文，或者构建一个从概念到概念的哲学体系，最多只能在同行圈子里相互欣赏，走不出书房，走不出朋友圈子，作用极其有限。这种哲学研究由于缺少创造性，就像尼采说的，是"从瓶子里倒水"，从"一个瓶子"里倒到"另一个瓶子"里。

马克思主义哲学是最具创造性的哲学。因为它立足生活，面对社会问题。它不是倒水，不是把一个瓶子里的水倒到自己的瓶子里，而是从生活中，从科学发展、社会发展和社会科学成就中提炼出新的问题。它是以问题为导向，而不是以书本为导向。马克思和恩格斯从资本主义社会向何处去，人类向何处去，无产阶级和人类如何获得解放，如何才能实现一个人的自由全面发展这些问题出发，来建立马克思主义哲学学说。毛泽东同志的《实践论》《矛盾论》《关于正确处理人民内部矛盾的问题》，以及他的其他哲学著作，都是立足中国实际和中国问题来思考哲学问题。哲学的创造性当然有继承性，但不是从瓶子里倒水的那种继承性。毛泽东同志强调的是马克思主义的中国化，是马克思主义与中国实际相结合。结合完全不同于从瓶子里倒水。倒水，仍然是水；而结合，是创造性发展。

哲学，无论是马克思主义哲学、中国传统哲学、西方哲学，在中国都有发展空间和光明的前景。制定方针政策需要，各级干部需要，通识教育需要。尤其是面对全体学生的思想政治理论课，不能缺少哲学。有人说，作为思想政治课的哲学不是哲学，而是洗脑学。洗脑很难听，因为洗脑通常理解为思想和精神控制。但我可以理直气壮地说，思想政治理论课就包括"洗脑"，它"清洗"的是学生头脑中的错误思想。西方教育不洗脑吗？不是宣传他们的爱国主义吗？不是以各种方式宣传西方价值观吗？不是通过学校和各种舆论手段天天在进行洗脑吗？为什么我们用社会主义核心价值观，用科学世界观、人生观和价值观教育我们的青年人就被贬为洗脑呢？就被视为反对学术自由、反对独立思考呢？脑是要洗的，以免沾满污垢。问题是用来洗脑的水是清水还是脏水，是真理还是谎言，是科学还是偏见，使人们精神向上还是往下坠落。我们就是要加强思想政治教育，这是有关培养什么样的人、为谁培养人的大问题。我们不怕西方说三道四，也不怕国内有人附和。我们的哲学要发挥哲学的特长，用科学世界观和思维方法来武装我们学生们的头脑。

当年毛泽东同志说，让哲学从哲学家的课堂和书本里解放出来，变为群众手中的武器。这句话的真实含义不是不要课堂，不要书本，而是不要走学院派的道路。正如文学要走出象牙之塔一样，哲学也应该从神圣的哲学殿堂里走出来。心中有人民，心中有国家，以问题为导向，真正进行创造性的哲学研究，把研究成果变为民族的宝贵财富和培养与提高全民人文素质的现实哲学智慧，这是一条宽阔的无限向前延伸的哲学之路。十四亿人口的中国，真正的哲学人才不是太多而是太少，哲学在社会主义中国有无限发展的空间。

哲学随想

哲学的重要性

　　哲学的重要性在于，哲学思考能把对对象的认识提高到超越具体知识的水平。要对对象形成规律性把握，作出正确的解释，必须具备基本的哲学素质。不探索因果性观念，就难以发现规律，因为规律就存在于因果关系中。不懂原因，就无法预测结果。没有辩证唯物主义观念，就既不懂实事求是的重要性，也不懂发挥主体能动作用的重要性。不懂辩证法，就不懂如何分析问题；没有矛盾观念，就不懂从何处下手处理问题。因为从认识角度说，矛盾就表现为问题。哪里有矛盾，哪里就有问题。解决矛盾，就是解决问题。

　　雷蒙·阿隆说，为了理解过去，必须进行哲学思考。确实，如果对历史不进行哲学思考，后人面对的就是一堆没有内在联系的死材料。历史是客观的，但对历史的理解和把握是主观的，它决定于历史学者的水平。要对历史事件、历史人物和历史发展过程作令人信服的说明，就不能只是简单堆积材料，而必须对材料进行梳理、考证，把材料变成一种关于历史真实过程的规律性揭示，这就必须借助哲学思维。

哲学家与哲学搬运工

真正的哲学家应该是思想家，而不能是哲学搬运工。现在的哲学研究者，不少属于搬运工。搬运性质的博士论文更多，都是找个人物，论述生平、著作、思想，如此而已。哲学搬运工从被研究者的书中搬运一些材料到自己的文章中，其中当然有点解释性的东西，但并无创见。哲学研究不应该是搬运工作，即使是哲学史家也不该是搬运工。虽然哲学史研究允许搬运，因为哲学人物在哲学史中就是搬运对象。但是，一本有水平的哲学史著作，不能只是搬运思想材料，著者本人还要有自己的思想和看法。

怎样才能成为一个思想家呢？关键在于有创见。冯友兰先生说，我们不仅要照着讲，更要接着讲。照着讲，是哲学史；接着讲是哲学。目前所有儒家学说，虽然有接着讲，但大盘子仍然是照着讲，因为它有一个大范围，即道统。只要讲儒学，就不可能超出这个范围，最多通过解释先圣之道印证自己的体悟。现今的儒学虽说已是第三期新儒家，但它的底子仍是儒家。返本开新，离不开它的本。开新是有限的解释学的开新，有人试图从儒家学说中开出民主、自由之类的东西，这种开新离了谱，不再是儒学。

理论与实践

理论来自实践，是实践经验的总结。自然科学理论来自科学实验，离开实验室，自然科学理论就不可能产生和发展。当然，实验室的研究是随着近代工业发展而产生的。在农业社会没有实验室，但有广大群众的生产实践经验，最早的科学也离不开人们的实践。社会科学与自然科学不同。社会科学没有专门的实验室，但从总体看，也可以说整个社会实践就是它的实验室。具体地说，人们的经济活动为经济学提供基础，政治活动为政治学提供基础，道德活动为伦理学提供基础。不以人类实践经验为依据的理论概括，是空想和虚构。从概念到概念，没有任何实践依据的纯思辨方法，不可能提供出科学学说。

我经常看到一些学者争论什么是正义、公平等，完全停留在抽象概念层面，总想寻找一个抽象定义，这是不可能有成果的。因为社会的公平、正义，不是按定义呈现它的本质，而是依据历史条件在不同情况下呈现它的不同面貌。奴隶社会对公平正义的解释和资本主义社会不可能一样。因此，按照历史唯物主义观点，公平、正义等都是历史范畴，如果掏空了它的历史性内容，就是一个词而不是一个概念。词和概念的区别在于，词是通用的，而概念是历史的。

自然科学理论是用汗水写成的，而社会科学理论是用血写成的，尤其是革命理论，它是血的经验教训的凝结。据陈晋先生的文章介绍，1964 年薄一波等人向毛主席汇报工作时，说到全国正在掀起学习《毛选》热潮，毛泽东回答说："什么是我的？这是血的著作。《毛选》里的这些东西，是群众教给我们的，是付出了流血牺牲的代价的。"用实践经验尤其是鲜血写成的论文，与坐在沙发上写的如何革命的文章显然是不同的。

智慧与真理

哲学是关于真理的学说，还是关于智慧的学说？我认为，把两者对立起来是不对的。如果智慧中不包含真理的因素，那就不是智慧，而只是小聪明，哲学是通达圆融的大智慧；同样，如果真理中不包含智慧，无助于提高人的思维能力和判断力，那就是空洞的真理。真理，不仅要求真，而且要求理；真的思想和学说中包括理，无理即不真；反之，理中肯定包括真，理如果是真理，一定是真道理，假道理是披着真理外衣的谎言。谎话，即使重复一千遍仍然是谎话，而真理即便被打倒一千次，仍然会再度辉煌。

哲学是关于智慧的学说，也是关于真理的学说，二者是相通的。而且，有一点需要注意，即哲学是爱智慧，是追求智慧；是爱真理，追求真理。爱与追求都是动态的，不能把智慧和真理看成僵死的、一成不变的，而要不停地追求，决不满足既有结论。因此，哲学本质上是具有批判性的反思学问，它要求对既有结论不停地再思考。如果认为智慧和真理一旦获得后就一成不变，不会再发展，就是对哲学的误解。既没有终极真理，也没有超人智慧。真理到顶峰，智慧到超人，都是违背哲学辩证法本性的。

哲学既要可爱又要可信

王国维先生关于哲学说过一段很有意思的话："哲学上之说，大都可爱者不可信，可信者不可爱。"他所说的可爱不可信的哲学是指叔本华、尼采等的非理性主义的人本主义哲学，而可信不可爱的大概是指孔德、穆勒等的实证主义的唯科学论。王国维先生的分类和评价当然可讨论，但他说的可爱与可信分家之事在哲学上是屡见不鲜的，用我们现在的话说就是人文主义与科学主义的对立。

我国五四时期的科玄论战可以说是这两种哲学的论战。科学派是西化派，强调要以现代西方科学为基础来建立科学人生观；玄学派认为人生观不是科学所能解决的，而要发扬人文主义传统，强调天人合一。新儒学家们大抵主张后一种观点，反对把哲学看成科学。熊十力先生就说哲学与科学，知识与非知识，宜各划范围，分其种类，别其方法。他还说哲学与科学的出发点与对象及领域和方法根本不同，哲学是超利害的，故其出发点不同于科学；它所穷究的是宇宙真理，不是对部分的研究，故其对象不同于科学。冯友兰先生也是强调哲学与科学的区别，说哲学的功用，根本不在于增加人的对于实际的积极的知识，哲学的功用，根本在于提高人的境界，它不能使人有更多的积极的知识，它只可能使人有更高的境界。现代新儒家们都强调哲学的形上追求，对人生境界的追求，而不强调哲学对世界的规律性把握。

在我们看来，人文主义与唯科学主义都是片面的。前者可爱，因为它是讲关于人与人的本性，关于人应该如何以人的态度对待人，的确沁人心脾，使人感到温暖。可这种哲学关于人以及人所生活的世界的理解是非科学的、不可信的。千百年来这种抽象的人道主义原则从来没有人实行过也无法实行。至于唯科学主义，把人和关于人的一切都化为类似数学中的点、线、面，可以按纯科学的方法来处理，把人变为没有情欲、没有激情、没有思想的物体，的确是冰冷冷的，绝不可爱。

马克思主义哲学不同。在它的哲学中把科学与价值结合在一起，它既强调世界观的科学性，承认客观规律，又考虑到人自身的要求和发展。它在世界观上强调重视规律，强调实事求是；在价值观上，强调人的价值，强调亿万劳动者的利益，以人的解放、人的全面发展为目的，而且把这两者非常完善地结合在一个体系之中，使马克思主义哲学成为既可爱又可信的哲学。

哲学并非只在抽象王国中驰骋

哲学思维是一种高度抽象化和理性化的活动。哲学思维的这种特点，并不是说哲学与生活无关，它所讨论的问题都是一些纯粹思辨的问题。其实，哲学的抽象性主要是哲学的论证方式，而非哲学问题。哲学中的问题来自生活和科学，都是确实存在的具有普遍性的问题。当这些实在的不断重复的问题上升为哲学问题时，它就具有抽象的特点，因为它是以普遍性的概念和范畴的形式来表述和论证这些问题的。例如，存在和意识的相互关系问题，必然性和偶然性的问题，规律的客观性问题，等等，都是科学和实际生活中不断碰到的问题。可当这些问题没有上升为哲学问题之前，是以具体问题的方式出现的。人是会死的，可有人死于各种各样的疾病，有人死于偶然事故，例如车祸、溺水，这里就有必然与偶然的问题。可以说所有哲学问题在科学和生活中都有类似的特点。

由于哲学是以普遍概念和范畴的形式来概括和论证这些问题，使具体问题抽象化概念化，从而产生一种假象，似乎哲学只是在抽象王国中驰骋。可整个哲学史表明，任何一个哲学体系，无论就其产生的原因、提出的问题以及解决问题的方式看，都是非常现实的。哲学似乎高耸于天国，可哲学家不能不食人间烟火，他们都生活在现实的社会之中，他们是在一定条件下进行认识的，他们的问题和答案都超不出条件许可的范围。所谓"超前性"无非是对可能性的充分揭示。哲学不管在外表上如何抽象，如何超凡入圣，如何与现实无关，实际上都可以从中捕捉到人类在实践中遇到的难题。哲学应该由人间升入天国，即进入纯概念的领域，否则就不是哲学；可哲学又必须由天国下降到尘世，要回到现实面对现实问题，对人类的各种实践和认识发挥自己应有的作用。哲学如果只是在抽象王国中驰骋，那将丧失哲学的作用和功能。

当马克思还是一个青年黑格尔派时，他就在为博士论文准备的笔记中批判了这种倾向。马克思在关于伊壁鸠鲁哲学的笔记中已经讲到了哲学与现实的关系，他说，在古代"哲学已经不再是为了认识而注视着外部世界；它作为一个登上了舞台的人物，可以说与世界的阴谋发生了瓜葛，从透明的阿门塞斯王国走出来，投入那尘世的茜林丝的怀抱"。马克思还说："像普罗米修斯从天上盗来天火之后开始在地上盖屋安家那样，哲学把握了整个世界以后就起来反对现象世界。现在黑格尔哲学正是这样。"

马克思在博士论文中发挥了这一思想，强调哲学的实践性。他说："一个本身自由的理论精神变成实践的力量，并且作为一种意志走出阿门塞斯的阴影王国，转而面向那存在于理论精神之外的世俗的现实——这是一条心理学的规律。"

在讲到黑格尔哲学与现实的关系时，马克思分析了由于青年黑格尔派以黑格尔哲学为旗帜而产生的哲学与现实的矛盾，他说："当哲学作为意志反对现象世界的时候，体系便被降低为一个抽象的整体，这就是说，它成为世界的一个方面，于是世界的另一个方面就与它相对立。哲学体系同世界的关系就是一种反映的关系。哲学体系为实现自己的愿望所鼓舞，同其余方面就进入了紧张的关系。它的内在的自我满足及关门主义被打破了。那本来是内在之光的东西，就变成为转向外部的吞噬性的火焰。"

后来，马克思在《第179号〈科伦日报〉社论》中反驳海尔梅斯对哲学的攻击时明确指出，哲学必须与自己时代的现实相接触。马克思在批评以往哲学的缺点时说："哲学，尤其是德国的哲学，喜欢幽静孤寂、闭关自守并醉心于淡漠的自我直观。"马克思还说："从哲学的整个发展来看，它不是通俗易懂的；它那玄妙的自我深化在门外汉看来正像脱离现实的活动一样稀奇古怪；它被当作一个魔术师，若有其事地念着咒语，因为谁也不懂得他在念些什么。"马克思主义认为，哲学脱离时代，无论它多么玄妙，多么诱人，说得多么天花乱坠，都属于哲学垃圾，或者至多是不结果的花。

智慧与痛苦

1944 年 11 月，维特根斯坦在给他的学生马尔康姆的信中说："假如你不想受苦，你就不能正确思考。"智慧当然有可能给人带来某种痛苦，例如在封建统治下某些思想家为社会、为统治者所不容，遭受政治迫害，为真理而牺牲。尽管并不是在任何社会中都是如此，可是思考本身作为一种穷根究底的研究，往往是痛苦的，它往往使人牺牲健康、休息、家庭，沉湎于思索，特别是对于社会问题的思考，怀着焦虑和愤怒更是痛苦。

哲学若不想流于空谈，必以追求真理为目的。哲学不是文字游戏，不是思辨，不是概念的战争。哲学应该求真，这一点连维特根斯坦也承认，他说，研究哲学如果给你的只不过是使你能够似是而非地谈论一些深奥的逻辑之类的问题，如果它不能改善你对日常生活中重要问题的思考，如果它不能使你在使用危险的词句时比任何一个记者更谨慎，那么，它有什么用？

宗教是痛苦的避难所，它是人处在极端痛苦时的安灵剂。可哲学不是痛苦的避难所，而是通向智慧的大门。哲学与宗教的不同正在于它是积极的探索。宗教是逃避痛苦的痛苦，而哲学是通向智慧的痛苦。

有的哲学家把痛苦说成是存在的必然产物，在他们看来，存在就是痛苦。《道德经》中说："吾所以有大患者，为吾有身。及吾无身，吾有何患？"如果存在就是痛苦，那人类永远走不出痛苦，因为人本身就是一个感觉实体。这样来理解痛苦就把痛苦本体化了，完全降低了痛苦在人类探求智慧中的价值。

猫头鹰与雄鸡

黑格尔把哲学喻为黄昏时起飞的猫头鹰。意思是说，哲学是一种反思的科学，是事后的思考。他在《小逻辑》中明确地说："哲学的认识方式只是一种反思——意指跟随在事后面的反复思考。"还说："哲学可以定义为对事物的思维着的考察。"尽管黑格尔非常重视哲学，把哲学放在他的绝对观念自我认识的最高阶段，但他把哲学看成黄昏时起飞的猫头鹰，实际上取消了它的指导功能，只是一种对既成之事的哲学思辨。

马克思不同，他强调的是哲学认识和改造世界的功能，特别是对正在登上历史舞台的无产阶级来说，哲学是头脑，是精神武器，所以马克思把哲学比作迎接黎明的高卢雄鸡。他说，当无产阶级革命条件成熟时，"德国的复活日就会由高卢雄鸡的高鸣来宣布"。这里雄鸡是借用法国第一共和国国旗上的图案，来暗喻新的革命哲学。哲学是迎接黎明的雄鸡，意味着它在黎明来到之前就已经在行动而不是等到黄昏时才起飞。这样，哲学就由事后的反思变为事前的指导，能够充分发挥其认识世界和改造世界的功能。

哲学可以活人也可以杀人

哲学的作用有多大？我说大可以救国救民，小可以救人活命。马克思主义哲学就是救国救民之学。这是一百五十多年的社会主义革命和建设的历史已经证明了的。相反，唯心主义和形而上学可以祸国殃民。中国的"大跃进"和"文化大革命"中，人的损失与物的损失无可估量。

对个人而言，哲学是安身立命之学。好可救人，孬可杀人。乐观主义哲学，可以使人直面人生，面对困难，鼓足勇气，无所畏惧。"更喜岷山千里雪，三军过后尽开颜""牢骚太盛防肠断，风物长宜放眼量""山重水复疑无路，柳暗花明又一村"……都是这种放眼未来、充满希望的乐观情绪。

悲观主义哲学，使人抑郁厌世，充满绝望情绪，成就不了事业，健康不了身体，享受不了人生。你看《红楼梦》里的林黛玉，整天哭哭啼啼，睹明月伤情，见落花流泪，如何能不夭亡。一代国学大师王国维之死也是发人深省的。王国维1927年6月2日自沉于颐和园，使学术界震惊。王国维之死成为一大疑案，殉清之说很流行，但知情者认为并非如此。王国维之死原因很多，有的学者说，其中一大原因是他的哲学是悲观主义哲学。

饮食男女中的哲学和艺术

饮食男女是人的自然本性，可"朱门酒肉臭，路有冻死骨"是一种社会现象。至于两性关系的形式，如婚姻家庭，同样也不是人的自然本性。饮食男女中存在的哲学和艺术问题，最根本的是社会问题。

有人说马克思主义是吃饭哲学，另有人一本正经地表示同意，其实是有意贬损。以两性关系为主线是所有爱情小说的共性，可谁也不能说小说是性的艺术。因为真正的爱情小说的本质不是性而是以两性为基础的爱，是以性爱为轴心揭示社会状况和道德观念。恩格斯1888年4月写给女作家玛·哈克奈斯的信对这个问题做过精辟的论述，他称她的小说《城市姑娘》"把无产阶级姑娘被资产阶级男人所勾引这样一个老而又老的故事作为全书的中心"来揭露资本主义社会。但是，恩格斯也指出哈克奈斯的不足，即没有通过小说反映工人阶级对他们四周的压迫环境所进行的叛逆的反抗，他们为恢复自己做人的地位所做的极度的努力。恩格斯还以巴尔扎克为例，说明他通过描写"贵妇人（她们在婚姻上的不忠只不过是维护自己的一种方式，这和她们嫁人的方式是完全相适应的）怎样让位给为了金钱或衣着而给自己丈夫戴绿帽子的资产阶级妇女"，从而围绕着这幅中心图画，"汇集了法国社会的全部历史"。

吃饭当然重要。之所以重要，正如恩格斯说的，"人们首先必须吃、喝、住、穿，然后才能从事政治、科学、艺术、宗教等等；所以，直接的物质的生活资料的生产，从而一个民族或一个时代的一定的经济发展阶段，便构成基础，人们的国家设施、法的观点、艺术以至宗教观念，就是从这个基础上发展起来的，因而，也必须由这个基础来解释"。任何一个稍通文墨的人用不着大学问都能读懂这些话。马克思的理论决不是简单归结为吃饭，而是从满足人们的衣食住行的生产中发现社会运行的规律，即人们在生产中如何形成生产力与生产关系，生产力与生产关系如何构成社会的基础，每一个社会中的经济基础与上层建筑之间如何发生矛盾，如何导致革命，以及社会形态的更替规律，等等。这一整套规律性的论述岂是吃饭二字所能概括的。

吃的重要性可以说古已有之，"民以食为天"是中国政治家治国的格言，但这并不妨碍他们在历史观上坚持唯心主义。可见，吃饭与唯物史观是不能画等号的。

哲学主体与濠梁之辩

中国哲学从来就重视人在天地间的地位，倡导"赞天地化育，与天地同参"的哲学观念。但如何看待人的主体地位，同样存在争论。庄子与惠施著名的濠梁之辩，就很有哲学价值。

庄子与惠施同在桥上观鱼。庄子是辩方，首先说，你看鱼游得多从容，多快乐呀！

惠施反驳说，你又不是鱼，你怎么知道它快乐不快乐？

庄子说，你不是我，你怎么知道我不知鱼快乐不快乐？

惠施回了一句，是的。我不是你，不知道你，但你不是鱼，你也不可能知道鱼呀！

实际上，这种争论可以反复驳辩，不断继续下去。只要执着于我（个体）是唯一的主体，人与人之间不可能沟通，我就是我，就是一团永远扯不完的棉花絮。

人不是孤立的原子，人是一个整体。虽然人的存在方式是个体，但是现实的个体，是处于社会关系和社会交往中的个体。人有交往、语言、行为，在这个意义上，人是开放的。尽管人的思想、情感、感受可以隐蔽起来，人可以作假，可以伪装，所谓知人知面不知心，或者说人心难测，但这不能成为人根本不可能相互了解的屏障。

人是主体，但人是社会活动中的主体。因而个体不是唯一的主体，还有群体。人与人之间的相互了解存在于群体活动之中。人通过语言、活动、交往，可以相互了解，否则社会中的一切活动不可能进行。我们可以根据一个人的语言和行为来观察他们的内心世界，孔子说的"听其言，观其行"就是这个意思。

至于鱼快乐与否，当然是以人的心情为标准的。用快乐来形容鱼的状况，本来就是按人的经验说的。人在快乐时会手舞足蹈，而不痛快时会沉默无语。这种移情作用在古人的诗词中俯拾皆是。小鸟歌唱、鲜花怒放之类，在小学生的作文中都可以看到。至于"感时花溅泪""无赖春色到江亭"之类，表达的更是人的心绪。

我们面对的是两个世界：一个是人与人的世界，这是人的实践和交往世界，我们通过实践、语言、交往，可以相互了解；一个是人与物的世界，如果是物的本性，可通过科学解释，如果是以物抒情，则是人自身情感的折射。庄惠之辩启示我们，绝不能把主体性变为个体性，变为彼此封闭的、没有窗口的单一个体的主体性，而在人与物的关系上又不能忘记审美世界的广阔性和多样性。尼采说过，在植物的眼里，整个世界就是一株植物；在我们的眼里，它则是人。

不能非此即彼

哲学与科学不同，但不能对立。法国托马斯主义的主要代表马利旦起初认为只有科学可以解决人们所关心的问题，但后来对这种唯科学主义的幻想破灭，入法兰西学院师从柏格森，以后改宗天主教。这种由科学到哲学、再到神学的道路，对个人而言是自由的，但从思想史的角度看是一种曲折的道路，是一种倒退。正确的道路应该是哲学与科学的结合，建立以科学为基础的哲学，以哲学为指导的科学，让它们相互促进，共同繁荣。

哲学不能归结为人学，但哲学决不能脱离人，与人无关的哲学是毫无价值的。哲学的境界是人的境界，是人能达到的境界，而不是超凡入圣的非世俗世界。真正的哲学总是使人面对世界，给人以生存的勇气和智慧，而不是教人如何脱离人世，遁入天国，把现实世界当成虚幻的世界。后者所谓的智慧不是对问题的解决而是对问题的逃避。从根本上说，这很难说是智慧，而是把头埋在沙堆里的鸵鸟的做法。作为一个神学家，马利旦并不排斥哲学的智慧，他很赞扬希腊的哲学，说希腊哲学具有人类的共同的尺度。它是一种严格的哲学的智慧，这种智慧并不是宣称要引导我们达到与上帝的合一，而仅仅引导我们获得对宇宙的理性知识。但奥古斯丁则贬低科学，抬高神学，认为神的智慧是借助最高的理性才能认识的，而科学则是在创造物的幽光中借助低等的理性所认知的。

在当代，科学与宗教齐头并进。把知识交给科学，把灵魂交给上帝，这是不少科学家存在的灵与肉的矛盾。科学在本质上是反对迷信的，这两者在同一人身上的结合，是资本主义社会内在矛盾的映照。历史的道路是弯曲的。从中世纪以后，科学反叛神学、脱离神学是历史和科学的进步，而当代科学没有发挥反宗教的功能，纯粹被看成生产力，从而把科学的功能单一化了。当今出现的所谓人文精神危机，并不是科学发展的结果，科学精神与人文精神是互补的。当代西方的问题是制度问题，是对科学的滥用，而不是科学本身有所谓双重效应。我们不能限制科学的发展，而要在努力发展科学的同时对科学的运用采取正确态度，特别是不能只着眼于科学的实用价值，而要同时发挥科学的教育功能，宣传唯物主义和无神论的功能。

当代的神学家们都不敢否定自然科学，而是力求用自然科学来解释神学，以求科学与神学的联姻。马利旦就强调说我们不应忽视自然哲学的问题，它在纯粹的意义上是呈现在我们思想的前进升腾运动中的第一种智慧。它对我们来说之所以有如此重要的意义，正因为它处于哲学初级阶段的最底层。

在哲学与科学的关系问题上，我们经历了或正在经历着两个阶段：一是古代希腊罗马时期，哲学包含自然科学；二是当代西方则用把哲学实证化的方法来消解哲学，他们的口号是拒斥形而上学。他们试图以此来结束哲学，这当然做不到。

为什么和为了什么

"为什么"和"为了什么"是两个不同的问题。"为什么"属于科学，是有关因果规律的问题；"为了什么"属于哲学，是有关主体目的的问题。

青蛙是绿色的，青草也是绿色的，蝴蝶色彩斑斓，花卉万紫千红，自然界如此多样。我们不能问"为了什么"，而只能问"为什么"。因为自然界没有目的，所有生物与非生物也都没有目的，只有自然选择和环境适应。如果把目的塞给自然界，那就会像恩格斯嘲笑的，把猫创造出来是为了吃老鼠，把老鼠创造出来是给猫吃。一旦提出"为了什么"，除了走向上帝或有神论以外，别无他途。

在哲学范围内我们不能问，人为什么活着？因为人为什么活着属于生命科学的问题。人的生命是自然给予的。人活着是人类的延续，无论生男生女都是传宗接代，男女结合再繁殖生命，循环往复，生生不已。这是人类生存的自然需求。不能对人提出人为什么活着的问题。任何人的出生都不是自愿选择的，父母不用征求胎儿的意见。人一落地就是活物，就是一条生命；否则是死婴，不是活人。

可我们可以而且必须问，人为了什么活着。这属于活着的目的，而不是活着的原因。因果律属于科学，目的论属于哲学。人为了什么活着属于对人生的价值、理想、意义的追问。人为什么活着理由相同，而人为了什么活着的目的，则大相径庭，各有各的打算。这属于人生观的问题。

有的人失恋了就寻死觅活，甚至自杀。这是为情活着，以身殉情。有的人在市场竞争中破产或股票大幅缩水，投河自尽。这是为利活着，以身殉利。有的人因为评职称或提升受挫，想不通，郁郁而死。这是以身殉名。人类自杀的原因五花八门，不胜枚举。总之，都有个为什么活不下去的理由，都存在为了什么活的问题。

庄子虽然对生命很达观，但也不同意这种违背生命规律的死法。他说："小人则以身殉利，士则以身殉名，大夫则以身殉家，圣人则以身殉天下。故此数子者，事业不同，名声异号，其于伤性以身为殉，一也。"死的原因，多种多样，但都是为了自己的功名利禄。用现代的话说，都是只有自我，难以超越狭隘的个人眼界。

在为了什么活着的问题上超越自我的，首先是宗教。基督教宣扬博爱和普世价值，人应该为人类而活。佛教宣扬普度众生，解生民于尘世的倒悬之中。可这只能是教义，而不可能是现实。依靠任何一种宗教都不可能以自己的生命救生民于火海，最多只能是净化自己个人的灵魂。

马克思主义不同。以解放全人类为己任的革命者，应该为了人民和革命事业而活着，包括以身殉革命。这种殉，本身就包含着生活的意义。西方凭这一点把马克思主义比作宗教。马克思是教主，革命者是信徒，共产主义是天堂。这种类比是荒谬的。马克思主义的人生观就是革命者的人生观。它在革命时期是革命观，在建设时期是马克思主义的权力观和政绩观。虽然内容有别，但都是超越个人，在为人民利益鞠躬尽瘁、死而后已的精神上是一致的。马克思主义的人生观不是宣传博爱，不是忍辱负重，而是参与社会变革，是通过社会大变动来救民于水火之中。这不是一个人的力量能办到的，而是人民群众自己解放自己。革命者个人只是其中的一员，即使是伟大领袖，也是组织者和领导者，而不是救世主。

刚刚 17 岁的马克思，在他的中学毕业作文中，对人为什么活着交了一份感人的答卷：如果我们选择了最能为人类幸福而劳动的职业，那么，重担就不能把我们压倒，因为这是为大家而献身；那时我们所感到的就不是可怜的、有限的、自私的乐趣，我们的幸福将属于千百万人，我们的事业将默默地但是永恒发挥作用地存在下去，而面对我们的骨灰，高尚的人将洒下热泪。只要读读这篇文章，一定会承认马克思后来成为世界人们心目中的那个马克思，绝不是偶然的，因为他在青少年时代就明确了人应该"为了什么"活着。所以，当他一旦生活在资本主义兴起的英国，目睹工人的生活，成为马克思主义"创始人"就容易理解了。

论对立面

矛盾及其在事物发展中的作用是不能否定的。作为一种思维方法，矛盾方法是根本性的方法。否定矛盾只能是形而上学的思维方法。我想到柳宗元的著名文章《敌戒》。他说，人们都"皆知敌之仇，而不知为益之尤；皆知敌之害，而不知为利之大"。他以秦与六国为例，说秦有六国，兢兢以强；可是六国既除，秦不久也灭亡了，因为没有对立面，不讲究政策。历史上凡有敌国者，统治者大抵励精图治，谨慎临民，图强图存；而无敌国者，则往往横征暴敛，奢侈无度，结果导致灭亡。他提出了一个很有见解的论断，"敌存灭祸，敌去召过。有能知此，道大名播"。所谓无敌国者国恒亡，讲的就是这个道理。养生也是这样。有病的注意保健，可带病延年；而身强体壮的往往自恃身体棒，没有保健意识而突然死亡，这就是《敌戒》中说的"惩病克寿，矜壮死暴"。不懂这个道理，不是愚蠢就是糊涂。

我一直认为，对立统一规律是客观的规律，以这个规律为依据的矛盾分析方法是科学的方法。正确处理矛盾双方的"和"与"同"的关系，即矛盾双方的对立与统一的关系，是客观规律对主体的要求。和而不同中的"和"，就是矛盾的统一体，而不是无矛盾的绝对统一。追求和谐，就是追求矛盾中对立双方的平衡、共存，不致因矛盾激化而解体。

可是我认为，在人与人的关系中"和"是一种处理矛盾的方式，在人与自然关系中"和"是一种自我保护的努力，在艺术中"和"是一种追求的境界，"和"不是既成的，僵死的，永远不变的，而是需要不断调整失衡的状态，需要人们对激化的矛盾进行辩证处理。

从自然界到人类社会，从外在于人的世界到人自身内在世界的各个器官的相互关系，从来没有绝对的和谐状态。它总存在不和之处，也正因为如此，社会才会有斗争，自然界才会有天灾，人类才会有疾病。人类所能做的，不是以和谐求和谐，而是以正确解决矛盾达到新的相对的和谐。只有掌握对立统一规律，才能理解中国传统文化中的"和而不同"的精髓。

事件·现象·规律

事件是单一的。社会生活中，人们直接看到感受到的是具体事件。而具体事件各有特点，永不重复。历史人物是一，秦皇汉武、唐宗宋祖都只有一个，各有特殊性；具体事件是单一的，陈胜吴广起义、太平天国革命等都只有一次，绝对重复的事件是没有的。

现象是多的。在相同的社会形态中，甚至不同的社会形态中，许多现象是共同的。例如，在中国几千年中，大大小小的农民战争数不胜数；贫困是社会长期存在的普遍现象，阶级斗争是所有阶级社会中的普遍现象，其他如战争、妓女、吸毒、贫富对立，莫不如此。

规律是普遍的。规律是现象中共同的稳定的不断重复的东西，是决定现象多样性、事件特殊性中的本质联系。理解了规律就能对被直接感受到的事件和现象做出合理的解释。我们可以说：

规律——事物内在的本质联系，具有普遍性即不断重复性；

现象——规律的外在表现，具有广泛性；

事件——现象在确定时空中的单一存在方式，具有不可重复性。

真理·无知·偏见

对象不是真理，真理是对对象的认识。前者属客体自身，而后者属于主体认识。对象与真理存在矛盾。对象是自在的，而当被表现为真理时，则必须使用语言，用概念、范畴、判断的形式把它固定下来。这样，对真理的探讨，就陷入了由语言而带来的困境。

一旦对象被固定为语言，则真理与对象的本性会发生矛盾。对象处于相互联系的世界整体之中，可任何真理性的认识，都是对整体世界的一个侧面的判断。具体对象的存在是有条件的，而真理性判断往往是未附加条件的。对象处于运动、变化中，而真理一旦成为真理往往被认为是永恒的、不动的。因此真理要与对象的辩证本性相符合，它同样应该是辩证的。真理不能片面，因为对象是整体；真理不能是无条件的，因为对象是有条件的；真理是要发展的，因为对象是运动变化的。真理的具体性、全面性和可变性，就是真理与对象本性的符合。可很难达到这一点。因此真理性认识，永远是过程。可以说，我们永远走在真理探索的道路上。"在路上"，这是真理认识之路的最好的表述。

在真理问题上最容易发生的就是形而上学真理观，即认为真理永远是真理，是不变的。凡能变的不能称之为真理。这种看法是错觉，因为任何真理性认识都是在一定条件下达到的认识。条件所达到的水平，就是认识所能达到的限度。因此，随着条件变化，人类的认识会变化，由不全面到比较全面，由不太深刻到比较深刻。全面性和深刻性是没有最后界限的，是不断发展的过程。这就是人类认识的进步。在真理问题上，"最"字不适用，只有"比较"。其他也如此。最美是美的敌人，是美的终结，因为比起最美，其他一切都成为丑；最坏，是坏的否定，因为相对最坏其他都是好。最真，是对真理的否定，相对于最真，其他都成为假。

真理的客观性不等于真理的永恒性。真理的客观性是就真理内容说的，它承认真理性认识中包含不依主体意志为转移的客观内容。而永恒性则是脱离客观对象把真理凝固化，因而永恒真理只属于真理的思辨王国，与客观对象无关。真理的可变性与诡辩论不同，因为真理的可变性不否定变中有不变。凡属于真理的内容的发展都是扩容，即加深对真理的认识和扩展对真理的认识，而不是抛弃原有的真理。真理的发展是从相对真理走向绝对真理的过程，而不是由真理走向对原有真理的全盘否定。

真理的全面性并不是对以判断形式存在的真理表达方式的否定。任何全面性都是有限的，人类只有把世界打碎才能形成判断，任何判断都是对世界一个最小侧面的认识。全面性是指不能把任何一个真理性认识片面化，必须力求对客观世界尽可能进行多角度把握，因而往往是多个判断的结合。可以说，真理性认识是多角度结合的判断，而不是单个孤立的判断。把单个判断绝对化往往容易陷入片面性。

真理、错误、无知和偏见各不相同。真理是对象的正确反映，而错误则是不正确反映。认识中的错误常常难以避免，并不可怕。因为它发生在认识过程，可以在实践和认识中得到纠正。无知可以学习，最可怕的是偏见。无知是在认识之外，并未进入认识过程。无知可以通过学习来增加知识。只要知道自己无知，就可以变为有知。而无知者往往自知无知，有学习的愿望。

人不怕错误，也不怕无知，最可怕的是偏见，因为偏见既不是单纯错误，也不是简单无知，而是固化的先入之见，对是否真理和错误一概漠不关心。无知可以导致偏见，但无知导致的偏见可以改正，因为它是无知；一旦有知，就可以幡然悔悟，消除偏见。但由于利益即由于立场而固化的偏见，则很难改正。无知可变有知，而偏见离真理最远。在现实政治生活中，终生囿于偏见而不承认自己有偏见的人不少，所谓带着花岗岩脑袋见上帝，就是指这种人。

整体观

整体观是哲学的一条重要原则，也是辩证的思维方法优于西方形而上学的思维方法的最主要之点。

哲学家对"手"非常感兴趣，不断以手为例。黑格尔说，割下来的手，就失去了它的独立存在性，只有作为机体的一部分，手才能获得它的杰出地位。恩格斯说，手并不是孤立的，它仅仅是整个极其复杂的机体的一个肢体。列宁也说，身体的各个部分只有在其联系中才是它们本来应当的那样，脱离身体的手只是名义上的手。

任何事物都是相互联系的，任何有机体必然是一个整体。恩格斯特别强调，无论是骨、血、软骨、肌肉、纤维质等的机械组合，还是各种元素的化学组合，都不能造成一个动物。整体观就是有机观。只有整体观才能恰当地评价整体与部分的关系。历史观同样如此。如果在评价历史人物时把他从他们所处的整体中，即时代环境、历史背景、历史条件和各种关系中孤立出来，就不是一个曾经有血有肉的活的历史人物，而是已经与历史相剥离的尸体。

拙于用大

庄子的寓言中说，有人殚千金之家，学习屠龙之术，三年技成而无所用其巧。因为根本就没有龙，所以这种屠龙之术是大而无用的。

哲学可不是无用的屠龙之术。记得五十多年以前，当我一个族叔问我学什么时，我告诉他我在学哲学，他就认为不如学理工或学医有用。因为哲学所讨论的问题很大，有的很抽象，仿佛与实际无关。其实哲学不是屠龙之术，它有实际对象，大到宇宙、社会，小到人生处世，处处可用。问题在于善用，把哲学原理当成大而无当的空言，与实际相脱离，这就是"拙于用大"。

庄子讲的不龟手药的故事，就表明同一种东西有善用与不善用的区别。同样是不龟手药，宋人世世作为漂洗织物护手不冻的药物，而有人以重金购得这个药方，用于吴人与越人的水战，大败越人，割地封侯。能不龟手，一也；或以封，或不免于终身漂织，"所用之异也"。

同样是哲学，或者只是供清谈时用，满足思辨之好；或者是联系实际，真正作为思维方法，用以指导对宇宙、社会和人生问题的观察和分析。这是完全不同的。我们要防止哲学变为大言无用的"屠龙之术"，一定要面对现实，立足问题，即不能把哲学架空。

怀疑在人的认识中是必要的

怀疑反对独断论，犹如议会中的反对派，对错误、专权、独断的决议具有制衡作用。人需要有怀疑精神，宋儒朱熹说："读书无疑者须教有疑，有疑者却教无疑。"由无疑到有疑，再到无疑，是认识的必经之路。明代陈宪章也说："前辈学者贵知疑，小疑则小进，大疑则大进。疑者觉悟之机也。一番觉悟，一番长进。"

对哲学来说，怀疑就是追问。没有追问，就没有哲学。马克斯·舍勒在《哲学与世界观》中说，谁要从哲学角度建立世界观，必须敢于依靠自身的理性；他必须尝试着怀疑所有因袭之见；凡他本人不能明察和确证的，他都不应予以承认。

马克思主义反对不可知论，反对绝对怀疑论，但提倡怀疑。怀疑即发现问题，没有问题，人类就没有需要认识的对象，没有进一步推动认识的动力。无论是科学研究还是哲学研究，如果从来就没有发现过任何问题，肯定终生一无所获。

论成心

人心不是一尘不染的明镜。人出生后，生活在社会中，生活在特定的文化环境中，从小到大，为许多习以为常的观念和习惯所熏陶，胸有成心。任何人都不是抽象的"人"，而是"我"这个人。认为人心可以像镜子，不迎不留，是不可能的。

镜子不会主动去照外物，而在与外界的关系中，人从来都是主动者、能动者。不是物向人走来，而是人向物走去；人也不可能像镜子，物去不留痕，而是不断地积累从外界接受的东西，层层淤积。人，可以发生遗忘，但总是不断沉积更新，越积越厚。人到老年成为一个由记忆和回忆组合而成的大仓库。唯心主义者总是过分强调自我，任何一个人都不是生活在纯粹的自我中，而是生活在传统与当代的文化环境中。如果一个人有哲学思维头脑，只要看看自己就会明白，自己思想中没有任何一个思想和观念是与生俱来的，都是在后天环境中形成的。

人没有"心"，有的只是大脑。"心之官则思"的说法，在古代尚可用，现代仍坚持此说就不合时宜了。因此，"成心"，就是人类在生活和实践中自我积累或学习得来的思维方式、价值观念和各种各样的知识的积累。这些在头脑中的存货，可以成为我们进一步认识的手段，像庄子说的"以已有之知求未有之知"。可是已有之知可以是进一步认识的思想资源，也可能成为我们接受新东西的障碍。先入为主之见，可以变为固守旧知的碉堡。

要真正与时俱进，不为"成心"所缚，就必须学习哲学，更新思维方式和价值观念。不用哲学的智慧之水经常冲洗自己的大脑，大脑就会成为塞满陈年旧物的仓库，装不进任何新东西。所谓顽固、保守、守旧，就是头脑中旧的存货太多。

主体性和"三自主义"

主体性是一个重要的哲学问题。主体性问题的提出，是西方哲学在经历机械唯物主义处于支配地位后的一次具有重大变革意义的思想突破。但是，如果对主体性问题不加以辩证唯物主义的把握，在哲学上就会倒向唯心主义，以主体否定客体，以主体性消解客观性；而在伦理学上，主体性的放纵，就会导致崇尚个人绝对自由，追求个人满足，把极端的自私和利己行为视为张扬主体性。

中国没有经历过西方那种机械唯物主义处于支配地位的哲学发展时期，中国哲学没有像西方那样以自然科学作为理论支撑，因而中国哲学没有像西方那种对主体性的强调。但是中国哲学从个人修养的角度，对自我问题有许多精彩的论述。像孔子说的"三军可夺帅，匹夫不可夺志"，强调任何强力最多只能缄人之口，而不可能改变人的主体意志，不能禁止人思考或强迫人应该如何思考。人的意志是不可剥夺的。孟子赞扬"富贵不能淫、贫贱不能移、威武不能屈"的大丈夫，也可以看成是从个人气节的角度讲的主体性。富有哲学韵味的庄子的"三自说"——自明、自得、自适，是关于自我的深刻阐释。

首先，要自明。庄子说："吾所谓明者，非谓见彼，自见而已矣。"这与老子自知者明的思想是一致的。一个人要有自知之明是不容易的。人往往容易发现别人的缺点，可对自己身上同样的缺点却视而不见，甚至沾沾自喜。人生下来就有眼睛。眼睛是看别人的，不能自见，而要自见，必须借助中介。所谓以镜为鉴、以史为鉴就是这个道理。这当然增加了一层困难，不如看别人那样直截了当。可见自明不易。

其次，要自得，绝不能"不自得而得彼"。也就是说，人应该满足于自己手中拥有的，不要羡慕别人所拥有的。不少追星族，如醉如痴，疯狂不已，就是想成为像自己追慕的人一样的人。人应该是自己，应该成为自己，而不必成为别人。不接纳自己甚至鄙视自己，这是最大的祸害。一个终生摒弃自己而羡慕别人的人，心灵永远不会平静。

最后，要自适，不要"适人之适而不自适其适"。人应该服从自己的意志，做"自适其适"的事。这种心情最为惬意，最为自由。不要屈从别人的意志，做自己不愿做但为"适人之适"而不得不做的事。违背自己的意志，顺从甚至屈从别人是最不自由的。孟子都认为这种顺从是"妾妇之道"，不值得。

当然，庄子的思想是追求自由、潇洒、无拘无束、不为名利所累的逍遥人生。他的三自主义，就是这种人生观的写照。这也算是一种主体性，但不是西方哲学中那种形而上的主体性，而是形而下的活生生的生活态度。

价值与意义

马克思说："对于没有音乐感的耳朵说来，最美的音乐也毫无意义，不是对象。"还说："忧心忡忡的穷人甚至对最美丽的景色都没有什么感觉；贩卖矿物的商人只看到矿物的商业价值，而看不到矿物的美和特性。"这段话不能作为客体依存于主体，没有主体就没有客体的依据。这里涉及的不是事实判断——是什么，而是涉及价值判断——是如何,这是关于价值和意义的判断。音乐,对于具有不同素养的听众,评价和领悟显然是不一样的。所谓诠释,属于价值和意义的范围。

价值离不开客体及其属性,价值需要载体;价值也离不开主体,因为它离不开主体的需求。同一客体及其属性,可以同主体形成不同的价值关系。不同的价值评价,表现了各种主体具有的不同的价值关系。

不同的价值关系的核心是什么?是利益。作为利益的主体,可以是个人,可以是集团,也可以是社会。任何一个个人,实际上同时具有这三层关系,他既是个人,又属于某个集体,而且是整个社会的成员。所以个人的利益是多层次的,既有个人利益,又有集体利益;既有眼前利益,又有长远利益(社会利益本质上是社会成员的长远利益)。对个人有利的事不一定对集体有利,对眼前有利的事不一定对长远有利。仅仅以个人利益作为价值的尺度,显然会失之片面。因此要把个人利益和集体利益、眼前利益和长远利益结合起来,必须对评价的对象进行科学分析。保证价值判断有价值,应该以科学判断为依据,应该对事物和对象有规律性的理解。洛克说:"要是可以根据自己不认识的那些内在结构来对事物进行分类的话,一个瞎眼睛的人就可以根据事物的颜色来对事物进行分类,一个失去嗅觉的人就可以根据百合花和玫瑰花香味来区别这些花。"这种判断当然是不可靠的。凡是仅以个人利益为价值尺度,其结果与此类似。

能与不能

《史记·项羽本纪》中记载了这样一个小故事。项羽从小学书不成，学剑又不成。他叔父很生气，就教训他。项羽说，学剑是学一人敌，我要学万人敌。所谓万人敌，就是学如何指挥战争，能统率千军万马。军事战略，在一定意义上说，也就是军事哲学。

枪法准，是技术过硬，很重要；导弹制导精确，是武器先进，也很重要。可更重要的是善于用兵，《孙子兵法》讲的就是这个道理。用兵之法，运用之妙，存乎一心。世人称赞毛泽东善于用兵，说他胸中自有百万雄兵，这说明军事指挥艺术在战争中无比重要。

孔子与子路有一段关于如何行军打仗的对话。子路问孔子："子行三军，则谁与？"孔子回答说："暴虎冯河，死而无悔者，吾不与也。必也临事而惧，好谋而成者也。"这就是说，有勇无谋、空手打虎、无船涉险过河的人，我不和他们共事，只有深谋远虑、善于用计谋的人才是能共事的人。这里讲的"好谋成事"，在我看来就包含哲学思维。毛泽东就一再教导领导干部要"多谋善断"。

哲学不是万能的，它不能代替具体的技能和知识。一个哲学家没有战争经验，也不可能成为优秀的军事指挥员，更不用说成为统帅。纸上谈兵的人，并不是军事家而是空谈家。任何领域任何具体部门都是如此，各有所专，各有所长。哲学不可能包办替代，也不能包办替代。

哲学万能论当然是错误的。这就是历史上曾经存在过的哲学是科学之科学的观点，以为哲学是科学之母，一切科学原理都可以从哲学原理中引申出来。或者认为，哲学无所不能，只要懂哲学就能胜任一切工作，这种看法当然是一种哲学"狂想症"。

在当代世界，得这种病的人不多，倒是哲学无用论比较普遍。哲学无用论当然也是错误的。一招鲜，吃遍天，要哲学何用？确实，如果我们满足于纯技能性的工作，要不要哲学的确无关紧要。一个勇猛作战、遵守命令的战士就是好战士，可要当一名高级指挥员，要能行军布阵，就要有知己知彼的哲学头脑；当一个头疼医头、脚疼医脚的医生，有一定的医疗经验和医学知识就可以对付，可要当一位名医，杏林高手，就不仅要有关于人的整体观念和辨证治疗的本领，还要有身心统一的哲学头脑。其他专业都是如此，要进入更高层次必然要进入哲学领域。

求知，说到底就是追求事物的普遍性。不追求普遍性而只关注个别性，这不是追求智慧和科学，而只能称之为"好奇"或"好打听"。像叔本华说的，哲学应该把某一专门的、稀有的、细致的或者是转瞬即逝的事物留给科学家，哲学家更加注重的是世界的整体以及它的本质和根本真理。正因为这样，哲学是统帅，而不是士兵，是乐队指挥，而不是乐器演奏者。一个伟大的思想家又怎么会置整体事物于不顾，只是局限于了解这一整体事物中的某一枝节和领域呢？

叔本华的上述论断有对又有不对之处。要理解普遍性，把握整体性和必然性，当然要求研究者具有普遍性和整体性观念。当人们认识到普遍性和整体性的重要，并力求在自己的研究和实践中探索这种普遍性和整体性时，就离不开哲学思维，但不能因此而过分强调整体而轻视部分。强调普遍而轻视个别，必然陷入抽象。普遍只能存在于个别之中，整体只能存在于部分之中。因此哲学既不是万能的，也不是无能的。哲学家与科学家可以各有所长，术业有专攻；但哲学与科学又不能分离，不存在孰重孰轻的问题。哲学家应该多点科学知识，而科学家应该学点哲学。各囿一隅，贵我贱人，都是门户之见，不可能成为大家。

哲学家要有人格，还要有风格

文学家不仅要有风格，而且要有人格；哲学家不仅要有人格，同样要有风格。作者的风格，是他们思考的方式，表达思想的方式。风格具有独特性。模仿，就如同用别人的脸当自己的面具一样。

思想家同样要有人格。歌德说过，如果想写出雄伟的风格，他首先就要有雄伟的人格。这也是我们常讲的，文如其人。作家人格的高度，往往是他的作品的力度。写英雄的人不一定自己就是英雄，正如写伟人的人不可能自己就是伟人一样，但我们无法想象作者能以饱满激情和真实情感写出自己不敬仰的英雄人物。

哲学同样如此。哲学家的著作不仅要有风格，同样要有人格。高谈理想、信仰、人文的哲学家，自身道德低下、心胸狭隘、毫无哲学家气度的人并不少见。我们对哲学系学生的教育，不应该是单纯传授哲学知识，而且应该培养哲学人格。否则，我们用不着培养哲学家，多刻录哲学讲演的光盘就行了。

哲学家不是理性符号

哲学家可以寂寞，但哲学不会长期冷落。有的学生说，学哲学没有前途。问题是要的是什么前途？是金钱的"钱"，还是前途光明的"前"？要说金钱的"钱"，它可能没有"钱"途，历史上只有一个哲学皇帝，这就是写过《马上沉思录》的罗马皇帝奥勒留，除此之外，腰缠万金的哲学家还是少见的。当然在当代哲学也可以赚钱，哲学在市场经济竞争中也可以大有作为。金钱买不到哲学智慧，但哲学智慧可以转化为金钱。因为一个有哲学思维的企业家，有哲学思维的高层管理者比没有哲学思维的企业家和管理人员在市场中更有竞争力。市场竞争是科学技术和产品质量的竞争，也是管理和经营的哲学智慧的竞争，是不同的经营理念的博弈。当然，哲学系毕业的绝大多数人，还是从事哲学教学和研究工作。就哲学自身来说，同样有前途。

历史和现实中的许多亿万富翁和拥有千亩良田的大地主，死后有谁知道他们？财富和金钱是流动的。哲学家说过金钱无主人，富不过三代；陆游在一首词中也说，千亩良田八百主。可一个伟大的思想具有永恒性。西方的苏格拉底、柏拉图、亚里士多德，中国的老庄孔孟以及许多哲学家，即使死后哪怕两千多年，世世代代都知道他们。究竟算谁有前途？从长远来看，伟大的思想比金钱和财富更有前途，而作为这种思想的创造者同他们创造的思想同样不朽。

世界上没有任何一个行业能像哲学这样持久。哲学的功能，从大的方面说，可以救国救民，从《矛盾论》《实践论》，到"科学技术是第一生产力"，哪一个大政方针离得开哲学？有的直接就是哲学问题。从个人的角度说，个人的修身养性也需要有哲学思维。有哲学头脑的人，心胸不会那样狭隘，有不痛快的事，能后退一步想，能想得宽些看得远些，能心态平和，这还不算哲学的功劳吗？有位著名的教授85岁，仍然不断发表文章。我送给他一首诗，最后一句是"百岁可期仍健笔，都道哲人似仙人"。哲学能应用到自身，可以达到仙人的境界。不是那种不食人间烟火的根本不存在的所谓仙人，我说的是在市场经济中，在充满各种诱惑的人间，既有仙人般的智慧，又能超凡脱俗、洁身自好的人间仙人。

智者与仁者

真正的哲学家不仅应该是智者，也应该是仁者。就眼界、高瞻远瞩和明察秋毫的能力和思维水平而言，是智者；就待人、胸怀而言，是仁者。

文学讲究移情，如"感时花溅泪，恨别鸟惊心""记得绿罗裙，处处怜芳草"之类，化物为我，以物寄情。哲学可以这样吗？也可以，孔子说的"仁者乐山，智者乐水；智者动，仁者静；智者乐，仁者寿"，不也以水和山的自然特性表现了智者与仁者的品格吗？

智者乐水，因为海纳百川，有容乃大。仁者乐山，因为它巍巍然、崇高庄严。智者动，智者应该像水一样灵活，不凝滞固执。这也就是孔子提倡的四绝，即"毋意、毋必、毋固、毋我"。仁者静，仁者的内心应该像山一样岿然不动。心静如山，无欲则刚。智者永远快乐，因为他的心像水一样澄明，能化解和消融一切烦恼；仁者能享天年，因为他的心像山一样静，静而后能定。从不心猿意马、放纵欲望，不为无尽的欲望而焦虑、苦恼。山水的自然性格可以文学化，也可以哲学化。

当一个真正智仁兼备的哲学家不容易。既要有最高的哲学智慧，又要有仁者关心社会关心人民的宽阔胸怀。

哲学与人生　Philosophy and Life

思辨人生

第 二 章

论 人

我在 20 世纪 50 年代初开始学习哲学时，根本不知道哲学中还有一个"人"的问题。苏联专家没有讲过，教科书中没有读过。马克思的著作，特别是早期著作中有，但我没有接触过。其实即使看到，也不可能注意，不可能理解。读者对书的理解，总是受自己读书的时代背景制约的。开始注意这个问题是 1983 年关于人道主义与异化问题的大讨论。

在中国传统文化中，人的地位是很高的。天地人并称三才。《道德经》中也说，域中有四大，人居其一。据说鲁迅先生的儿子发蒙时，鲁迅的好友许寿裳先生在写字本上写的三个字，就是：天地人。

在汉语中，人字的结构最简单，一撇一捺，最好认；可它又最重要，最复杂，也最困难。人的一生都在学做人，都要和人打交道，都要学会做人；在哲学中，对人的理解分歧最大，至今仍在争论不休。可以说，人字的确是易认难懂。

可在哲学领域中，究竟什么是人就没有这么简单。蒙田这样的大哲学家也感到困难，他说，人确实是一个不可思议的虚幻、飘忽多端的动物，想在他身上树立一个永恒与划一的意见实在不容易。

我们往往难以区分人字的日常用语、文学用语和哲学用语。特别在汉语中，都是同一个字——人。实际上它们之间是不同的。当年，恩格斯在《诗歌和散文中的德国社会主义》中就曾批评格律恩对歌德的误读。恩格斯说，歌德作为一个文学家经常在比较夸张的意义上使用人和人的这个字眼，但歌德的人字并非费尔巴哈那样的哲学用语。这些字眼，特别是在歌德那里，大多具有一种完全的非哲学的、肉体的意义。把歌德变成费尔巴哈的弟子和"真正社会主义者"的功劳，是全部属于格律恩先生的。如果把哲学用语、文学用语、政治用语或日常用语相混淆，往往会引起混乱。

哲学是穷根究底的学问，非得弄清这个"人"字不可。可在哲学上就是难以弄清。我们是人，可我们在哲学上就是弄不明白什么是人。无怪乎古希腊一个哲学家白天打着灯笼在街上转悠，人家问他为什么白天打灯笼，他说找"人"。至今，人还在找这个人。其实这个哲学上说的一般的人，是不存在的。有个哲学家说过，根本就没有什么人。在我的一生中，我只看到过法国人、意大利人、俄国人，等等。多亏了孟德斯鸠，我们知道了人还可以是一名波斯人。至于人，我要说，我有生以来从来没有遇到过一位"人"。的确，现实的人的存在都是个体性的存在，没有一般的人。

哲学所谓寻找人，就是寻找失落的自我的本性。美国的一位哲学家罗洛·梅就直接把他的关于人的著作题为《人寻找自己》。他说，生活在一个焦虑的时代，我们对自然的认识和对自身的认识差距似乎越拉越大：在科学技术上我们已经能够克隆人，可在哲学领域中仍然一直争论什么是人。按照约翰·杜威的说法，今日哲学所能要求的最好的工作是从事苏格拉底在两千五百年前指定给哲学助产婆的工作，即"认识你自己"。要想在现实的个体之外寻找作为一般的人，这是哲学永远不能完成的任务。

其实，自然科学并不比哲学对人的认识更清楚。尽管科学技术进步到能克隆人，但并不真正了解人。可以解剖人，把人的结构弄得一清二楚，甚至能绘制人的基因图谱，但科学技术所了解的是生物学的人，是人的肉体，而不是人的本质和人性。我们不能过分陶醉于科技在人的问题上的研究成就，如果满足于自然科学对人的认识，而不从哲学上弄清人的本性和需要，很可能会因此而大吃苦头。20世纪下半叶以来的生态环境的急剧恶化已证明了这一点。从哲学层面理解人的确很困难。它不能借用仪器，任何科学和技术手段都不可能告诉我们什么是人。这是个非实体的不可能直观的领域，任何仪器和先进的工具都无济于事，它要凭借人的哲学思维能力。因此，不同哲学对什么是人的回答是各不相同的。

对哲学来说，人的问题是至关重要的。可以说，任何一个根本性的哲学问题都不能离开对人的问题的正确解决。康德在《逻辑》一文中，把"人是什么"列为哲学四大问题之一，而且认为所有形而上学的问题、道德问题、宗教问题都与"人是什么"这个问题有关。的确是这样。整个哲学史证明，无论是对世界本质的理解，对认识本质和认识标准的把握，对历史规律和意义的诠释，对价值和科学关系的处理，都无法避开一个人字。世界是人的世界，如果像海德格尔那样把人设定为宇宙之窗，是世界的诠释者，或者像叔本华说的那样是"明澈的世界之眼"，世界只是人的意志和表象，世界的本质和意义都只能通过人并由人来图解和澄清，这代表的是一种哲学路线；如果把人看成一架机器，没有任何意志自由，纯粹是被动的反映者，这代表的是另一种哲学路线。对人的理解显然决定着人对自身以及对自然和社会的理解，并形成不同的哲学派别。

对人的不同理解，归根结底取决于人对世界的不同理解。许多哲学家倡言用人来解释世界，人是用人的眼睛看世界，因而看到的只是人眼中的世界，可没有回答人是由什么决定的，为什么同样是人会以不同的眼光看待世界。的确，每一个人都有一个世界，有一个属于自己的世界。这个所谓自己的世界，只是同一个客观世界中的个人的小环境、个人的生活条件和境遇。

人，只能由人所依存和改变的世界得到解释。人在改造世界的过程中使自己得到改造。因此人的世界中都打上了人的烙印，而人又深深打上了自己生活其中的世界的烙印。从人与世界的关系说，人归根结底是世界的一部分，而不是像唯心主义者所断言的世界是人的一部分。人的本质离开了人存在其中的自然和社会，离开了人的历史就是不可理解的。因此对人的理解决定于持有什么样的世界观和历史观。人之所以成为人类之谜，长期以来哲学家之所以找不到这个谜底，就是因为脱离人的世界来理解人。例如，宗教家和形形色色的唯心主义者从人之外，从上帝或某种神秘的理念、人的理性和人的欲望中寻找人的本性；或者像旧唯物主义者那样从人自身，即从人的生物本性中寻找人的本性。在这两种情况下，人都是一个与他们所生活的世界即自然与社会相脱离的独立的存在物。

人一旦变为独立自存的个体，就是一个不可理解的怪物。即使在汉语中，人字都是相互支撑的结构，表明人是相互依存的。人只有在人中才成其为人。恩格斯在批评费尔巴哈时说，费尔巴哈的人不是生活在现实地、历史地发生和历史地确定了的世界里。恩格斯强调，人不可能孤立存在，人需要和外部世界往来，需要满足这种欲望的手段：食物、异性、书、谈话、活动、消费品和操作对象。马克思用一句著名的论断说明了这个问题，"人就是人的世界，社会，国家"。

法兰克福学派著名学者阿多诺说，人是什么，不可言说。这个说法是不对的。如果想寻找一个标准化的人，一个所谓真正意义上的人，当然不可言说。这种人谁也没见过，也从来没有存在过。如果从现实出发，我们可以看到，人首先是现实的个体的人，是生活在一定历史时期和特定的社会中进行实践活动的人。在现实的个人之外没人，正如在瓜果梨桃之外没有水果一样。马克思就曾经批评过英国的经济学家边沁，说他把现代市侩特别是英国的市侩即英国的资产者说成是"标准人"，还批评他"用这种尺度来评价过去、现在和将来"。实际上资产者只是资本主义社会中的人，是资本主义社会关系的人格化。当然，这并不排斥资产者是有个性的人，可这种个性并不是抽象的人的个性，而是具体的资产者的个性，即资产者中的"这一个"。

帕斯卡尔说，人是有思想的芦苇。从人的自然能力说，人的确是一棵芦苇。人没有锐利的爪牙，没有勇猛的体力，跑不快，跳不远，任何一个奥林匹克运动会上的冠军都无法与动物相比。人是唯一单独不能在自然状态中存活下去的动物。但人有思想，这使他能弥补一切自然给予的局限。说人是有思想的芦苇，正如说人是有理性的动物，人是能思维的动物，人是符号动物，人是有语言的动物，人是有信仰的动物，人是动物中唯一会说谎的动物等一样，都只表现了人的一个侧面，但并没有抓住人的本质。

如果不怀偏见，应该说，马克思主义关于什么是人的看法是科学的。马克思认为人不仅是自然存在物，而且是作为人的自然存在物，也就是说，人是为自身而存在着的存在物，因而是类存在物。马克思的这种说法有点晦涩难懂，意思还是清楚的。

人首先是自然存在物。人无论就其起源和自身的生理结构看，都具有自然的特性。所以人不仅有外在于人自身的客体自然，还有内在于人自身的生理自然，即人是血肉之躯，他的全部生理结构都是可以解剖的。没有人自身的自然，人就是没有物质实体的幽灵。人是自然存在物，所以人也受自然规律支配。与任何物体有成有毁一样，人有生有死，人有交配、繁殖、传宗接代的需要，有对空气、食物等的需要。总之，凡是人所需要的物质性的东西，这种需要的生理基础无一不是和人作为肉体的自然存在物相联系的。

可人又不仅仅是自然存在物，即人不同于任何其他动物，人不仅有物质需要，还有精神需要。人有理想，有信仰，有对文学、艺术、音乐、科学、道德等精神价值的追求；从自然存在物的需要来说，虽然与动物有类似之点，但不是一种纯动物性的需要。人的饮食男女不同于动物。人讲究美食、烹调，有婚姻制度，讲究爱情和审美。人的自然需要是人化的或者说是社会化了的自然需要。它在不同的时代、不同的社会制度和生产力水平下具有不同的特色。而且更重要的是，人直接是社会存在物，即人生活在社会中。马克思说，黑人就是黑人，黑人只有在一定的社会关系下才成为奴隶，强调的就是人的本性是由生活于其中的社会关系确定的。要知道什么是人，一点都不能离开人所依存的社会。

上帝对人类并没偏爱。人之所以是社会存在物，人的自然特性之所以能社会化，最根本的原因是，人是"为我"的存在物。所谓"为我"指的是人的生存方式，即在所有的动物中只有人才是通过自己的劳动来满足和维持自己生存的存在物。一切动物都是依靠自然的恩赐生活，唯独人依靠的是向自然索取和自身的创造。人的一切都是从人的劳动和自我创造中而来。所谓社会的进步、人的发展、历史的延伸，说到底就是人的劳动和劳动方式的变化。正是在劳动中，人获得了自己的社会特性并不断提高人的自然需要的品质。

"可以根据意识、宗教或随便什么来区分人和动物，一旦人们开始生产他们所必需的生活资料的时候，他们就开始把自己和动物区别开来。"《德意志意识形态》中的这段话把这个问题说得再清楚不过。劳动是打开社会之门的钥匙，也是解释人的本质的秘密。一切以往的哲学家关于人的各种定义、界说，离开了这个基点，只能停留在劳动中形成的人的某一特性，而没有深入到以劳动为基础的社会和生产方式，因而找不到谜底。

我们是人，我们当然热爱自己。人道主义情感之所以历来受到人的赞扬，原因也在此。人应该以人的态度对待人，作为一个道德规范是合理的。可这只是应该如此，事实并非如此。可以说，在阶级社会中，从来没有人以人的态度对待所有的人。阶级对立和利益的对立，使得一些人是主人，一些人是奴隶；一些人是统治者，另一些人是被统治者。正如焦大不会爱林妹妹一样，林妹妹也不会爱焦大。作为个人的特例，超阶级的爱是有的，作为阶级社会的普遍状况是不可能的。所以人道主义作为一种历史观的确不具有现实可证性，它包括不可克服的应然和实然的矛盾。这种矛盾使得人们不可能正确认识社会中人与人的关系、解释人与人的关系，从而陷入历史的困境。

当然，作为处理人与人关系的伦理原则，人道主义规范也包含应然和实然的矛盾。但在伦理原则范围内，这种矛盾是允许的，因为道德原则本来就不是人人都能自觉做到的。正因为道德中存在这种应然和实然的矛盾，所以道德具有激发人的良知和提高人的品格的作用。如果道德中不存在这种矛盾，人们的所作所为都能按规范行事，不能违反，这就不是道德，最多是具有行政效力的条规。这就失去了人道主义道德规范的崇高价值和激动人心的力量。

论情感

　　鲁迅晚年得子，对儿子的爱是可想而知的。他的《答客诮》："无情未必真豪杰，怜子如何不丈夫？知否兴风狂啸者，回眸时看小於菟。"虽是戏作，但确实表达了鲁迅先生对儿子的一片深情和爱意。可怜天下父母心，大文学家自不能免。

　　以老虎为例，并非鲁迅首创。《庄子·天运》中就说，"虎狼，仁也"，"父子相亲，何为不仁？"连人以为最为凶残的虎狼对虎崽狼崽照样相亲相爱，何况人乎？高等动物是有情感的。尽管这是一种生物学的本能，与人们之间自觉意识到的情感不同，但不能说动物之间特别是人与动物间不能培养出感情。

　　林语堂先生在一篇文章中对"情"着实颂扬了一番。他说如果我们没有情，我们便没有什么东西可以作为人生的出发点。情是人生的灵魂，星辰的光辉，音乐和诗歌中的韵律，花中的欢乐，禽兽中的羽毛，女人的美艳，学问的生命，没有情的人生，正如没有表情的音乐。情给我们以内心的温暖和活力，使我们能够快快乐乐地面对人生。林先生是文学家，当然重情。文学与诗，都会"缘情而生"。没有情，就没有文学，何况人生。

　　人有情，因而有人情。人情是人与人之间的一种情感性质的关系。

人的情感不是生物学的本能，而是与人对自身的各种关系的自觉意识不可分的。父子之间有父子之情，夫妻之间有夫妻之情，其他如兄弟姐妹之情、朋友之情，同乡有乡情，同一民族有民族之情，同一国家有同胞之情，如此等等。

各种各样的情感，产生于各种关系之中，是对各种关系的一种道德上的自觉意识。父子之情是对父子血缘关系的自觉意识，没有父子关系当然无父子之情。其他各种情感都是与特定的关系相联系的。

人情并不是基于人的本性，而是随着生产方式和生活方式的变化，人的各种关系也会变化。在工业生产方式下的人，不大可能有农业生产方式下人与人之间的那种淳厚的浓郁的乡里之情。"举秀才，不知书，举孝廉，父别居。"父别居，这在封建社会被视为极端不孝、不可容忍之事，可在当代，父母与子女别居，各有天地，视为当然。随着工业生产方式代替农业生产方式，人们之间的各种关系必然也会发生变化，人们之所以不断感叹人情淡薄，是因为他们在另一种生产方式和社会关系下，还力图保持人与人之间的原有的情感方式。这是不可能的。

市场经济条件下以货币为中介的人与人的关系，肯定会使原来田园诗般的人与人的情感淡化，法律关系在很大程度上代替了道德关系。所谓亲兄弟明算账，凡涉及财产、金钱、权利的关系都以法的方式来稳定和巩固，在市场经济条件下越来越习以为常，变为一种习惯。甚至尚未入洞房，先到公证处公证，事先约定如果离婚，财产将如何分割。原来视为人生大事、视为最美好情感的婚姻关系，变为一种契约关系。这种法律关系压倒道德关系，究竟是好是不好，是喜是忧，可能见仁见智，各有所说。

人的情感不仅受生产方式的制约，而且，即使是条件不同也会影响感情。他乡遇故知，老乡见老乡，两眼泪汪汪，讲的就是这种情感的心理变化。庄子有段话极其生动地说明了这一点，他说："子不闻夫越之流人乎？去国数日，见其所知而喜；去国旬月，见所尝见于国中者喜；及期年也，见似人者而喜矣；不亦去人滋久，思人滋深乎？"不少人都有这种生活经验，到外乡见了本乡人亲，到外省见了本省人亲，到了国外见了本国人亲。真正的爱国主义情感、同胞情谊往往激发于他国异域，原因可能在于此。

中国人是重人情的，因为中国长期是农业社会，又有深厚的儒家传统文化底蕴，强调中庸、和谐，所以有东方人的温柔敦厚。这种重人情的传统有其好的一面，它有利于人的亲近和相互帮助，强化人之间的凝聚力，使人感到温暖。在我们以往开展的有些政治运动中，特别是"文化大革命"中，妻子被迫揭发丈夫，儿子揭发父亲，朋友彼此揭发，至亲至爱都陌若路人，甚至反目相向，互为仇敌，这完全不符合中国人做人的基本准则，的确没有一点人情味。这是由于特定的政治环境以及"左"的错误路线和政策造成的特殊现象，在政治上和道义上都缺乏正当性，是对人的正当关系的一种扭曲。可是我们也应该知道，处理人与人的关系只重人情的做法也有其弊端，例如，子为父隐父为子隐、亲亲、为尊者讳、为长者讳、人情重于王法、拉关系、走后门之类并不是真正的人情。无是非、无原则，只认关系，并非一个健全的法治社会所应有的。

人，应该讲人情，应该有人情味。在处理情与法的矛盾、情与理的矛盾时，我们不能徇情枉法，曲理顺情。传统剧目《铡包勉》歌颂的就是包公不因嫂嫂的恩情、叔侄的亲情而宽恕违法的亲人。小学时读的林觉民烈士给爱妻的绝命书，文情并盛，但不以情违理，而是把对国家和民族的爱置于私情之上。可是在现实生活中，由于中国传统文化中过分重血缘、重伦理而往往在情与法和情与理的矛盾中容易偏向情而违理违法。我们有些人犯错误甚至犯罪，其中就有一些是过不了人情关。

人的确应该讲人情，应该有合理的人与人之间的关系，包括人情关系。如果人与人的关系全部是现金交易的金钱关系，人与人的关系将处于冷冰冰的冰水之中。西方社会养宠物成风，特别是喜欢养狗。人情淡薄，转而养狗，狗比子女还亲。子女可以很少往来，甚至形同陌路，而宠物是寸步不离，甚至相伴至死。这种社会即使物质生活富裕也不适于人的生存，是畸形的。一些人把这种现象称为爱护小动物，是没有看到问题的本质。动物是应该爱护的，豢养宠物也无可非议。可是爱狗甚于爱人，对动物的爱超过对人的关怀和爱，甚至超过亲人之间的感情，这肯定是社会出了毛病。

情感是多样的，爱、亲情，是一种感情；愤怒也是一种感情，是对自己受到损害的一种感情的激烈反应。愤与爱不同。爱是相对持久的，而愤怒是暴风雨式的。因此平息愤怒的最好方法是等待。哲学家们都知道这一点。古希腊的塞内加说，愤怒的最初发作是沉重的，但只要等上一段时间，就会恢复理智的作用。我们的生活经验告诉我们，不是人控制愤怒，而是愤怒控制人。人在发怒的时候，实际上是被自己的情感所摆布。愤怒时这一点最突出。其实，其他情感也都有这种特点，即人容易为情感控制而难以自主。爱的情感何尝不是如此，否则难以理解人为什么会殉情。殉情式的自杀往往是一瞬间的情感突发，而它的积集则经历过一段时间。所以情感的特性是非理性的，它有时如脱缰之马，需要驾驭，而驾驭情感之马的缰绳就是理性，而驭手就是人自身。

有些人误以为哲学是冷冰冰的，哲学家都是没有情感的人。愤怒出诗人，而无情者是哲学家。这当然是误解。哲学家是人，当然也有七情六欲。没有情感，没有对生活的追求，没有对人的爱，没有对哲学真理的追求，不可能成为一个真正有智慧的哲学家。我们只要看看马克思就知道。马克思的感情非常丰富，对燕妮，对恩格斯，对工人，对战友，对自己的三个女儿，都充满深情。马克思对女儿提问的回答，可以看成这个革命哲学家丰富内心世界的自白。毛泽东也是如此。读读《蝶恋花·答李淑一》，想想因江西余江消灭血吸虫而夜不成眠浮想联翩挥笔成诗的景况，也可以感受到毛泽东丰富的感情世界。

人就是人，人是有感情的。这一点，哲学家与非哲学家没有区别。问题是当哲学通达到能掌握规律时，就能以理制情，仿佛没有感情一样。庄子当妻子死时叉开大腿坐着鼓盆而歌，惠子批评他不通人情，太过分。庄子回答说，开始时我也很难过，"我独何能无慨然"，但我想通了，人的死亡与春夏秋冬四时运转的规律一样是必然的，既然生死是规律，我为什么要哇哇大哭呢？这不是说明我根本"不通乎命"吗？"故止也"。在庄子看来，哲学家应该是通情之理以益生，而不能任情伤身。惠子批评庄子不懂人应该有情，认为没有情何以称为人？庄子回答说，你讲的无情与我主张的无情是不同的。你说的无情是说没有人的情感，我说的不是人不应该有人的情感，而是不能以情伤身，"吾所谓无情者，言人之不以好恶内伤其身，常因自然而不益生也"。

人的情感，应该培养、教育，使情感优化成为高尚的感情；而且应该以理制情，而不能因情害理。这就要学习哲学，特别是马克思主义哲学，要有个正确的世界观和人生观。

知情意之间的统一和协调是人格完整的表现。我经常想，我们这些搞马克思主义的人，如果被人视为处处马列，不通人情，这肯定不能成为一个真正的马克思主义哲学家。

论死亡

个人的死亡与类的继续

人是会死的，这是生物学与医学的科学结论，可如何对待死亡却是哲学问题。如前所述，中国古代哲学家庄子，老婆死了，他敲着盆子唱歌，认为人总是要死，不应违反自然。这就是有名的鼓盆而歌的故事，表示了对待死亡的智者态度。中国人讲的红白喜事，结婚是喜事，它表示类的延续；老人寿终也是喜事，它表示类的更新。人不结婚，类不能延续，如果不死，代代相继，把地球塞满了也非好事，所以红白都是喜事。

这种东方人的智慧，比起尼采、叔本华，比起存在主义者高明。因为他们都从个人的角度看待存在和死亡，所以看到的只是人生的寂寞与死亡的痛苦。而东方人从类的角度看待生与死。已经衰朽的高高兴兴地死去，双手欢迎新一代的到来。死——不是结束，而是类的延续方式。

恩格斯以其辩证的智慧论述了生与死的问题，把它看成辩证过程。他说："生命总是和它的必然结局，即总是以萌芽状态存在于生命之中的死亡联系起来加以考虑的。辩证的生命观无非就是如此。但是，无论什么人一旦懂得了这一点，在他面前一切关于灵魂不死的说法便破除了。"还说："只要借助于辩证法简单地说明生和死的本性，就足以破除自古以来的迷信。生就意味着死。"这是马克思主义辩证唯物主义的生死观，是一种真正智者的态度。

人的死亡是一瞬间，可对死的恐惧是终生的。死亡对人只有一次，可对生死问题的探索却世世代代。人对死的意义的理解要比对死亡本身的理解困难得多。从医学的角度理解死亡比较容易，从哲学的角度理解死亡很难，因此，生与死成为一大哲学难题，为世代哲学家们苦心探索。这是任何自然科学无法解开的方程式。

在生与死的问题上，明智的人应该把关注放在生上。孔子说过，不知生焉知死。对生的意义的理解要比对死的恐惧有意义得多。一个人害怕死亡，或由于人总是要死的而感到人生毫无意思，这种人经历着双重痛苦：一是在生时的痛苦，因为他一生充满了对死的恐惧与忧虑；二是死亡时的痛苦。人并不会因为害怕死亡而免除一死，由于一瞬间的死亡而终生处于死亡的恐惧之中，实非智者的态度。

真正有意义的哲学应该是悦生的哲学。人总是要死的，这是不可抗拒的规律，但正如法国大哲学家蒙田说的，死并不是人生的目标，而是生的结尾，是它的极限。因此一个人应该重视生，尽量充分享用有生之年。他说："我认为人类之幸福在快乐的生存中，而不在快乐的死亡中。""一个知道如何正当地享受生存之乐的人，是绝对的，而且几乎是神圣的完人。""在我们所具有的一切弱点之中，最为粗鲁的乃是轻视我们的生存。我对生命的占有越是短暂，我越必须使它更深沉，更充分。"所以蒙田的口号是："热爱生命，栽培生命。"这样来对待人的生与死就不是悲观主义哲学，就不是只知道人是要死的，知道人在未死之前是未死的，是活的，因而应该充分享受人生，发挥人的生的作用。

死而不亡者寿

社会给予个人的东西是暂时的，人不可能把它带到另一个世界，而个人贡献给社会的东西是永恒的。每一代人将个人的贡献积累为一种社会力量，为下一代所继承。

人的死亡，对个人来说是个不幸，但有其积极的人类学意义。个体的死亡，意味着类的延续和发展，使人类永远保持青春。如果人永远不死，人类将越来越老化，了无生气。对社会来说也是如此。个体的死亡，使人类社会永葆青春，充满生气。所以，死是个人的不幸，人类的大幸。

人的结婚，不仅是个人的喜事，也是人类的延续，结婚具有人类学的意义。人对结婚的重视是人类对自身生存的重视。而视结婚如儿戏，视子女如草芥，表明这种人只重视个人，而轻视类。资本主义社会那种把结婚看成纯属于个人的事，没有家庭责任感，没有社会责任感的现象，是社会自身极端个人主义化的恶果。

东方人对待死亡比较明智。例如，庄子鼓盆的故事，表明了中国人的生死观，中国老百姓关于红白喜事的观念就是非常明智的。西方某些哲学家如尼采、叔本华以及存在主义，过于从个体生存的角度看待死亡，把死看成是无，因而对人生取悲观主义的看法。

老子说的"死而不亡者寿"，是非常积极的生死观。有的人活着时就已经死了，可有的人死了仍然活着，人民世世代代纪念他，他的成果为子孙后代所享用，他的英名为子孙后代永记不忘。这种人虽死犹生，的确是死而不亡。一个智者追求的不应该是长生不老，而应该是死而不亡。

学会做人

人的一生有两件大事，即做事和做人。做事，是工作，要认认真真，水平越做越高；做人，要老老实实，品格日益提高。哲学，尤其是马克思主义哲学，可以是既教人做事，又教人做人的哲学。做事，离不开世界观、认识论和方法论。而做人，则离不开人生观。它们当然不能截然分开，而是相互影响，但还是各有所侧重。我特别强调做人的问题。

学哲学，首先要学做人。维特根斯坦说过，"让我们做人"。这句话意义深远，就是人应该懂得如何做人。孔子说："古之学者为己，今之学者为人。"为己就是提高自己的修养，为人就是为了别的目的。所以古人称学习为"成人"教育，就是培养人成为人的教育。做人问题重要，因为人可以成为不同的人，可以成为好人，也可以成为坏人，可以成为崇高的人，也可以成为卑劣的人，可以成为有志气的人，也可以成为平庸的人。

人是要学会做人，读书是"成人"教育，使人成为人的教育。这是人的特点。狗不用学做狗，因为不用学它就是狗，即使是经过训练的狗，成为宠物仍然是狗，只不过是高贵点的宠物狗而已。杂技团会表演数数、钻圈的狗仍然是狗。所有动物都是如此，这是动物的本性。 人不同。 我们经常批评一个干坏事的人，说他不是人，或称为衣冠禽兽。 要学会做人，即具有人所应该具有的社会道德品质。

做人，就是要超越人的动物性本能，成为一个有文化有教养的人，尤其是要成为一个真正的人，即有理想、有信仰、有道德，自重、自尊、自爱、知荣知耻的人。 不知羞耻，就不算人。 做人要知耻。 孟子说："无羞耻之心，非人也。"陆九渊也说："夫人之患莫大乎无耻，人而无耻，果何为人哉？"所以做人是个哲学问题，是个世界观、人生观、价值观的问题。 说一个人不像人，实际上是说，他的行为、思想完全违背了做人的基本道德原则，不是一个人应该做的事。

我一直不赞同单纯的能力本位主义、能人主义之类的观点。 能人很重要，但能人兼坏人比没有能力的人危害大得多。 真正能想点子做坏事的人决不会是弱智，都是些有本事的人。 庄子说过"大盗不操矛"。 凡是动刀动枪的都是小家伙，真正盗窃国库连小手指都不动就能弄上亿的人，不少都是有文凭有才能的人。 你可以看看现在出大问题的人，大多是有文凭的人，是所谓能人。 有能而无德，危害最大。 我们提倡德才兼备，以德为先、又红又专。

有人一听又红又专就不舒服，我说，你不要不舒服，事实就是这样，不过红的内涵不同而已。 秦桧文章好，书法好，是状元；汪精卫既有文才又一表人才，结果如何？至于陶希圣、周佛海，都非等闲之辈。 历史上这种人太多太多，有才而无德，结果遗臭万年。

学会做人，主要说的是大节，说的是处理个人与社会、与民族、与国家的关系。 孔子的门人子夏也说，"大节不逾闲，小节出入可也"。 做人首要的是注意大节。 当然，在处理人际关系中，小节往往也不应过分马虎，多关心和照顾你旁边的人。就算个人与个人关系来说，1 加 1 等于 2，1 减 1 等于 0。都是 1 与 1 的关系，可是加法和减法的得数，完全不同。这个加或减就是处理两者的关系。我的孙女读大学时，我对她说，你首先要处理好与你宿舍六个人的关系，要做加法，都是好朋友，不要做减法，彼此弄得矛盾对立。如果六个人全是加法，你将处在一个非常好的小环境里，别人愉快，自己也心情愉快；如果减法，全宿舍的同学都不理你，那你的宿舍生存环境极端恶劣。一个人不能处理好与宿舍六个人的关系，能处理好全班关系吗？不能处理同学关系，进入社会能处好个人与社会的关系吗？学会做人就是学会处理人际关系。因为人是社会存在物，离不开社会，正如鱼离不开水一样。水好鱼就好，水不好鱼也不会好。水不好罪过在人，而不在鱼；而人际关系不好，很大原因往往在于自己，是自己制造的。

　　我为什么总教导学生学会夹着尾巴做人？不是要人没有出息，也不是反对个人争当英雄。英雄人物永远是值得敬仰的。个人英雄主义则不同，他不是当真正的英雄，而要当个人英雄，认为世界离开我就不转了，哪有这回事。世界离开任何一个英雄人物，照样前进。看看历史，数数历史上的英雄人物就知道。有些人只看到历史舞台前台的领袖型人物，当权人物，而看不起群众。人民群众不是名人，在历史上是无名氏，只是一些张三李四王五之类不起眼的角色。可是世界上任何伟大事业，没有一件是由伟大人物一个人完成的。没有人民群众他就是孤家寡人，一事无成。没有士兵，就没有元帅。懂得这个道理，就能懂得如何做人。何况你还不是英雄，而且未必就能成为英雄。生活证明，凡是搞英雄主义的人，总想高人一头，到哪里都搞不好关系，不信你试试。

人当然有自由意志。人的行动由意志指导而变化，表明人的意志是自由的。意志自由是相对的，它的自由表现在人的行动中。但为什么有这种意志而不是那种意志，为什么这群人的意志是这样，而另一群人是另一种意志，肯定在意志自由背后，有它的可以分析的原因，有它决定各自不同意志的条件。就此而言，意志自由又不可能是绝对的。

历史唯物主义并不否认意志自由，但要求分析各种意志产生的原因，这种原因决不是来自主体自身，而是来自所处的外在环境。只要我们承认意志自由是有原因的，就表明意志自由不可能违背因果规律。因此意志自由和历史规律论不是绝对对立的，而是相互作用的。历史唯物主义肯定意志的作用，但意志自由的可能、大小、范围是受限制的。例如，你可以把水放在火上烧，这样就会成为开水；你也可以取下来不烧，这样水永远不会成为开水。放在火上或不放在火上完全由你自由决定，但会有两种不同的结果，即是开水或仍然是冷水，这可不是由你的意志自由决定的，而是由水与火的客观关系决定的。正如自杀一样，从十八层楼往下跳或不跳，这是由你的意志决定的，表现为所谓意志自由，往下跳和不往下跳完全是两种结果——死与生，这两种不同结果不是你的自由意志决定的，而是由高空坠落的力学规律和各种偶然因素决定的。

人的活动是自主的，人的行为是可以选择的。可是人的自主选择是有限度的，人不可能超越客观可能性进行选择。存在主义者萨特片面强调自我设计、自我选择，他认为只要我活着，我就能逃离他人为自己设定的"所是"，而使自己成为自己"所是"的人。似乎人能任意把自己塑造为自己所是的人。这不过是一种幻想，连萨特本人也无法逃离资本主义的制约，成为自己幻想中绝对自由的人。马克思说过，人总是在他的生活范围里面、在绝对不由他的独立性所造成的一定的事物中间去进行选择。人不能在不可能中选择。电影院失火，能逃生的只能是窗户或门，不可能学崂山道士穿墙而出，何况崂山道士也是以头破血流收场。可能性与不可能性就是选择的限度。

意志自由涉及人的行为动机问题。人的任何动机都表现为人的观念和意志，人的一切都必须通过人的头脑。人的意志不是绝对自由的，也说明人的动机不是完全主观的，虽然它表现形式是主观的，是主体的动机，但任何动机都是人的动机，而人是现实的人，是处于一定社会条件下的人。任何人具有某种动机不是空穴来风，同样是有原因的。这种原因，就是产生动机的种种条件。各人所处的条件不同，所以动机各异。如此分析人的动机，可以使我们更深刻理解历史事件、历史人物行为的深层原因，而不致把一切都归于自由意志。

德国、意大利、日本发动第二次世界大战，当然是由希特勒、墨索里尼和裕仁天皇决定的。但发动战争的原因不能归结为他们的动机，而是当时德国、意大利和日本国内的经济和政治条件推动的，不是单纯出自个人的自由意志。动机论和意志论不足以解释历史，而往往会掩盖历史真相和历史的深层原因。

意志并非绝对自由和动机背后还有动力的观点，是否会为罪犯开脱？不会。我们不是宿命论者，不是机械论者。战争是有原因的，但发不发动战争，能不能寻求别的解决方式，以及在战争中如何对待被侵略国的人民，如何对待俘虏，这完全取决于战争发动者。原因是客观条件，以什么态度对待和解决决定于人自己。罪犯决不会因为有原因逃脱惩罚，第二次世界大战结束后的东京审判就是如此。

人的本质与使命

马之所以是马，是因为它具有马的本性；之所以是良马，是因为这种本性表现得最集中、最充分。如果一匹马根本不具有马的特性，形状像牛，叫声如猪，跑起来如狗，这不是马而是怪物。这种使马成为马的特性，是马这个种所具有的类本性。生物中种的关系是个体与类的关系。类本性是一种自然性，它不是在个体之外存在的东西，而是个体所固有的自然本性。这是生物长期进化的结果。

可是如果用这种观点来观察人类，就会陷入理论误区。人当然也是动物中的一个类，因此任何个人同人这个类，存在与其他动物相似的关系，即个体与类的关系。从人作为类的角度看，如果一个人不具有人所共有的类特性，例如没有语言，没有思维，没有七情六欲，没有喜怒哀乐，尤其是没有劳动能力的潜在可能性与现实性，当然不是人。人要成为人，首先从种的角度看，应该具有人所共有的东西。可人不同于一般动物，人不仅是自然存在物，而且是社会存在物。人的最本质的东西不是生物学上的类，而是在物质生产的基础上组成的社会的成员。人的本质，除了人作为类具有的类本质外，最主要的是在社会生活中形成的社会本质。即使是自然本性，也会受到社会的再铸造而发生变化。人的本质不是永恒的超历史的，而是具有社会形态的特性。我们只有通过奴隶制度才能理解奴隶主的残忍，只有从资本主义制度才能理解私有者的贪婪。人的本质不能用人的类来解释，只有把人放在社会中才能理解人的本质。我们可以说动物的本性在动物自身，但我们不能说人的本质在人自身。人的本质在于它所依存的社会，也就是马克思说的人的本质在其现实性上是一切社会关系的总和。这是人与一般动物的根本区别。一切抽象人性论者都是从这里陷入误区。

人应该有使命意识，可并不是每个人都能意识到这一点。马克思说过："作为确定的人，现实的人，你就有规定，就有使命，就有任务，至于你是否意识到这一点，那都是无所谓的。这个任务是由于你的需要及其与现存世界的联系而产生的。"

人作为人，都处于社会中的一定地位，也就是说都扮演一定的角色。社会角色就包括人的使命。当然，并不是人们都能意识到这一点。能充分意识到自己的角色和使命的人是自觉的人，而意识不到甚至根本没有这种意识的人是浑浑噩噩的人。这实际上是个人生观的问题。

我们决不能把社会角色看成固定不变的，永远如此的。角色不可能固定不变，实际上人的职业地位特别是阶级关系的大变动都是角色的变动。在阶级社会中，阶级斗争的核心就是改变本阶级的不利的角色地位。在阶级社会中要把角色意识提高到使命意识，这就要把争取角色的变换与整个阶级的解放结合在一起。"天下兴亡，匹夫有责"所表现的责任意识以及忧患意识，都是超越个人角色局限的社会的阶级的意识，是一种真正的使命感。

我国还处在社会主义社会的初级阶段，仍然存在富人和穷人，以及扮演各种角色的人。我们当然要逐步改变这种状况，真正使社会中人的角色与人的尊严和能力相适应。发展生产力，消灭私有制，消灭剥削，最终达到共同富裕，这才是社会主义社会中人的真正使命。

命运与时运

"命运"问题并不神秘，关键在于正确理解。国有国运，家有家运，人有人运。国运，是一个国家和民族的盛衰兴亡；家运，是一个家族的兴旺和衰落；人运，则是各人的不同际遇。要懂国运，读读历史；要懂家运，翻翻自己的或他人的家谱；要懂人运，看看现实各色人生或历史人物的传记。

"命运"和"时运"有相通之处，却又不完全相同

"命"与"运"不存在必然联系，可"时"与"运"则密切相关。"时运"和"命运"在一定条件下可以互用，有时称之为"时运"，有时称之为"命运"。在互用情况下，命运是关于过去经历和现实际遇的一种事实判断和价值判断，而"时运"则是个人在一定历史背景下的升降沉浮。如果认为"运"决定于"命"，有一只看不见的手在冥冥中支配，这就是唯心主义。国运决定于"天"，是"天命论"；个人的命运注定于"命"，是"宿命论"。这种"命运论"不可信，更不可取。

北宋的宰相吕蒙正写过《命运赋》，也写过《破窑赋》。吕把自

己的发迹归结为个人的命好、运好，他说自己"吾昔居洛阳，朝求僧餐，暮宿破窑……今居庙堂，官至极品，位置三公……上人宠，下人拥。人道我贵，非我之能也，此乃时也、运也、命也"。按照吕蒙正的说法，他的发达是因他的命好。他说的时运也就是命运，具有神秘色彩。

两千多年前，古代哲学家墨子有过《非命》篇，是专门反驳"命定论"的。其中说，"执有命者之言曰：命富则富，命贫则贫；命众则众，命寡则寡；命治则治，命乱则乱；命寿则寿，命夭则夭"。墨子明确反对这种观点："今天下之士君子，忠实欲天下之富而恶其贫，欲天下之治而恶其乱，执有命之言，不可不非。此天下之大害也。"墨子说，命定论"是天下大害"完全正确。时至科学发达的今日，我们中还有不少人迷信命运，相信生辰八字决定人的寿夭祸福，连结婚都得合八字，真是愧对古人！

在中国用语中"时运"是一个词组，既包括"时"也包括"运"。如果我们把命运问题与时代结合在一起，就能给予"命运"以正确的理解。时，是大背景，个人无法决定。人只能是生活于时代中。个人的出生和生长，可以逢时，也可能背时。人无法选择自己的时代。"运"则不同，"运"与个人的机遇和奋斗紧密相连，决定于个人在时代中的主体性发挥。因此，"时"是同时代的人共有的，"运"则各种各样。套一句托尔斯泰"幸福的家庭都是相似的，不幸的家庭各有各的不幸"的名言，幸运都是一样，不幸的原因可以是多样的。

个人的"运"不能脱离时代这个大背景，没有"时"，就没有个人的"运"。晚唐诗人罗隐《筹笔驿》是写诸葛亮的一首咏史诗："抛掷南阳为主忧，北征东讨尽良筹。时来天地皆同力，运去英雄不自由。千里山河轻孺子，两朝冠剑恨谯周。唯余岩下多情水，犹解年年傍驿流。"诸葛亮从初出茅庐，火烧赤壁，协助刘备建国于成都，有统一全国之志；可在后主时，北伐中原，六出祁山，终死于五丈原军中。后人从《后出师表》读到，"臣受命之日，寝不安席，食不甘味。思惟北征，宜先入南。故五月渡泸，深入不毛，并日而食。臣非不自惜也，顾王业不可偏安于蜀都，故冒危难以奉先帝之遗意，而议者谓为非计。今贼适疲于西，又务于东，兵法乘劳，此进趋之时也"。千百年，凡诵读此文者，无不为"出师未捷身先死"的诸葛亮感叹。这不是孔明的无能，而是当时魏蜀吴力量对比的时势使然，任何人都无力回天。

我们要懂"时"与"运"的关系，
要懂国运、家运和个人命运的关系

家与国不可分，而个人既与家不可分，更与国不可分。只有国家好、民族好，个人才能有发展前途。有人说，国家可以穷困，家庭可以富裕，个人可以发展。确实，穷国有富家，也会出个别出类拔萃的人物，可这只对极少数家庭和个人来说如此。对一个国家的绝大多数人来说，不可能穷国富民，而必然是穷国穷家，穷家穷民，绝大多数是贫穷人。绝大多数人贫困的国家，必然是穷国；穷国，必然是绝大多数人贫困。覆巢之下，焉有完卵。

《论语》中说，"天下有道则见，无道则隐。邦有道，贫且贱焉，耻也。邦无道，富且贵焉，耻也"。受压迫国家的人民必然是受压迫者。如果在一个受外国侵略者压迫的国家，个人卖国求荣依附外敌处于优越的上流地位，或者在一个政治腐败、虎狼当道的政权下，依附权贵飞黄腾达，这两种情况，所谓"好命运"，都应该打入孔子说的"邦无道，富且贵焉，耻也"的另册。

凡是了解中国近代史的人，了解鸦片战争、甲午战争、八国联军历史的人，了解中华民族百多年遭受苦难历史的人，都懂当时面临的不再是王朝更替、政权易姓的所谓"亡国"，而是中华民族陷于瓜分豆剖存亡继绝"亡天下"的险境。中国共产党领导的革命，最大的贡献是改变了中华民族的命运，从此中国人民站起来了，把国家和民族的命运掌握在自己手中。经过七十多年的建设，尤其是四十多年的改革开放，中国在世界的地位发生了根本性变化，这是举世公认的。国家和民族命运的巨大变化，同时也是全体中国人命运的大变化。

当然，国家的命运不能简单等同于每个人的命运。在阶级社会，个人命运往往取决于阶级命运，而阶级命运则取决于社会制度的变化。这当然不是说，每个人命运都完全决定于阶级命运。在社会变革中，原来属于统治阶级家庭成员中的个人，背叛自己的阶级和家庭，投身变革，成为新社会的创造者，在参与改变社会命运的同时，也改变了自己个人命运。资产阶级革命时的贵族，有这种人。无产阶级革命，更是如此。不用马克思和恩格斯，只要读读中国共产党领导的革命史，看看中国共产党历史上一些辉煌杰出的伟大人物的家世，就懂得这个道理。

中国革命之路不是铺满玫瑰花的彩虹之路，也不是革命浪漫曲。历史上，"左"的路线曾伤及自己的同志。反"右"斗争和"文革"中受害者更多，包括著名的文化人，有的蒙冤入狱，有的家破人亡。但只有国家好、民族好，个人才有前途这个真理，不会因为个人命运的不幸而被推翻。因为在中国，只要坚持中国共产党领导，坚持社会主义制度，冤假错案，不管时间长短，最终会得到平反昭雪，还以清白。我们不能忘记历史的教训，但可以忘记历史的恩怨，团结起来向前看，为中华民族伟大复兴而共同奋斗。

个人与国家、民族是相向而行，
还是相背而行，命运完全不同

国家、民族和个人是命运共同体，但即使在正常情况下，个人的命运也不会完全相同。没有完全一样的人生道路。社会主义社会制度，中华民族的复兴，为每个人的发展提供了一个最有利的平台，但个人的实际发展如何，不仅会有不同的机遇，更取决于个人自己的创造，特别是要看个人如何处理自己与国家、民族的关系。是相向而行，还是相背而行？这两类人的命运是完全不同的。

同样处于当代中国社会，处于相同的改革时代，每个人的具体境遇不可能完全相同。原来的同班同学，原来的同事，会在专业成就、职位高低、升迁快慢、富裕程度以至个人的家庭生活方面存在差别。这很正常。社会主义社会中的个人，同样是具有个性和不同发展轨迹的现实个人。社会主义社会制度的优越性，表现在它为个人提供公平的竞争机会，提供充分发挥个人才能的平台和向上发展的空间，而不可能保证每个人拥有完全相同的结果。但只要充分发挥自己的主动性和创造性，与国家的发展方向相向而行，每个人都应该有机遇，都应该有希望。尽管现在仍然有不少人处于比较困难的状态，这绝不是社会主义社会的常态，而是一个向前发展阶段中呈现出的时段性的差异。这是过程，而不是结果。建立一个富强、民主、文明、和谐、美丽的国家，建立自由、平等、公正、法治的社会，以人民为中心，让所有人的人生多姿多彩、各自发光，是中国共产党的奋斗目标。我相信，只要祖国的天空艳阳高照，我们身上都会洒上阳光。

当然，在我们社会中，也有少部分人是另一种命运，这就是与国家和民族命运相背而行的人。他们把自己的前途摆在与国家和民族发展的对立面，相背而行，蜕化变质，贪赃枉法，成为腐败分子，成为大大小小的老虎和苍蝇。这种人的命运注定是悲惨的。昨天座上客，今日阶下囚，真正应了陈毅同志的话，"莫伸手，伸手必被捉"。

尽管具体的个人命运各有不同，但从总体上说，中国共产党改变了中国的国运，改变了中华民族的命运，从而改变了中国人民的命运。由列强主宰中国命运，转变为由中国人自己掌握自己的命运，这是了不起的具有世界意义的中国命运之转变。任何一个稍有爱国主义和民族感情的人，都会为此自豪。

"旧时王谢堂前燕，飞入寻常百姓家。"我不赞同关于贵族与流氓之类话题的炒作。其实在旧中国，具有所谓高修养高素质的"贵族之家"有几家？所谓"绅士"精神不就是指为数极少的精英人物吗？屈指可数！要知道，当时全中国95%以上都是普通百姓，都是处于下层的文盲。重要的是中国革命改变了中国人民的命运，为十四亿人民的共同富裕，为十四亿人民文化素质的提高开辟了普遍的可能性。我们现在仍然是发展中国家，我们的教育和人民素质都还有待提高，但重要的是中国人的命运掌握在自己手中，只要紧握罗盘，坚持改革方向，一定能够为自己国家、民族和人民的命运创造更加灿烂、更加辉煌的未来！

人性与兽性

物有物性，人有人性，兽有兽性，乍看起来，理应如此，其实并不尽然。物有物性，这没有问题，任何物一旦失去本性，就不再是此物。动物也是如此。

人到底是否有人性，是个长期争论不休的问题。并不是因为人可以没有人性，而是对人性的理解各异。人终究是人，不是一般动物，人既是历史的前提，又是历史的结果。人随着社会变化永远处于不断完善的过程中。因而历朝历代，古今中外，都为这个"什么是人性"的问题吵得不亦乐乎，迄今依然。

人性问题虽然是个哲学问题，但它涉及各个学科领域和人的行为与思想的方方面面。著名哲学家休谟在《人性论》中，把各门科学研究比喻为夺取一个村庄、一个堡垒的战斗，但真正的科学研究应该直捣各种科学的心脏或首都，即人的本性。在他看来，一旦掌握人性，我们在其他方面就有希望轻而易举地取得胜利。

美国有位哲学家也说过同类性质的话，他说有关星球的理论绝不会成为星球存在的一部分，而关于人的理论却进入人的意识之中，决定着他的自我理解，改变着他的实际存在。

人类思想史上许多争论，都离不开人性这个问题。道德学家说，人性是善的，所以道德之心为人所固有；有的人说，人性恶，道德是人为的，而人为即"伪"，是违背人的本性的。法学家说，人性应该是法律的依据，以人性为依据的法是善法，否则是恶法；有的法学家说，法就应该是惩恶。主张私有化的经济学家认为人性自私，因而私有制最符合人的本性，实行公有制则是通向奴役之路，而反对者则认为只有公有制才符合人的社会本性。几乎没有一个人文社会科学领域的理论问题甚至政治决策，不直接或间接涉及人性问题，只要寻找自己理论的最后依据，都绕不开这个问题。

物有物性，这容易理解，因为它是物，它的本性，就是它之所以是此物的本性。动物虽然有生命，但仍然属于物，属于"活物"，它的本性就是它存在的根据。庄子说，水鸟的腿虽然短，想人为地为它美容，接长点，"续之则忧"；仙鹤的腿虽长，如果弄短点，"断之则悲"。所以庄子得出结论："长者不为有余，短者不为不足"，因为它们各自的本性即如此。

这种说法，能用在人性上吗？不能。可是庄子以此喻人，似乎失之偏颇。他说，人应该有五个手指或脚趾，如有的人有六个手指或脚趾，这不符合人作为人的本性。但这里只能说明人作为物——自然存在物的生理结构，而不能以此诠释人性。"骈指"——六个手指或六个脚趾只是生理问题，而不妨碍人仍然是人，不影响人的自然属性。人性不是人的生理结构，而是人作为社会存在物，在历史中形成并不断随历史变化而变化的本质特性。

人作为人，当然有自然属性。自然属性不是指人的生理结构，而是指人作为人的一种共同的自然需求。自古以来都说，食色，性也。人有生存的需求，因而必须食，有两性和种的延续的需求，因而有性。但动物与人不同。每一种属的动物的需求的方式是稳定的，需求方式的根本变化意味着物种的变化。当然，无论不同种的动物的生存和繁殖的方式如何不同，任何动物都有生存和交配的需求，这是共同的。动物中没有多妻制，没有通奸、纳妾，只有交配。这种需求是本能的，是动物的本性。

人则不同。人的生物学需求，即所谓"性也"的色与食是随着社会的发展而不断变化的。恩格斯说过，人是唯一能够由于劳动而摆脱纯粹动物状态的动物。所以人的"食与色"这种永恒的自然需求，不断人化，不断摆脱纯动物的状态。从杂交、群婚、对偶制到一夫一妻的变化表明，人的性的观念和方式是变化的；饮食也是如此，食物的品种、烹调方式和饮食观念是不断变化的。饮食之所以称为饮食文化，正在于饮食中有文化因素，而不只是单纯的吃喝，所以人的自然属性已经是社会化的自然属性。

马克思关于这个问题曾有过非常精辟的论述。他说，吃、喝、性行为等，自然也是人的机能。但是如果使这些机能脱离人的其他活动，并使它们成为唯一的终极目的，那么，在这种抽象中，它们就是动物的机能。谁要是从猪的吃食和人的吃喝中抽象出一个共同点，那就是吃，而不管吃什么，怎么吃，抽去饮食中的社会性因素和文化因素，人就降为动物。所谓衣冠禽兽，所谓禽兽不如，就是形容这种人身上的动物性机能，完全从人的其他活动中，从社会文化、道德、法律各种因素的调节和约束中挣脱出来。在这种情况下，这种名为人的人已经不是"人"，而是回归为动物，"兽性大发"。

人性不同于动物本性，就在于它是社会铸就的，也可以说是人类自我铸就的。人在实践的过程中改造自然，创造历史，同时也在不断改变人性。马克思说，整个世界史就是人性变化的历史。我们在历史的不同时期，可以看到不同的人，看到不同的价值观念和道德规范,即人性的不同表现。"神女应无恙,当惊世界殊。"神会惊讶于世界的变化,这当然是诗化的说法,但人确实如此。如果让某一时代的人复活,异时异代而处,一定会茫然失措,因为他会发现他熟悉的世界不存在了,而现在的一切对他而言都是陌生的。即使他仍然具有"食与色"的机能,但他没有"这个"社会的社会特性和它所赋予的"食与色"的方式和观念。

人性是变化的,这一点西方有些学者也承认。卡西尔在《人论》中说,并不存在一成不变的永恒的实体人性,人的本质永远处于不断变化和创造之中。人通过不断的文化创制,而不断突破自身的时空限制,整体的人类文化说到底是人不断解放自身的力量。

人的本质与人性是相互联系又相互区别的概念。人的本质是就人与动物的根本区别而言的。这种区别就在于人的生命活动的性质与动物不同,人是依靠自觉自由的活动即劳动生存的动物,因而任何一个人都没有独自生存的能力与可能,人必然要相互交换自己的劳动才能生存,这就注定人必然存在于社会之中,是"类"存在物。人的本质在其现实性上是一切社会关系的总和,指的是人都是生活在一定的社会关系之中,属于一定的社会结构,没有抽象的无所依归的所谓"人"。一般的"人"无非是对具体人的抽象,它只存在于概念中。人性与人的本质不可分。正因为没有抽象的人,人都存在于一定的社会关系之中,因而作为一般的抽象的人性也是不存在的。普遍的人性只存在于具体人性之中,是对具体人性的一种抽象。

如果说人的本质是社会关系的总和的话,那人性就不只是指人具有社会性,还包括人的自然属性。这是考察人的本质与人性的区别的最大不同。人性包括两方面,既有自然属性,又有社会属性。人的自然属性是不断社会化的自然属性,因而随着社会的发展和文明的进步，人的自然机能的实现越来越优化，或曰人化。这就是人的完善。

人性不能简单地等同于高尚。我们经常会看到一些文章或作品把人性神圣化。其实，人性由于与人的本质不可分，是在社会性中形成的，因而根据社会性发展的水平和人在社会关系中的地位，人性也是不同的。

人性有美丑善恶之分。美好的人性不是天生的，不是天赋人性，而是通过改变不合理的社会制度，加强文化教育和道德陶冶而形成的。高尚的善良的人性，需要环境的影响、培养、教育，而人性的丑恶方面，往往是社会丑恶和阶级特性丑恶方面的映现。

人性只有在与兽性相对立使用时才有美好的意思。例如，一只动物对另一只动物的处境漠不关心，没有同情，没有安慰，没有交流。人则不同，人有同情，有怜悯，有慈爱，有沟通，能够相互理解和帮助，可以对别人的痛苦感同身受，一掬同情之泪。正是根据这一社会现象，有位哲学家说，一个人对别人的痛苦，对别人人性的感受程度，是这个人身上的人性的标志。但在这种情况下使用的"人性"概念是狭义的，即人性等同于剔除人身上的一切动物性本能，只留有最美好的东西。如果超出这个范围，认为任何人的人性都是美好的，如果是坏人做坏事，那就是人性的异化，这只能是一种抽象的人本主义的历史观。

被称为美好的人性的东西，都是由人作为社会存在物而产生的。人是有意识的社会存在物，人处在各种关系之中。有人伦关系，就会有关乎人伦关系的各种情感，如父母之亲、手足之情、夫妻之爱和人的相互依存关系，因而对同类可以有爱心、同情心、怜悯心，有民族关系，因而有民族情感，如此等等。一切被认为是最美好人性的东西都源于特定的社会关系。有人认为，父子之亲源于血缘，其实并非完全如此。在杂婚时代，在群婚时代，在只知有母不知有父的时代，就没有父子之情。一个长期离开本民族的人，民族情感就会逐渐淡化，几代以后慢慢消失而逐渐融入另一种民族情感。没有社会，就没有人性。

在不同的社会中，就会存在不同的人性。寡妇不准再嫁，自由恋爱的人要被沉塘之类，在当代人看来没有人性，可在当时的人看来则是理所当然。在那样的社会中，没有人从人性的角度提出过抗议，反而认为是正当的，为习俗所赞同。

庄子反对儒家的仁义道德是可以理解的，这属于不同的立场和不同的哲学观点，但不能一般地反对道德规范，不能认为所有道德都是外来的约束，不符合人的本性。人只有"任其性命之情"才符合人的自然本性。所谓"小惑易方，大惑易性"，就是片面强调人的自然本性。弗洛伊德关于本我、自我和超我的学说，也是把社会规范特别是道德规范视为对本我的压抑。认为一些本我的东西被压制，变为潜意识，长期对本我的压抑，积淀在潜意识中的东西越来越多往往会成为精神病的根源。

实际上，人性需要培养和教育，这一点非常重要。在现代社会，必须强化人文教育，尤其是道德教育和社会主义核心价值观的教育。人的社会化过程，就是接受教育包括道德教育的过程，这也是人化过程。这不违背人的本性，恰恰相反是完善人的自然本性的过程。

汤因比说："人生在一定程度上是高尚的，而在一定程度上又是极端卑贱和耻辱的。我们是神和动物的一种讨厌的混合物。"所谓神与动物的混合物，就是本能的自然属性和社会文明陶铸的高尚人性的混合问题。哲学教育的一项重要使命，就是使人的自然要求符合社会道德规范和文明进步的要求。

人的双重角色：剧作者和剧中人

人是动物，但是与任何其他动物不同，它是唯一自在自为的动物。其他动物都是被决定的，受自然制约的，它无法选择自己的生活方式，它的习性、特点都是自然选择的结果。人当然也经历过自然发展过程。在长达多少万年的由猿到人的过程中，包含自然的进化的作用。但人成为人，最根本的是自为的作用，即人是在自己的劳动中形成的，而一旦人形成为人，人的生物的进化的意义越来越少，甚至停止进化，人在自我创造中发展。

人与自然的关系不同于一般动物与自然的关系。动物只有一种环境即自然环境，人为自己创造了一个人为的环境，这就是人的第二自然。人是生活在自我创造的自然环境中的，因此这个环境的优劣，应该由人类自己负责。这就是环境保护在当代变为国家职能的原因。

人与动物不同，人还为自己创立了一个特殊的环境，这就是社会。社会有自己的结构，即各种组织和制度。尽管蜜蜂也有组织，但它是自然结构，是一种生物性的本能，它的结构是稳定的、封闭的。只要种的特性不变就不会改变，即使有变化也是自然选择的结果，是生物的进化。人的社会制度和组织变化是人自己的创造和选择，它的变化是迅速的，这种变化不是人的生物学变化而是社会进步。

就人与自我的关系说，人把自己培养成什么样的人，从总体上说主动权掌握在人类自己手中，而动物的变化决定于自然。正因为如此，人是动物中唯一具有自我创造性选择性的动物。人不是预成的而是自我创造的。马克思说，人不是力求停留在某种已经变成的东西，而是处在变异的绝对运动之中。恩格斯也说过类似的话：人是唯一能够由于劳动而摆脱纯粹的动物状态的动物——他的正常状态是和他的意识相适应而且是由他自己创造出来的。因此人的历史与动物的历史不同，动物的历史是自然史，是自然进化的历史。人类历史是社会发展史，是人的自我创造史。

尽管人是自为存在物，是具有创造性的存在物，但人不可任意创造自己的社会和任意塑造自我。如果人能绝对自我选择和创造，人总要为自己创造一个好的社会，没有人处心积虑要创造个坏社会；总要创造善不要创造恶，要创造完人不要创造坏人。可为什么奴隶要为自己创造一个自己当奴隶的社会，工人要为自己创造一个一无所有的社会，而且为什么有的人变为"上等人"而有的变为"下等人"，变为流浪者、无家可归者，变为小偷，变为盗匪，沦为娼妓，难道是他们的自我选择吗？离开了社会结构和历史规律，离开了人的社会制约性，只从主体自由和选择的角度是无法解释的。在封建社会解释穷人之所以穷的是命。《庄子·大宗师》中解释有些人为什么贫穷时讲的就是命："父母岂欲吾贫哉？天无私覆，地无私载，天地岂私贫我哉？求其为之者而不得也。然而至此极者，命也夫！"在资本主义社会的解释是懒，穷人是因为懒才穷的，哪个发家致富者不是由于自己勤奋？这不是科学解释，而是对不合理现实的辩护。其实，在私有制社会特别是资本主义社会中，终生勤奋兢兢业业的人多的是，可劳碌一生照样贫困。

历史是人创造的，但人无法按照自己的价值观来自由创造和选择。社会中人的愿望和选择是不同的，每个人都要自己的自由，连上帝都不可能满足每个人相互矛盾的要求，何况人乎。人是按照自己的意志行动的，可在众多行为中形成的合力，却不是任何人能左右的，这种合力就是中国哲学中所谓的势。合力所形成的趋向——势，就是规律的外在表现。历史规律是在人的行为中形成的规律，任何有价值的有效追求都不能违背规律。人被分成上等人和下等人，这不是命，不是单纯的自我选择，而是社会规律作用下的人的分流。这之中，有机遇、有努力、有斗争、有个人的才能和品质多种因素的作用，但社会的分化却是必然的，因为它决定于社会的阶级结构，而不是决定于个人的意志。个人的选择和自由，是在社会提供的背景下的有限的选择和自由，而且离开了生产力状况和社会发展水平，所谓好社会、坏社会完全是一种抽象的提法。奴隶主认为奴隶制是无比美妙的制度，可对奴隶说来是最坏的惨无人道的制度。对封建社会、资本主义社会甚至社会主义社会，都会有两种根本对立的评价。

　　我看马克思关于人既是剧作者又是剧中人的深刻比喻，能够摆脱历史上长期困扰人们的历史宿命论或者主体决定论的困境，可是形而上学的思维方法总是很难把这两者结合起来。人是剧作者强调历史是人创造的，人的全部活动就是历史的真实的客观的内容。可或许有人会说，既然人是历史的剧作者，那历史这个剧本可以任作者编写。这就由人是剧作者的论断引出唯心主义结论。历史这个剧本是由人编写的，可人是在一定的既成的各种条件和历史传统下进行活动的。也就是说，人的创造性活动是有前提的，这个前提——物质的、文化的等，就为在这个条件下活动的人筑成一个可能性空间。人的活动可以有各种可能，但决不会使在特定条件下的不可能成为可能，况且历史也不同于剧本，它的内容不是预定的，而是由人的活动一步一步形成的。

可见，人作为剧作者就在他自身的活动中同时被规定为剧中人，一身二任。有的人就是解不开这个扣。人既然是剧中人，他的角色是规定的，那还有什么自由呢？这是由另一端即人是剧中人得出的机械论结论。剧中人是人的角色身份。从社会学的角度说，人在社会中都处于一定的地位，扮演一定的角色，特别是那些在历史前台活动的人物，即所谓伟大人物更是重要角色。人是剧中人并没有否定人的能动性。历史并没有注定谁一定在历史中充当什么角色，个人在社会和历史中的地位和作用，在社会历史规定的可能性空间内，存在个人选择的自由。个人的机遇、才能、奋斗，以及各种偶然因素都会对个人的发展起作用。更何况，即使在历史舞台上取得一定的角色地位，可这个戏能不能唱好还要靠个人努力。毛泽东在《论持久战》中曾非常深刻地讲明了这个道理。他说："战争指挥员活动的舞台，必须建筑在客观条件的许可之上，然而他们凭借这个舞台，却可以导演出很多有声有色、威武雄壮的戏剧来。"可见不仅要把人是剧作者和剧中人统一起来理解，而且对其中每一个论断的理解都应该是在结合中理解才可能是正确的。

人不是土豆

　　人不是土豆。土豆装在木桶里和装在麻袋里是一样的，仍然是土豆。人与社会的关系与土豆和木桶的关系是截然不同的，它不是物体与容器的关系，而是相互创造的关系。正像社会本身创造作为人的人一样，人也创造社会。人正是在创造社会的过程中，同时在社会中并由人在社会关系中不同的地位形成不同的思想面貌和社会特质。

　　从木桶里取出的土豆依然是土豆。人不同，人一旦离开他所处的那个社会，就不成其为特定社会的个人。有人说，他虽然不属于任何社会但仍然是人。这是不对的，这仍然是以人是土豆的方式来思考人。任何个人都属于一定的社会结构，而不是社会游离物。社会是个人之间的关系和联系，而个人是社会关系之网中的存在，决不能认为在社会之外还存在个人。偶然落在荒野中的文明人是人，因为他本来就是从属特定社会的个体，从来不属于任何社会的个人是没有的。我们一出生，我们的世界、我们的社会就在塑造我们，把我们从自然物变为社会存在物，变为人。我们的语言是从社会中获得的，我们的思想与行为、我们的价值观念是从我们生活的社会中获得的。

马克思认为，人是一个特殊的个体，并且正是他的特殊性使他成为一个现实的、单个的社会存在物。可是，人这个个体就其现实的存在方式来说，不能仅仅是个体的而必然是社会的。个人是社会存在物，因此，他的生命表现，即使不采取共同的、同其他人一起完成的生命表现这种直接形式，也是社会生活的表现和确证。所谓个人的独立化，是就其挣脱人对人的人身依附关系而言，而不是就人与人的社会联系和交往而言。就社会交往说，社会越进步，越是通过经济的、政治的、文化的交往把个人紧密结合在一起。在社会中特别是资本主义社会中，人在思想观念上可以是以自我为中心的个人主义者，可在现实中以自我为中心是行不通的，因为人是社会存在物，在我之外还有另外无数的我。任何人都不可能无视他人的存在，"机关算尽太聪明，反误了卿卿性命"，绝对个人主义者到处碰壁的原因正在于此。

说个人不是土豆是从人的社会本性说的，但就其具体组织性来说，人可以处于类似土豆的状况。新中国成立前人们形容旧中国是一盘散沙，也就是说，中国人缺少组织和凝聚力，如同沙粒。马克思在《路易·波拿巴的雾月十八日》中把法国当时的农民比作马铃薯即土豆，他说，法国的广大群众，便是由一些同名数简单相加形成的，好像一袋马铃薯是由袋中一个个马铃薯所集成的那样。马克思的意思是说，法国的小农就其生活方式、利益和教育程度而言是一个阶级，但就其没有全国性的联系和形成政治组织而言，他们没有形成一个阶级，是一袋马铃薯。这种所谓马铃薯状态，不是决定于小农的个人本性，而是决定于其生产方式。正如马克思说的，他们的生产方式不是使他们相互交往，而是使他们相互隔离。很显然，每一个农户都差不多自给自足地生产自己需要的大部分消费品，他们依靠与自然交换而不是相互交换来取得生活资料。一小块土地，一个农民家庭；在其旁边是另一小块土地，另一个农民家庭。如此的生产方式只能产生类似马铃薯式的农民。没有丰富的社会关系，没有紧密的交往，因而没有形成具有自觉阶级意识的阶级。只有在这种意义上才能把人比作马铃薯，意思是他们没有组织起来。中国革命的胜利，根本改变了旧中国一盘散沙的情况，中国人民高度组织起来了。特别是随着经济的发展，把穷乡僻壤、把历史上排斥在社会交往之外的人民卷入发展的洪流之中，大大推动了他们的前进。人是社会动物，人只有在社会交往中才能获得较快的发展。孤立、封闭、隔绝，只能导致停滞。不与外界交往的民族和部落，可以完全与世界历史脱节，成为古代历史的化石。

正因为人从本性上说不是马铃薯，在社会历史观中我们不能把个人作为考察社会问题的出发点。我们直观中看到的都是一个个独立的个人，每一个个人都是独立的自我，实际上在个人之间都存在我们只有通过理性和思维才能把握的各种社会关系。离开了这些关系，个人就是不可理解的怪物。即使专属个人的所谓个性，也不能脱离这个人所处的时代。魏晋文人的那种旷达放任，离开魏晋社会的政治状况是很难理解的。中国古人说，要知其文，应知其人，要知其人，必知其时。"其时"就是社会的经济政治状况和文化氛围。如果我们说，从个人出发指的就是从社会化的处于一定社会关系中的个人出发，实际上是从社会出发，因为这种个人已经是处在确定的经济和政治环境中的个人。

人不是土豆。任何一块土豆都具有土豆的全部特性，而任何一个人不能说先天地具有人的全部特性，除非把人只看作一个生物学个体，即看成一块土豆。其实人的共性只是生物解剖学的共性，而一进入人性领域，就进入了社会学而非生物学领域。人性并不是实体，任何生物学和医学都没有也不能从解剖学的角度提供人性实体化的根据。人性是变化的，从一个国家一个民族一个阶级到另一个国家另一民族另一阶级，人性的观念是变化的。这种变化说明，人性的确是由特定社会环境以及人们不同的相互关系形成的关于人应该如何才是人的价值尺度。因此人性化的人往往属于"应然"领域，是理想化的人的模式。所谓没有人性或人性的丧失，就是说违背了当时通行的做人标准。如果我们的哲学观念是立足于独立的个人与作为个体永恒不变共性的人性，那我们对任何一个社会问题、任何一个社会现象都是无法认识的。

社会对个人的制约性，丝毫不降低个人的重要性。个人不是被放在木桶里的土豆，也就包括个人对社会的积极的能动的作用。我们应该充分发挥个人的创造精神，发挥个人的聪明才智。个人的发展，有利于社会的进步。可问题是，要为个人提供有利于发展的环境，归根结底还是靠一个合理的社会制度。我们唯物辩证地看待个人与社会的关系，但人类存在和发展的基础是社会而不是个人，个人只有在改造和推进社会发展中才能得到发展。

人生多艰

　　人生如唐僧取经，非经磨难，难到西天取回真经。可人一般都愿无风无雨，平平安安。有首歌叫"好人一生平安"，反映了不少人的愿望。我们老祖宗有"艰难困苦，玉汝于成"的教导，知道的人多，愿实行的人少；也有"千金之子坐不垂堂""危邦不入，乱邦不居"的说法，知道的人不多，愿实践的人不少。谁愿意冒险、愿意折腾呢?

　　可世界上的事并不能"心想事成"，也并不像广告词中说的，思想有多远，你就可以走多远。这句话从哲学上说实实在在是个错误的观念，最多如恭喜发财之类的话一样，只是应酬话，不能当真。广告本来就不是一定要人相信的东西。人生多艰，这并不决定于人乐意与否，而是人生规律。当然艰难的程度会不同，结果会不同。但人不可能一生都走顺风路，没有经历任何艰难的"福人"是少有的。尽是过五关斩六将、永不会走麦城的人也很少见。

　　人生多艰。因为人是自然存在物，也是社会存在物。他既要受自然规律的支配，又不能越出社会规律制约的范围。它必须在规律范围内为自己寻求最有利于自己生存的空间，而这往往不易做到。

　　就自然规律来说，人会生老病死。这个问题，几乎各种宗教特别是佛教都论之甚详。可以说，没有生死问题就没有宗教。宗教就是以各种不同的方式寻求生死的解脱。其实何止人，凡生命都有生老病死。再进一层，岂止生命，世界上的无生命的现象，小至沙砾，大至天体，无不有成有毁，有始有终。只不过天地万物之中唯独人有自我意识，才知其苦，才觉其苦。这一苦字，道尽了宗教对人生的全部看法。人生多艰不是表现在人必有死，这是人人难免的，也不是人不可能不生病。人也会由少及壮，由壮及老。"壮则老"，这是普遍规律。任凭您治国有方、位高爵显，任凭您统率千军万马、战功赫赫，都是会老的。到年老体弱、灯枯油尽之时，照样是风华不再，不复当年气概，最后走向人生的终点。从"壮岁旌旗拥万夫"到"春风不染白髭须"，这是必然规律。

从人的自然本性言，没有人能摆脱生老病死的定数，如果说这就是苦，那人人无一例外都一生一世生活在水深火热之中，在痛苦中挣扎，还有什么活头？这只能是悲观主义、来世主义，人在现世永远没有快乐。其实，人生虽然短促，但人有可能和能够愉快地享受人生，问题是快乐人生要自己创造。

人生多艰，不是指人人都不可避免的生老病死的自然定数，而是不该死时死，即由于各种原因而英年早逝，未能尽天年；病与穷的结合，即贫病交加；老无所养，既老且穷，在凄凉寂寞中走向人生终点。这已经不单纯是自然规律的问题。对自然规律的作用，不乐意的拖着走，明智的顺着走，无所谓幸与不幸，只有智与不智。在自然规律作用的范围内由于社会因素的掺入，使人在完成自己的人生自然历程中会增加许多艰难困苦，使生老病死的自然历程变得更艰难。

至于人在社会中的遭遇，更可能充满曲折和不幸。社会是个复杂的有机体。在阶级社会中有阶级区别，有统治与被统治的区别，有贫富区别，有各种合力所形成的巨大力量。在社会中，不仅普通人要为生存、为温饱、为发展而拼搏，在人生旅途中有种种挫折；即使是身居高位，忠不见信的事也是不少的。

人生的确多艰。人生道路并没铺满鲜花，而是荆棘丛生的曲折之路。人生多艰，对于人来说并不完全是坏事，有作为的、伟大的人都是在磨炼中生长的，政治家、军事家、企业家都是如此。有人说，没有人生的艰难，就没有诗人。可以统而言之，没有人生艰难就造就不了人才。玉汝于成的正是生活中的艰难困苦，可困难也可能压垮人。因此，一个人应该有正确的人生观，无论顺境逆境都能正确对待人生。人的生老病死、人的种种不幸遭遇是不由自主的、非自觉自愿的，甚至是不可避免的，可是人的幸福、快乐、健康、家庭的和谐是可以自己去创造、去寻找的。人应该善待人生，使自己的一生充实而完善。尽管可能遇到意想不到的非自愿的"飞来横祸"，也要想法化解。这就需要人生的智慧，即需要一个正确的人生哲学。

我们要正确对待自然的不可避免的痛苦。人有生老病死，代代如此，人人如此，这不应认为是一种痛苦。如果把这看成痛苦，只能永远陷入痛苦而不能自拔。如果能参透人的自然规律，认识必然性就能达到自由。正如庄子说的，"夫大块载我以形，劳我以生，佚我以老，息我以死"。把死看成人生的必然阶段，是终点，是安息，采取安时处顺的态度，就能解除对死的恐惧和死亡的痛苦。至于贫病交加、老无所养，这是社会问题。一个合理的、公正的社会应尽可能减少这种非自然因素的痛苦。

我们更要正确对待自己个人的机遇。与生老病死的自然规律有某些相同之处，人在社会领域中也有自己无法掌握的社会需要与个人机遇。从需要来说，人们常说生当其时，或说生不逢时，这都说明社会状况对个人发展是至关重要的。汉武帝时有个人一辈子在宫中服务，须眉皆白，始终是个执戟郎中，随辇而行。武帝很奇怪，问他何以如此？他回答说，陛下喜欢老臣时，臣正年少；陛下喜欢用年轻人时，臣已年老。这就是社会条件。时代造就人，时代需要人。恰逢其时的人，当然有最大的发展机会。中国革命把一大批放牛娃培养成将军、培养成政治家，现在正是我们的时代需要把一大批人培养成企业家、培养成杰出的管理人才的时候。没有这个大的社会背景，任何个人都是无能为力的。

大的社会背景相同，对个人来说还有个机遇问题。在同样的时代条件下个人的微观处境，即每个人的机遇可能是不同的。社会是由人组成的。如果做比喻的话，我们可以说未成年时生活在家庭的庇护之中，犹如船在风平浪静的避风港尚未进入生活的大海，而进入社会好像进入由人群汇成的大江大河，由于各种合力的作用，有顺水，有逆流，有漩涡，也可能是通畅的河道。顺利时"千里江陵一日还"，不顺时也可能"涛似连山喷雪来"，船毁人亡。

人应该有进有退，知进知退，进退有度。有进，是指人处于逆境，目标不能实现，甚至受到打击和排斥时，应该想到人生多艰，要有毅力、有韧性，朝着自己的理想和目标匍匐前进。只有不怕曲折才能达到山顶的说法是有道理的。山峰越高弯路越多，险路也越多。孟老夫子那段"天将降大任于斯人也"必将如何如何的话，至今仍有极大的鼓舞力。历史上和现实中不少政治家、科学家和企业家屡经挫折而后成功的例子不胜枚举。可在生活中也得有退。正因为人生多艰，并非人人都事业有成、事事都能成功，所以已尽力而为，由于各种原因而未能成功大可不必自责过深。窃以为可以来个酸葡萄理论，虽然有点阿Q，对于保存自己，以待来日还是有好处的。何必遗恨乌江，把老本全输光了。自杀非智者所为。

自杀是人生多艰最强烈最尖锐的表现形式，是矛盾激化到难以解决时的一种极端解决，一了百了。自杀的社会意义和作用不一样。在西方发达资本主义国家，社会越发展自杀率越高，包括日本每年的自杀人数也很惊人。它可以是贫困和事业不遂的恶果，也可能是由市场经济中奋斗失败引发的。在中国，王国维自沉于颐和园与老舍投太平湖不同。同样，因疾病折磨难以忍受而结束生命与因被迫害含恨而死也不同。感到人生渺茫、生活空虚与衣食无着生活困顿而自杀原因不同，但都表现了人生多艰这个事实。我们不赞成自杀，更不赞美自杀。我必须承认，在某种特殊条件下一个人的死可能对历史产生巨大的震撼力，例如，屈原的死作为中华民族爱国主义的象征，具有历史的和文化的价值。一个具有影响力的人物以死抗争的悲剧，当然不能与一般自杀等同起来。

可是一般说来，人还是应该活着，在生存中寻求问题的解决。如果问题不能解决怎么办？我说，让它去吧，船到桥头自然直。如果是误会、失败、挫折，可能有变化，可能有转机；实在无望，也只好罢手。有个哲学家说，太阳底下的所有痛苦，有的能解救，有的则不能。若能，就去寻找；若不能，就忘掉它。人生既然多艰，就应该允许有进有退。不能只进不退，也不能只退不进。借用一句电影中的话：该出手时就出手，该收手时就收手。要能当英雄，必要时也能当阿Q。我说的不是什么"韬晦之计"，我说的是，人应该有各种思想准备。

职业选择与价值导向

选择是一个哲学问题，更是一个现实问题。大到国家发展道路和民族前途命运，小到个人的人生之路，都存在选择问题。特别是当代中国青年面对社会巨大变革，选择问题尤为迫切与重要。市场经济条件下的职业选择问题，是青年人关心的问题，也是关系到每个青年人的问题。"我的事情我做主"，表现了中国当代青年张扬个性，重视自我选择，具有强烈的自我选择的能力、意志和决心。

能够自由选择，是人与动物的根本区别

选择，完整地说就是"自由选择"。选择性，说明人作为主体有意志自由。没有自由，当然没有选择。选择性，是人与动物活动的根本区别。马克思说过，"自然本身给动物规定了它应该遵循的活动范围，动物也就安分地在这个范围内活动，不试图越出这个范围，甚至不考虑有其他范围存在"，"人不同，人能选择"，"能这样选择是人比其他生物远为优越的地位"。

选择，不同于自我设计。无论是叱咤风云、战功赫赫的军事统帅，或者伟大的科学家、学者，肯定没有一个事先能设计自己未来就

是要当军事统帅、伟大科学家、伟大学者，但他们有人生方向。在人生之路的岔口上，如何选择对人生往往具有决定性意义。古人所谓"临歧而哭"，就是在人生岔道上最容易迷途。伟大人物和他们的成就不是自我设计出来的，但他们在人生之路上做了正确的选择。

社会主义市场经济的确立，给每个人尤其是青年人提供了广阔的选择空间和自我做主的现实可能性，但也必须看到，它同时增加了自我选择的困难。因为自我选择的实现，往往是通过激烈的竞争实现的。

作为无数"我"的有组织的集合体的社会，即"大我"也在选择

选择中包括个体与社会的关系，而且社会对个人的选择力量，远远超过个人对社会的选择力量。我们常用的"历史的选择""人民的选择"，表明有比作为个人的"我"更大力量在选择"我"。人类历史上，大浪淘沙，多少曾经得意一时的人物终被历史抛弃，而有的人虽几经磨难多次失败最终获得成功，被历史认可，成为伟大人物。因为他们的选择与历史发展相向而行，自己个人的选择同时成为历史对个人的选择。

在我们社会中，你选择，是你在行使你的选择权；社会不接受你的选择，是行使作为无数的"我"被组织起来的社会选择权。没有他者即接受者，自我选择就是一句空话。

计划经济条件下学生就业只有分配，没有选择；市场经济只有双向选择，没有分配。分配，是非竞争的；选择，是竞争性的。人人如愿的选择，就不能叫选择。我们排除一切非市场力量，例如权力、

关系等各种非市场因素的不合理介入，在市场经济条件下的被选择，有一种极其复杂的社会合力在起作用。这就是市场的力量。

市场经济像是大海。大海中游泳很自由，但没有人牵着你的手，你自己要学会在大海中游泳。我亲耳听到有些找不到工作的毕业生表示很羡慕老一辈的无可选择的被分配。他们现在有自由，又想逃避自由；有选择，又想逃避选择。过去那种在计划经济时代一个萝卜一个坑的状况，永远结束了。这是时代的进步，但这种进步不是没有代价的。这个代价，就是选择中的不被选择。

"我的事情我做主"表现年轻一代的思想解放、自我奋斗精神，这很好，但决不能绝对化。绝对化，必然碰壁，必然陷于失望和苦恼。一定要习惯而且接受市场经济给个人选择带来的新变化。这种变化的积极方面，就是可选择的多样性与个人主体性发挥的宽阔空间。竞争性选择或者说选择性的竞争，往往会激发个人的潜能。当然竞争的强化，会带来生活的压力和紧张度。有些青年人往往会因为自己的某一种选择未能实现而陷于苦闷、烦躁、失望，个别人甚至绝望。其实，人生之路是宽阔的，不是只有一种选择才是最好的、唯一的选择。

更重视原则、理想和信仰的人，
才是真正理解选择与价值关系的人

选择中包含着价值。价值，说明在人的自觉的有意识的选择行为中，包含着动机、偏好、追求和目的。在人的有意识的自觉活动中，选择重要，但比选择更重要的是支配选择的理想、信仰和价值观。只有理想和信仰才能使人的选择超越纯粹个人利益考虑，而把自己的选择放在更大的国家和民族视角范围内来思考。也只有理想和信仰的坚定，才不会动摇既定的正确选择。"既然选择了远方，便只顾风雨兼程。"人们从汪国真这句诗中读出的是选择中的方向性和坚定性。

在社会主义市场经济条件下，职业具有谋生手段的性质。为争取更好的生活条件，为买房、为儿女教育而选择更有就业机会的专业，或更高的工资待遇的职业，这并没有错。中国共产党就是把让全体人民过上幸福生活作为自己的奋斗目标。但我们又不能把职业仅仅视为谋生手段，应该抱有比作为谋生手段更高的理想境界。雨果说："人有了物质才能生存，人有了理想才谈得上生活。你要了解生存与生活的不同吗？动物是生存，而人是生活。"单纯以谋生手段作为选择职业的目的，爱因斯坦嘲笑地称之为"猪栏理想"。生存需要，是人与动物所共同的；生活目标，则是人之为人所独有的。如果只讲生存需要，而不讲生活目标和精神境界，则人回归动物世界。

职业选择，既是具体职业问题，又有方向性问题。社会主义理想和信仰并不是高悬于云端不食人间烟火的教条，它并不是要求青年人都变为禁欲主义者、苦行僧。社会主义理想和信仰就存在于人的实际生活和工作的价值导向中。在任何选择中都包括为什么这样选择的问题。没有一种选择是为了选择而选择的，都包含选择的目的。社会主义核心价值观是社会主义理想和信仰的凝结，它以一种无形的力量贯穿于我们的实际生活和工作之中。我们以敬业、诚信、友善态度对待我们的工作和周边的人，在任何岗位上全心全意地搞好我们的工作，发挥创造性，心中有社会、有国家，碰到个人利益与国家利益矛盾时首先考虑国家利益，在实际生活中，遵纪守法，有道德自律，就是以实际行动为建设富强、民主、文明、和谐、美丽的国家，建设自由、平等、公正、法治的社会做贡献。实践社会主义核心价值观的岗位在哪里？社会主义理想和信仰的立足点在哪里？就在我们的实际生活中，就在我们的工作岗位上，就在我们从事的职业中。

选择是自己的权利，责任则是选择必须承担的义务。马克思说过："没有无义务的权利。也没有无权利的义务。"选择与责任相联系。任何选择必须承担选择的责任。人应该为自己的选择负责。你选择当教师，就应该承担教师教书育人的责任；你选择医学，就应该承担救死扶伤治病救人的责任；你选择法学，就应该承担以法的方式维护社会公平和正义的责任。

动物没有责任，动物是本能活动。动物没有选择，而是被自然选择。马克思说过："能这样选择是人比其他生物远为优越的地方，但是同时也可能毁灭人的一生、破坏他的一切计划并使他陷于不幸的行为。"事实确实是这样的。如果一个人选择一条与社会逆向而行的道路，必然承担这种选择的后果。

我们看到不少时代的先进人物，他们是时代的先锋、民族的骄傲，但每个时代都会有落伍者、沉沦者。汪精卫曾经是热血青年，曾因刺杀过清摄政王载沣被处死刑，狱中诗"引刀成一快，不负少年头"脍炙人口，广为流传，是何等英雄气概，可是数十年后终沦为千夫所指的头号汉奸、卖国贼；周佛海是中国共产党"一大"代表，是早期共产党人，后来也沦为汉奸，走上自我毁灭之路。重大时刻重大问题的选择，往往成为人生的分界线。

你具有什么样的价值观，就会做出什么样的选择；反过来说你怎样选择，表明你具有什么样的价值观。年轻人若把职业单纯作为谋生手段，只讲钱，什么都无所谓，就会陷入"有奶便是娘"的实用主义误区，有风浪乍起就会晕头转向。只有那些重视选择中的个人利益、个人生活改善，更重视原则、理想和信仰的人，才是真正理解选择与价值关系的人。价值观存在于如何选择之中，选择应该有正确的价值导向。有舵有帆之船，即使在风急浪高的大海中航行，也不会倾覆。

超越个人生命的局限

　　人作为生命个体，时间是有限的。人活七八十年或百年，总归是有限的定数。人生命的界限，把人的个人的生命体悟和经验局限在个体自身，可人又是时间的超越者，即能够超越自己生命的界限。我这里不是说人是有意识的动物，具有想象和思维的能力，即使处于斗室之中，也可以上下五千年任凭思想飞翔。这只是一种想象中的超越。我讲的超越是实际的超越，即人凭借历史的经验，可以进入任何一个时代的个人都不可能再度进入的已经逝去的时间。人生短促，亲见亲闻是有限的，而对历史的理解和把握使人置身于时间的长河之中，置身于已经逝去的世界之中。历史能打破个人的有限的时间和地区的界限，使他获得一个宽阔的眼界，这就是历史的眼界，这种历史眼界是任何人单凭个人的经历无法达到的。

　　历史的确是一部内容丰富的百科全书，它包括人类的全部活动和经验，人们可以从不同角度不同方面来解读并从中得到教益。汤因比说过，历史知识乃是一张告诉我们哪里有暗礁的海图，如果我们有胆量使用它，历史知识就可以变为力量和救星。当德里达说哲学只是历史的"夹注"和"眉批"时，也的确说出了一个真理，因为哲学就其存在方式而言是个体的，是某个人的哲学，可就其经验而言是群体的，它是人类的实践经验的概括和升华，因而哲学智慧就本质而言是一种历史的智慧，是人类历史智慧的结晶，它涵盖的历史过程的经验越长，哲学中所蕴含的智慧越多，越是超越个人生命的局限。

人是不可能摆脱历史的，都生活在历史的影响之中，即生活在传统的影响之中。摆脱历史意味着没有传统，没有传统意味着没有"根"，没有生命经验的积累。美国学者罗洛·梅在批评美国当代社会价值危机时说，我们今天的痼疾之一是在相当程度上失去了与过去智慧的创造性联系，他由此得出结论：历史乃是我们社会的躯体，我们生活、运动、存在于其间，切断自我与历史的联系或认为它无关紧要，就像说"我的身体已逃之天天"一样不合理。离开了历史，个人就断绝了与过去、与未来、与人类的联系，被封闭在个人有限的生命之中，这种生命的有限才是真正的有限，因为他无法越出有限生命的界限，正如停电时被紧闭在电梯里一样，除了有限的四壁，对外界一无所知。

马克思主义关于社会发展的观点，仅凭马克思和恩格斯个人的经历是不可能概括出的，它是对历史的总结，而且不是一小段时间的历史，往往是一种社会形态的历史甚至更长时间的历史总结。历史规律是大尺度的历史阶段的规律。唯物史观所揭示的规律，都是支配历史过程的长时期起作用的规律，是对相当长的历史事实的概括。例如，对社会进步的看法没有历史的考察是不行的，个人局限于自身的短暂的存在，往往体会不到这一点。基于个人经历的信念是可以变化的，信仰是会动摇或放弃的。有位学者说，人在童年时期是现实主义，青年时期是理想主义，中年时期是怀疑主义，老年时期是神秘主义。这种说法不一定科学，但从一个侧面反映了个人经历的局限性。

历史的整体则不同，它超越个人生命的局限。历史不是悲观主义的，不是神秘主义的，历史以它坚实沉重的脚步向进步的方向迈进。历史的进步，就存在于历史的纵向发展之中。尽管历史充满了盛衰浮沉曲折倒退，但却存在着一种总的进步的趋势。已经逝去了的个人看不到未来，可以对未来抱悲观主义态度；但每一代人都可以看到过去，刚刚逝去的过去，对早先逝去的个人则是他们的未来。人们都能由此体会到，历史并不会因为某个人的悲观而止步，每代人都可以从历史跳动的脉搏中听到历史前进的步伐声。科学技术的发展，人们驾驭和调节自然力量的增强，社会文化的进步，人的地位的逐步改善，表明历史是由专制向民主、野蛮向文明前进的。历史进步的信念来自历史自身，局限于个人的有限的生命历程，可以是历史悲观主义者，可是着眼于历史过程自身就会是个历史乐观主义者。"历史是曲折的，前途是光明的。"这既是历史观，又是历史自身的真实。

人应该从历史中吸取智慧。历史的提示，历史的经验，可以化为人类认识的智慧。据传说，唐朝郭子仪盖汾阳王府时，每天到工地转转，再三吩咐工人要保证质量不要马虎，木工回答说，王爷请放心，我们祖孙三代造王府，只见府第换主人，还没见过府第倒塌的。郭子仪听了，默不作声地走开了，从此再不到工地去了。他大概是把历史的经验变为自己的人生体悟，懂得金玉满堂、莫之能守的普遍世态。《触龙说赵太后》中记载的左师触龙，劝说赵太后以长安君为质以换取齐国出兵的理由，就是以"今三世以前，至赵之为赵"的经验证明，"位尊而无功，奉厚而无劳，而挟重器"是不能长久立足的。只有这个历史的经验才说服了"明谓左右'有复言长安君为质者，老妇必唾其面'"的太后。

历史是进步的，历史同样表明历史进步是没有终结的。在历史中没有到达顶点的社会，没有尽善尽美的人，没有一成不变的思想体系。某个时代的某个人可能会把自己所处时代的事物或观念凝固化，可在历史长河中一切都是流动的可变的。变化的观念是历史的观念。历史自身就包含变化，没有变化就没有历史。罗素说，历史使人们认识到：在人类的事务中，是没有终点的，不存在可以达到的静态的尽善尽美和不能再高的智慧。还说，历史学所能够做和应该做的，不仅是要为历史学家而且要为所有那些受过教育而且有开阔眼界的人，表现某种精神气质，即关于当代事件及其过去和未来的关系的某种思想方法和感觉方式。从历史中吸取的方法和智慧，远非个人的生命体悟所能比拟。以史为镜，才能突破个人人生周期短暂的局限。

历史的进步往往表现为长江后浪推前浪，表现为王朝盛衰兴亡，表现为豪门大族的衰落与更替。"旧时王谢堂前燕，飞入寻常百姓家。"虽然"乌衣巷口"的夕阳带着几分诗人的惋惜或无奈，但从历史自身看，应该把这看成历史的必然，是社会进步的外在表现。对于个人、对于家族，这种变化也许重要，可对于历史是并不重要的。历史并不会为某一人、某一家而哭泣，历史最重要的是迈着雄壮的步伐踏着落伍者的尸体前进。凡是历史上存在过的都必然逝去，凡是逝去的都变为历史。如果执着于个人的生命体悟，往往把个人的消逝和王朝的更迭放在首位，产生"青山依旧在，几度夕阳红""西风残照，汉家陵阙"的历史凄凉感，忘记了历史人物和王朝的兴衰在历史进步中曾经起过的重要作用。从个人有限的生命观照历史，往往容易把历史的是非功过、伟大渺小，一概看成被大浪淘尽的泡沫，随着个人生命的结束而终结。所谓古今多少事，都在笑谈中，是是非非一笑了之。这不是从历史的进步和发展观察历史，而是从个体生命的存在与消失来考察历史。用有限的生命小尺子度量历史，必然如此。

人的生命是短暂的。它不仅要借助历史回溯以往，也要借助历史展望未来。未来，对于现在而言是未存在的，正如过去对于现在已经成为非存在一样，人们每时都处于现在之中。人类如果没有历史和历史感，正如个人没有记忆一样。忘记了过去，不理解现在，更不知道未来，可对人类而言，历史学不仅是关于过去，而且包含理解现在从而合理推测未来。例如，对新中国成立前近百年历史的研究，可以理解中国何以没有可能成为一个资本主义的中国而是成为一个社会主义的中国，何以要经历很长的社会主义初级阶段，并且能理解何以在中国不可能走西方的道路，只有社会主义才能救中国。不懂中国历史，就不懂中国的现在和未来。我们的智慧不够，应该求助于历史；我们关于中国问题解决的智慧不够的话，应该多研究中国自鸦片战争以来中国的历史。一百多年来中国人民的奋斗历史蕴含着中国前途和命运问题的解答。

超越个人生命的局限，绝不是超越个人生命的实践，个人的生命实践是不可超越的。历史就是全体的生命之流，是由每一个生命活动构成的。我们倡言，超越个人生命的局限，正是把整个人类实践作为个人智慧的取之不尽的宝库。越是突破个人生命的局限，越能体会历史的整体智慧；越是把握历史的整体，越能突破个人生命的局限。个人的生命周期是有限的，但包容每个个人的历史整体是无限的。"吾生也有涯，而知也无涯"的矛盾，个人的智慧的短缺，可以由人类不断的连续过程的积累来解决。

人生境界的高低决定于
对宇宙和历史的理解

在宇宙万物之中，人最关心的是人类自己，可要真正关心自己又不能仅仅囿于人自身。不关心自然，不懂得人与自然的关系，不懂得人在自然界中的地位，就不能理解人的生命的伟大，而且也不能为自己创造一个适合于人类生存的生态环境；不关心社会，就不可能为自己创造一个适合人自身全面发展的社会环境，而且不从个人与社会的关系着眼也不理解人的生存的价值、意义和目的；不关心他人，人就不可能有一个良好的人际关系，处处、时时使自己处于人际矛盾和苦恼之中。机关算尽太聪明，反误了卿卿性命，指的就是这种人。人要真正懂得人的意义和价值，树立正确的人生观，就必须进入哲学领域。只有哲学才能找到人在宇宙和社会中的恰当位置，从宽广的视野、从最深最高的层次来理解和把握人生。

人生问题是个哲学问题，而不是具体的科学问题。任何一门具体科学，无论是物理学、化学、数学、生物学、地质学等，都不能回答人生问题，不能解决人生的意义和价值问题。倍数再高的显微镜也看不透这个问题，最大的望远镜也看不到这个问题，每秒钟亿万次的计算机也算不出这个问题。一句话，人生问题是任何实证科学无法解决的问题。有人说望着夏夜闪烁的星星可以领悟到人生的真谛。

这只是您个人的体悟，人生问题的答案并没有写在天空上，正如林黛玉从花开花落中联系到人生无常、生生死死一样，这只是睹物伤情、情移就物，人生的答案并没有写在花上。人们常说人生是个谜，是个猜不透的谜。其实对具体科学来说是个谜，可对哲学来说它不是谜，而是着力研究的对象，是千百年来无数哲学家力求解开的人生方程式。不少哲学家和思想家从各个不同的角度提供过不少有启发的思想。

人生观和世界观不可分。在世界观之外，不与任何世界观相联系的绝对独立的人生观是不存在的。世界观也叫宇宙观，是对作为整体的世界的总的看法，而人生观则是对于人生问题，对人生的意义、价值、目的以及人生态度的看法。它们各有特点但又不可分离。因为自从有了人与人类社会以后，单一的物质世界变为包括人和社会在内的世界。宇宙、社会、人处于一种辩证的联系之中。人不能离开社会，而社会又不能离开自然。这样，人类的社会实践活动处于三种关系之中，一种是人与自然的关系，一种是人与社会的关系，一种是人与自我的关系。这三种关系在客观上是相互渗透的。在人与自然的关系中，不可能离开人与社会的关系。

人是以社会为中介而不是作为孤立的个人与自然发生关系的。在人与社会的关系中，也离不开人与自然的关系。没有人与自然的关系，就不可能存在人与社会的关系。同样，人与自我的关系，也离不开人与自然、人与社会的关系。人生观中具有决定意义的是对人的本质、人与自然关系的正确理解。不理解什么是人，当然不理解人生的意义和价值。正是在这个基本点上，辩证唯物主义和历史唯物主义为共产主义人生观奠定了牢固的理论基石。马克思主义哲学关于世界的本质和人在自然界中的地位的观点，使得马克思主义在思考人的生命的意义时突破了历来着眼于人的生物性和人寿长短的局限。人与自然的关系不同于其他动物与自然的关系。人在自然界中处于一种特殊地位，尽管人与宇宙相比从形体看显得很微小但并不渺小，原因在于人是能进行自觉劳动的创造性动物。人的创造能力使得人超越其他动物之上，具有自然界任何东西不具有的自觉创造能力。在人之外唯一具有创造能力的是上帝，而上帝的创造能力正是从人这里抢走的，是人的创造力的升华和异化。世界上只有人为自己创造了一个人化的世界，创造了自然界本来不存在的东西。

　　人作为自然存在物正如其他生命一样不是永恒的，但人的生命的意义在于它的创造性，而不是以寿命的长短来衡量的。人的一生很短，如果尽干坏事它又显得太长。正如一位哲学家说的，尽管生命没有两次，可不少人连一次也没有很好利用。如果在有限的生命中充分发挥它的创造作用为社会做出贡献，这种生命光辉而充实，而且人的生命的意义并不能仅限于生时。不少人，生时寂寞穷困潦倒，甚至为人误解，频遭摧残，可死后被重新发现再现辉煌。许多学术著作亦复如此，生时无法出版，死后成为不朽之作。因此人的生命意义并不能完全以死为界限，不能仅仅以生命的长短为尺度来衡量。有的人活着已经死了，有的人死了永远活着。这说明生命的长短并不是人的生命意义的关键所在。

　　人不仅是创造性的动物，而且是社会性的动物。这两者是不可分离的。马克思说过，人的本质并不是单个人所固有的抽象物，在其现实性上，它是一切社会关系的总和。这就是说，离开了社会、离开了人与人的相互关系，是无法说清人生的意义和价值的。如果仅仅把人看成孤立的个体，必然把人的生命看成一支短短的暂时点燃的蜡烛，很快化为灰烬。人生一世，草木一秋，如此而已，有什么意义和价值。可从人的社会本性出发，把人作为社会成员来考察，就会看到，人的一生虽然短暂，但由个人组成的社会却是久远的。人不是一支短短的蜡烛，而是由人类组成的火炬，每一代人都应该把它烧得更旺。这同时也就是把生命由暂时变为永恒、由有限变为无限。这种积极的人生态度，若是没有对人在世界中的地位和人的社会本质的正确理解是不可能的。

　　生与死的问题，是人生观中最重要、最难解决的问题。这个生死大限，正是各种人生观着力解决的生死之谜。辩证唯物主义哲学从自然规律和社会规律两方面对生与死的问题做了回答。人作为一个有生命的个体是自然存在物，它与宇宙中的一切生命现象一样，必然是有生有死、有始有终的。人的自然寿命有限，而且只有一次，从自然规律看是很容易理解的。追求长生久视、成仙成佛，都是宗教唯心主义的幻想。恩格斯在《自然辩证法》中对生与死的问题有一段非常精彩的论述。他说，生命总是和它的必然结局，即以萌芽状态存在于生命之中的死亡联系起来考虑的。辩证法的生命观无非就是如此，但是无论什么人一旦懂得这一点，在他面前一切关于灵魂不死的说法便破除了。只要借助于辩证法简单地说明生和死的本性，就足以破除自古以来的迷信。生就意味着死。辩证法的规律是理解生与死的钥匙。无怪乎，毛泽东把死称为辩证法的胜利。

　　可对生与死的理解不能仅仅以自然规律为依据。人有生有死，这是自然规律，可生的意义、死的意义，又不能求之于自然规律，而必须求之于社会规律。同样是生，有的生得伟大，有的苟且偷生；同样是死，有的死得伟大，有的死得窝囊。所谓重于泰山、轻于鸿毛讲的就是死的意义问题。这个死的意义是人生观的重要内容。可以说，英雄与懦夫、流芳百世与遗臭万年的分界线往往决定于对死亡的态度。中国古训临难毋苟免，讲的就是气节，也是对待死亡的态度。死亡中最壮烈最感人的是为事业为正义而献身，死在刑场和战场上。

在中外古今关于人生问题的哲学著作中，讨论死亡的不少，但多指人的自然死亡，即生死大限，《庄子》就有不少篇章讲到对待死的态度。外国哲学也有不少著作讲到死。西塞罗说，一个哲学家的全部生活乃是冥思他的死亡。蒙田说，死亡是我们存在的一部分，其必要性不亚于生活。他还认为猝死是最幸福的，因为人没有死亡的恐惧，最少经预想的死亡是最安逸最幸福的死亡。

我们不仅要以哲学家的通达服从自然规律来对待自然的死亡，而且要以革命家的气概以视死如归的勇气对待为正义和真理而献身的死亡。前者是智者，后者是勇者。文天祥的名句"人生自古谁无死，留取丹心照汗青"，是对死的认识的最高境界，是对死的意义理解的通达至极，是勇者与智者的结合。文天祥不仅以宁死不屈来昭示后世，而且以对死的价值的体认来激励后世。这两句诗的蕴涵不是纯道德说教，而是以对自然规律与历史价值的认识为依据的人生态度。

人生随想

哲学与人生观

人生问题历来是哲学关注的重要问题，中国哲学更是如此。道家要人成为真人，儒家要人成为圣人。儒家经典千言万语归总是一句话，为人指出一条通过道德修养达到圣人的路。人人皆可为尧舜，这就是儒家的信条。冯友兰先生在《中国哲学简史》中说哲学的功能"不是增加实际的知识，而是提高精神的境界"，还说"成为圣人就是达到人作为人的最高成就。这是哲学的崇高任务"。强调哲学的人生观职能是对的，很长时间我们忽视了这个问题的重要性。当然人生观只是哲学的重要方面，而不是唯一内容，实际上没有脱离世界观、历史观的人生观。

人生观其实也可说是人死观。讲到人如何生、生的意义，当然离不开死、死的意义。所谓有的死重于泰山，有的死轻于鸿毛，讲的就是死的意义。

死有两种，自然死亡与非自然死亡。而非自然死亡中最壮烈、最感人的是为事业而献身，如死在敌人的刑场或战场。能正确对待自然死亡的，是哲学家；能正确对待以身就死的，是革命家。我们不仅要以哲学家的通达顺从对待第一种死亡，还应该以革命家的气概顺从民心对待第二种死亡。持前一种态度是智者，持后一种态度是勇者。

人生观问题，对待死亡的态度问题，离不开正确的世界观、历史观。把人看成一个个独立的个体，人生如梦，过眼烟云，随生随死，那有什么意思呢？只能或遁入空门，或及时行乐。按照唯物史观的观点，个人的生命是有限的，由个人组成的社会的发展是无限的，世界并不会随着个人的死亡而消失。个体的生命价值在于他能以短促的生命，为人类为后代留下一个美好的世界。这就是个人对人类的贡献。恩格斯说："人是唯一能够由于劳动而摆脱纯粹的动物状态的动物 —— 他的正常状态是和他的意识相适应的而且是要由他自己创造出来的。"人生的意义存在于人作为社会存在物之中。人只有正确理解世界理解社会，理解个人与社会的关系，才能对究竟应如何度过有限的一生做出积极的结论。

人生的意义在过程

人生的意义是什么，这是很难说清楚的问题。人的出生是不由自主的，没有一个人是自愿出生的。而父母生出自己的子女时从来没有把人生的目的给予自己的子女，而是一种生物学规律在起作用。这与人制作器具是不一样的。

人创造任何器具都是有目的的，器具的用途是事先确定的，唯独人制造人本身是无目的的。卢梭曾经讲过自己的苦恼，他说，"我经常长时间地探索我生命真正的目的究竟是什么，以便指导我一生的工作，而我很快就不再为自己处世的无能而痛苦，因为我感到根本就不该在世间追求这个目的"。

人的目的不是出生时给予的。人生的意义在于生命的过程，而不在于出生。出生时并没有目的，人生的目的在于自己生命过程的创造。它不是给定的，因而不同的人会给予生命以不同的目的。

人的一生，来也哭（自己哭），去也哭（别人哭），始哭终哭。这正是一切宗教特别是佛教借以立论的一个根据。一些悲观主义哲学家包括叔本华在内也是以此为根据的。人的一生如果只抓住一头一尾即生与死，而忽视整个过程，那确实是活得没劲，以哭开始，以哭告终。可是我以为生命的意义在于生命的整体即在从生到死的这个过程中。人生的意义就在于生命的意义，即一个人在生命消耗的过程中所发的热和光多大，究竟对整个人类有何贡献。人生的意义离开了生命的作用是说不清楚的。生命不是静态的而是动态的，是不断地发挥作用的过程。

人总是要死的，上帝绝不会忘记任何一个人。从这点说，任何人一律平等。但不能因此说，人的生命的价值即任何人的生命意义是相同的。一个罪大恶极的人的一生，与一个为人民鞠躬尽瘁死而后已的人的一生，显然是不同的。这个不同并不会因人都有生有死而泯灭。虽然最后都是一抔黄土，但生的意义和死的意义完全不同。这个意义就是生命过程，是人的一生中生命所发挥的作用，而不同的意义正在于生命的过程之中。过程哲学，对人生观而言，同样是有启发的。否则，只知人有生有死，只知人活百年终有一死，在死面前，一切归零。这就永远无法摆脱虚无主义和悲观主义人生观的阴影。

梦想与境界

人生梦想就是人的境界，境界的高低优劣以梦想的性质为转移。梦想是人生哲学中最重要的内容，它是人关于自身的价值、意义和目的的集中体现，因为人是在确立和实现自己梦想的过程中呈现自身的价值和意义的。梦想的状况和性质对于人成长是极端重要的。的确，喷泉的高度超不出它的水源，人的成就超不出他的信念。一个崇高的梦想就是人生的航标和灯塔，它在人的一生中始终照耀着人前进的道路。即使风云变幻、命途多舛，仍然有方向；梦想又是加油站，它在人们遭到失败时起到鼓劲作用，能使人拼命挖掘潜能奋勇前进。

在人的各种梦想中，最重要的是社会理想。道家的梦想是成为真人、至人，儒家是追求成为仁人、圣人，都是着重个人的修养。我们是要树立社会主义和共产主义的共同理想。邓小平就非常重视社会理想的教育。他说，过去我们党无论怎样弱小，无论遇到什么困难，一直有强大战斗力，因为我们有马克思主义和共产主义的信念。有了共同理想，也就有了铁的纪律。无论过去、现在和将来，这都是我们的真正优势。为什么我们过去能在非常困难的情况下奋斗出来，战胜千难万险使革命胜利呢？就是因为我们有理想，有马克思主义信念，有共产主义信念。我们干的是社会主义事业，最终目的是实现共产主义。

除了社会理想外，我们同样重视个人梦想。在社会生活中，我们不同的人会有不同的兴趣、爱好和素质，可以尽量发现和培养自己的特长，充分实现自己的个人梦想。但是马克思主义哲学教导我们，任何个人的梦想都不能与社会规律相违背。社会是决定个人梦想能否实现的大环境。旧中国，许多知识分子抱有科学救国、教育救国的梦想但不可能实现，只有社会主义才为他们实现梦想提供了可能。任何个人只能在推动社会发展中求得个人的发展。每一次大的社会变革总要使一大批名不见经传的小人物变为大人物，例如法国大革命时期不少被贵族视为下贱人的演员、小贩、理发师成为将军元帅。在中国革命中有许多放牛娃、矿工、普通农民变为政治家、军事家，变为各级领导。可是，如果站在历史规律的反面，就会断送个人的前途。在中国近代史上，不少青年时胸怀大志、抱有救国救民梦想的人后来沦为政客，与人民为敌，终于成了历史的小丑。要沿着历史发展的进步方向前进而不能逆向而行，这是我们确定梦想的根本原则。

我们还要充分注意到人的一生不可能是一帆风顺的。李白诗云"人生若波澜，世路有屈曲"，人生既可能有顺境，也可能有逆境。无论顺境逆境，我们始终要在梦想的照耀之下稳步前进、勇往直前。

他人不是地狱

个人主义的鼓吹者们总是说，集体主义的主张者们没有人性，因为他们用集体来扼杀个人。在他们看来只有个人主义才符合人性，他们信奉的是"他人是地狱"的格言。

其实人是社会存在物，是天生的社会动物，是离开社会就无法生存的动物。人玩有玩伴，学有学伴，人是在交往中生存的。个人主义者是以个人主义观点来对待人作为社会存在物这一事实。任何人不能离开他人，可他又要使他人从属于自己，把自己置于集体之上。个人主义是一种人生观，而不是一种社会事实。因为任何人都不可能是不和别人交往的绝对独立的存在。生活在社会中，又力图否定人的社会性，鼓吹人的个体性并把这种个体性当成唯一的最高的原则，请问：这算不算违反人性即违反人作为社会存在物的本性？如果硬要说违反人性的话，我看个人主义才真正违反人性，因为他把人的社会性变为绝对的个体性。

每个人不都要生存繁殖吗？不个人主义行吗？这是把个人利益和个人主义混为一谈。个人有自己的利益，可这个利益的保障应该依靠什么，是单纯依靠个人还是依靠集体才能有效保证？依靠个人主义来维护个人利益，其结果是损害别人的利益，从而使每个人的利益都得不到保证；而只有依靠集体，依靠一个能切实代表大家利益的集体才能使个人利益得到保证。他人是地狱，是私有制条件下对人作为社会存在物的扭曲。争取一个合理的而不是虚幻的集体，就是最终消灭私有制、消灭剥削，走共同富裕的道路。

人在对象化中自我确证

一个人的本质、特点、品格，往往是在对象化中自我确证的。一个木工的水平、风格、审美情趣，都表现在他制作的家具之中。一个没有作品的作家，没有教过一天书的教员，没有打过一件家具的木匠，都是徒有其名的非真正的作家、教员、木匠。一个人究竟是什么人，他的特点体现在他的实践活动和被凝结为对象的作品之中。

人们往往有个颠倒的看法，似乎因为他是木工才会打家具，因为他是教员才会教书，因为他是作家才会写小说。实际正好相反。因为他打家具才是木匠，因为他教书才是教员，因为他从事写作才是作家。人的生命活动方式决定人与动物的本质区别，而个体的活动方式决定彼此的区别。脱离了个人的活动及其在活动中的成果，是无法认识一个人的。我们说个人的历史是自己书写的，人用以书写自己历史的笔就是自己的行为。

自我能实现什么

自我是对人作为主体特性的肯定。人作为主体具有自我的特性，它不同于人之外的非我。人是自我，它是能动的主体，而非我则是自我的行为对象。所谓自我实现用来表示凡人所做的一切都要由人来实现是可以的，如果认为凡人所做的一切都源于自我则是错误的。

人的一切都是由人来实现的。人具有创造性和能动性，他能把客观提供的可能性转化为需求和目的，然后通过行动去实现。这就叫自我实现。

可人仅凭自我是什么也实现不了的。中国有句俗话叫巧妇难为无米之炊。人要实现什么，首先要获得它。例如人创作了一幅画，不是他实现了自己的艺术才能，而是他把自己在实践和学习中获得的绘画才能实现出来。人的智慧、才能、技艺、本领是不同的，但这些并不是人的固有潜能的实现，而主要是后天获得的才能的发挥。正如自由一样，人不是实现自由，而是在克服困难中取得自由。说一个人不需要实践、不需要学就可以把自己固有的东西实现出来，这是唯心主义的天才论。如果我说，猩猩成不了画家，只有人才有可能，因而人成为画家是人的自我实现。这等于什么也没说。因为凡人所做的一切都是由人实现的，这显然不是自我实现论的本意。

马斯洛的自我实现论具有人本主义色彩。在他看来，人具有自我实现的需要，它是植根于人的生物本性中的一种需要，人具有自我发挥和完成的欲望，也就是有一种使他的潜能得以实现的倾向，而且人的自我实现就是人的潜能的实现。正像一颗橡树籽可以说迫切要求成为一棵橡树，一只老虎崽可以说是正向老虎的样子推进一样，一个科学家、艺术家无非是他内在的科学才能和艺术才能的实现。特别是他把个人与社会的关系颠倒过来，不是以个人对社会的贡献来衡量个人，而是以社会是否能促进个人的自我实现来判断社会。这样，自我实现论就是一种极端个人主义的人生理论。

只有人才能把人变成人

德国哲学家赫尔德说过一段很有意思的话："假如我把人身上的一切都归结为个人，并否认人们之间的相互联系和整体的相互联系的链条的话，那么人的本性和人的历史对我们来说始终是难以理解的了，因为我们中任何一个人光靠自身都不能成为人。"人生活在关系之中，是在人的相互交往和结成一定的生产关系中才成其为人。

一双鞋，在工厂是产品，在商店是商品，在家里是日用品或叫消费品，在展览馆是展览品，如果做工精美绝伦又可视为艺术品。同一件东西之所以具有不同的属性，不是源于它的自然本性，而是源于物与人的不同关系。

如果说对物的考察不能离开关系的话，对人的考察更是如此。一个人是父亲说明他有儿女，是丈夫说明他有妻子，是领导说明有被领导者，是下级说明有上级，如此等等，把一个人从他依存的关系中抽象出来就无法说明他是什么。单纯的个人只是生物学的个体而不是真正意义上的人，人只有生活在社会集体之中才是人，才具有人的社会特性。

人比其他动物优越正在于此。人作为独立的生物个体是所有动物中最缺乏适应自然能力的。一个幼小的动物离开母体很快即能独立生存，而人需要相当长的时间才能独立，而且人只凭自己的生理器官无法生存，任何一个人也无法单独生存。就此而言，人是所有动物中最无能的。可人又是全能的。人能把不适合的环境变为适合的环境，能抵抗自然的侵害。人所依靠的不是自己的生理优势，而是自己的存在方式。人依靠社会组织、依靠生产工具来超越一切动物。人是个体的无能和集体的万能。人只有在风雪交加、独自一人处于茫茫旷野之中时，才可能会体会到个人的无能，才能体会到哪怕两个人也比一个人强。处于社会之中已经享受到集体力量庇护的人往往片面夸大个人的力量。对这种人唯一的教育是把他放逐到社会之外，当他一个人面对大自然时才能体会到社会的力量。

一窝蜂只是一只蜂

马克思说："一窝蜜蜂实质上只是一只蜜蜂，它们都生产同一种东西。"这个论断，把人和人类社会与其他动物以及动物的所谓"社会"区分开来。蜜蜂的同一性是类的同一性，它们之间的差异是个体的差异。人不一样，人的本质不能归结为类的同一性，而是他们所依存的各种社会关系的总和。

人们凭借直观往往容易把人性看成共性，看成每个个体具有的特性的抽象。这种理解符合人们对共性的经验理解，但不符合人性的实际。因为把人性看成个体所具有的共性的概括，必须以每个个体先天具有这种特性为前提。这是把人变为蜜蜂，把社会的人变为一个生物的人。

人们视为共性的人性，并不是单个个人先天具有的，而是在社会中形成的。例如爱，似乎是人人具有的永恒本性，其实离开社会交往而在狼群中长大的狼孩就不具有爱的特性。爱是在交往和关系中所凝结的感情。不是夫妻就无夫妻之爱，不做父母就无亲子之爱，不是兄弟就无兄弟之爱。人性的共性不是个体固有特性的抽象，而是人作为社会存在物的共同性。举凡人们列举的所谓共同人性，都是人在社会中形成的，是人作为社会的人的特性。人生活在社会中，因而具有人作为社会存在物的共同性，一旦离开社会之网，作为独立的个体并不具备这种所谓的人性。如果说一窝蜂只是一只蜂的话，我们不能说所有的人只是一个人。因为人性不是类特性，在其现实性上是社会关系的总和。

个体生命的有限与认识的无限

人的生命是有限的，即使寿高八百的彭祖，终不免一死，可认识是无限的。生命的有限性和认识的无限性的矛盾，使庄子认为："吾生也有涯，而知也无涯。以有涯随无涯，殆矣！"所谓"殆矣"，即以有限的生命追求无限的知识是危险的。因为追求知识，必然睡时不安枕（"其寐也魂交"），醒时不高兴（"其觉也形开"），不断向外用力（"与接为构"），用尽心机（"日以心斗"），这些都不利于全生、尽天年，因此庄子主张绝圣弃智。

仅仅从个体生命出发来谈认识，必然得出这个结论。因为生命的确是有限的，牛顿认为，在科学史上，自己的成就像是大海边拾到的小小贝壳，微不足道。但是，人的存在方式虽然是现实的个人，但人的个体存在只是人作为社会存在的一种方式，而不是唯一的方式。人的社会性存在和历史性存在，才真正表现为人的本质。

人是社会存在物，个人认识的有限性都可以通过作为社会存在物的人类的互补作用，而得到一定程度的弥补。从这个角度说，人的认识不是单枪匹马的堂吉诃德，而是集体拔河，一面是宇宙和人类社会的奥秘，一面是全社会的共同努力。

人还是历史存在物。人的代代延续，同时就是知识的延续和积累。人是凭借世世代代的努力，在探索宇宙和人类社会的奥秘。从这个意义上说，人的认识是接力赛，永不停步，一棒接一棒向前奔跑。

如果把人的认识仅限于个人，当然是有限的。即使是最伟大的个人，认识也是有限的。如果只有牛顿一个人，只有三大定律，人类对物理世界的认识不是太少了吗？爱因斯坦伟大，可只有相对论，不也同样是如此吗？何况仅凭牛顿一人之力，不可能发现力学三定律；仅凭爱因斯坦一个人，不可能创立相对论，这些成就是前人与同时代学者直接与间接的、有形与无形的合力的产物。牛顿坦言，他只是站在了前人的肩膀上。庄子只从个体生命的有限性出发来观察认识，肯定不能得出正确的结论。

认识是社会性的认识。人的个体生命是有限的，但认识是无限的，因为人的个体生命只是人类生命中的一部分。恩格斯说，人的思维不是单个人的思维，它只是作为无数过去、现在和未来的人的个人的思维而存在，因此人的认识是通过人类生命的无限延续才能实现的。不能因为生命有限而怀疑个人认识的必要性、可能性和价值。恩格斯关于思维的至上性与非至上性关系的论述，对我们解决庄子提出的"吾生有涯，而知也无涯"的矛盾，指明了一条正确的道路。

个人的认识是有限的，面对无限的世界任何个人都应该谦虚；人类认识是无限的，任何个人都为无限的人类认识贡献自己的力量，我们应该为此而骄傲。虽然是一滴水，但同样可以纳入大海。

论冷漠

对人的冷漠态度不能归结于习惯。我们并不要求殡仪馆的人，对死者都一洒同情之泪，也不能要求医生都像家属那样心急火燎。殡仪馆的工作人员已经习惯了死亡和亲人的泪水，而医生成天与各种病人打交道，见多了病人的痛苦和亲人的焦虑。殡仪馆人员的沉着，医生的镇静，是种职业习惯或者说是种职业品德。这不是冷漠。当然，过分的习惯中也可能掺和着冷漠。

我说的冷漠，指的是一种对人的非人态度。即使是殡仪馆对待遗体也不能像对待干柴一样，而应该按殡仪馆的有关规则处理。医生对待病人应有同情心。医者仁术，讲的就是对待病人的态度。如果只为钱而不管病人的死活，或者一问三不知，爱理不理，在急救时不负责任，在治病时对病人的主诉不屑一顾，这就是冷漠。因此，冷漠本质上是个人内心世界的情感问题，起码是个职业道德问题。

一个人，可能有男女之情、夫妻之情、亲子之情诸如此类的情感，可对非亲非故的人极端冷漠。这两种情感并存的情况并不少见，一个医生可以对熟人对朋友很热情，大开方便之门，但对其他患者却很冷漠。这种人算不得有道德的人，因为情感对他来说纯属功利，与情感的本性相违背。要是发生利益冲突，这种人同样会置友情甚至亲情于不顾。

一个冷漠的社会，即使大家生活富裕，也不是适合人类生活的社会。庄子说，与其相濡以沫，不如相忘于江湖，这只是道理的一面。我们还是要求既富裕又和谐，彼此既生活于江湖之中，必要时又能相濡以沫的社会。

目的与手段

没有手段，任何目的都无法实现。工欲善其事，必先利其器，这是一个平凡的真理。人并不是单纯依靠目的而是依靠手段来实现目的。黑格尔重视手段，他认为手段是比外在的合目的性的有限目的更高的东西。工具保存下来，而直接的享受却是暂时的，并会被遗忘的。人因自己使用工具而具有支配外部自然界的力量，然而就自己的目的来说，他却是服从自然的。列宁认为这是"黑格尔的历史唯物主义的萌芽"。马克思就非常重视工具和手段。他说："各种经济时代的区别，不在于生产什么，而在于怎样生产，用什么劳动资料生产。劳动资料不仅是人类劳动力发展的测量器，而且是劳动借以进行的社会关系的指示器。"

劳动工具，实际上是人与自然关系的中介系统。人类的实践不是主客二项，而是三项，即主客之间有一个复杂的中介系统。从原始人的打磨石器到青铜器，再到大机器，一直到目前的自动化机器、人工智能，就是这个中介系统的进步。正是它的变化，推动了主体的变化（没有拖拉机就没有拖拉机手，没有飞机就没有驾驶员）、主客体关系的变化（认识对象的变化、距离的变化、观察的深度和远度的变化，等等）。人类社会的变化往往是从中介系统开始的，中介系统使人作为主体而存在，而不致被融化于客体之中。动物无中介，动物自身就是自然界。

需要与利益

需要与利益都离不开主体，都是一定主体的需要与利益。同样也离不开客体，即实际的对象性存在构成需要与利益的内容。

需要及其满足，是任何生物有机体同环境之间的物质交换。没有无需要的有机体。植物需要阳光、水、土壤，动物需要交配、食物、洞穴。人作为自然存在物，当然有与所有动物同样的生存繁殖的需要。可人的需要不同于动物。人的社会本性不仅使人的需要人化，使人的动物本能具有人的本性和满足方式，而且社会日益产生新的需要。"人以其需要的无限性和广泛性区别于其他一切动物"。需要的多样化和发展，表明社会的发展和进步。需要的简单化和满足的缺乏，意味着社会的停滞。

需要的内容和满足，就是利益。为利益而争斗，本质上是为满足需要而争斗。动物的需要是有限的。凡是建立在单纯生理基础上的需要都是有限的。人也是如此。人如果单从生理需要出发，社会就会永远停留在同一水平上，因为生理需要是有限的。中国古话说，日食三餐，夜眠八尺。房屋再多睡觉也只需一床之地。可实际上人的需求是无止境的。因为人的需要是社会性的，是建立在生产发展基础上的，生产越发展，需要就越多样化。生产不仅满足需要也生产需要，所以人的需要是广泛的多样的不断增长的。尽管人都有需要，但不是人人都能满足需要。需要的内容及其满足的方式，取决于个人在生产关系中的地位。恩格斯说过："每一个社会的经济关系首先是作为利益表现出来。"

对利益和需要的追求在意识中表现为行为的动机。人们行为的动机在历史上是一种强大的力量。凡是推动人们起来行动的都是以动机的形式出现的。物质利益问题是人们考察历史时不能忘记的。马克思和恩格斯说过："思想一旦离开利益，就一定会使自己出丑。"还说："利益是如此强大有力，以至胜利地征服了马拉的笔、恐怖主义者的断头台、拿破仑的剑，以及钉在十字架上的耶稣受难像和波旁王朝的纯血统。"当然，这里的利益不是个人的一己之利，而是关系到整个阶级民族国家的利益。利益涉及的人越多，它的动力作用越大。在历史上那些推动整个民族起来行动的力量，就是关系到民族生死存亡的东西。

幸福与满足

吃饱了，任何好的美食也引不起兴趣；肚子饿，有个馒头也非常幸福。终年穿鞋的人从不觉得鞋子可贵，一辈子打光脚的人视鞋子如珍宝。人对幸福的理解和要求是各不相同的，取决于各自的地位和境况，很难相通。但从哲学上看有一点是共同的，这就是幸福不是对满足的再满足，而是对不满足的追求，因此它永远是一种对正在追求中的满足。什么都不需要追求就可以满足的人是不幸的，理解这一点，就能弄懂为什么锦衣玉食、奴仆成群的贾宝玉会削发为僧。他什么都不需要了，因而也失去了生的追求和意义。

苦难与同情

任何一个动物受到棍棒的猛击，都会号叫和逃跑。这说明它感觉到痛，但不感到苦。人不同，人意识到痛苦。痛苦就是一种对物理或心理打击的自觉意识，是对痛的心理感受。人不仅能感受自身的痛，而且能感受到别人的痛，对别人的痛的感受就是同情。也就是说，人能把别人的痛苦当成自己的痛苦，力图制止或减少别人的痛苦，给受难者以物质或精神的援助。

人是有感情、有同情心的。列宁说过："没有'人的感情'，就从来没有也不可能有人对于真理的追求。"这当然不是说人性本善，如孟子讲的见孺子落井就天生有恻隐之心。如果这样，人天生是人道主义者。其实并非如此。人的同情心，是以社会领域中人与人的依存关系为基础的。因此境遇相同的人，容易产生同情。"同是天涯沦落人，相逢何必曾相识。"半是怜人，半是自怜。在特殊情况下，不同阶级的个别成员相互同情的事是有的。对苦难、对疾病、对悲剧性的事，不少人怀有同情。这是基于人的类意识，即意识到我们是一个类即人类。可是这个类意识并非以人的本性为依据，而是以人对自身社会本性的意识为潜在动因的。我们是同一个民族因而有民族感情，我们有同一个国家因而有同胞感情，我们都是人因而有一种社会感情即作为社会存在物的认同感。这是人类在长期社会化进程中形成的，是文化、道德、教育的结果，并非不学而能的良知良能。因此当社会失范、利己主义占上风时，同情心减弱甚至见死不救、集众围观的事情屡见不鲜。这是文化素质问题、道德水平问题，是经济意识过分强化、经济与道德关系失衡的表现，而不是人性问题。从人性出发来改变社会，而不是从社会出发来改变人性，只能是南辕北辙，缘木求鱼。

身残与智残

身残，是身体某一器官由于某种原因而失去正常的形态和功能。可人不仅可能身残，也可能智残。这里的智残，不是智障，不是弱智。智障仍然是生理的，是先天或后天产生的大脑运行障碍，是一种疾病。残奥会和特奥会就是极力彰显身残和智障者的自强、自尊和与命运奋斗的不屈精神。全社会都应该支持、同情和关怀智障者，这是社会发展和文明进步的表现。

哲学意义上所说的智残，不是指上述生理的而是指人的眼界、人的思维囿于某种成见或错误观念而失去辨别力和判断力，不知善恶，是非莫辨。这种思维狭隘、道德缺损的人，可视为智残，不同于智障者的思维智残。

庄子是区分智残与身残的："盲者无以与乎文章之观，聋者无以与乎钟鼓之声，岂唯形骸有聋盲哉？夫智亦有之。"庄子阐发的是重德性而轻外形的观点。《庄子》中的高人、至人都是形不全而德全的人。他们缺胳膊少脚趾，或为罗锅，却能达到"命物之化而守其宗"的境界。也就是说，任凭世界万物变化，都能顺其自然，而始终"执一"，即视万物为一体。这种人外形虽然残，但能官天地、府万物、齐生死。他们的言论在常人看来"不近人情"，实际上是因为常人"智残"，所以只能"惊怖其言"，对他们内在的精神世界不理解。

我们不必完全赞同庄子把至人神化的观点，也不必对他重德轻形带有寓言性的观点过分偏爱，但庄子不重视外在的形象而重视内在的精神的主旨却有可取之处。培根关于身残说过一些令人鼓舞的话。他说："残疾并不是性格的标记，而只是导致某些性格的原因。身体有缺陷者往往有一种怕遭人轻蔑的自卑，但这种自卑也可以是一种奋发向上的激励。"他还说："残疾者需要自我补偿，如果他们的意志坚强，他们就一定能把自己从卑贱地位中解放出来，以消除世人对他们的怜悯和轻蔑。"

有些人虽然身残，但成就辉煌，成为最杰出的人。英国的大科学家霍金、中国的张海迪，莫不如此。相反，有些人四肢健康，却精神匮乏，道德缺损。这种人形全而德不全、中看不中用的人，我们家乡称之为绣花枕头。这种形全而智残的人，才是真正的残废。

身体健康，四肢健全，当然是莫大的幸福，但最幸福的人是身体与人品都健全的。如果万一不幸而致残，我看与其智残不如身残。身残犹可为，而最大的不幸是精神"死亡"，缺德致残，成为"行尸走肉"。

人，是要有点精神的。毕竟，人不同于一般动物，人蕴藏着发展的多种可能性。马克思、恩格斯、贝多芬以及许许多多杰出人物，出生时与普通婴儿一样，可后来成为历史名人。而任何动物，例如刚出生的小马驹、小狗，成长后仍然是马，仍然是狗。如果成为名贵的马、名贵的狗，那也是由于品种而不是自己的努力。只有人才是自我创造的动物。人用行动来塑造自己，没有一个人能预先为自己写传记，人自己一生的行为就是传记。我们赞扬残奥会、特奥会，就是赞扬人类的这种精神。

人与超人

尼采说，人是一个太不完满的物品。马克思也说，人永远处在不断完善之中。说法相似，实际上是两种完全不同的哲学。

尼采蔑视人，鼓吹超人，说人是应该超过的东西。它的所谓完善，就是由人到超人。超人是以对现实的人的极端蔑视为前提的。

马克思尊重人，马克思说的人的自由全面发展，有它的特定含义。自由不是绝对无限的，它是针对资本主义制度下人在异化状态下的不自由而言的，离开了资本主义的强迫劳动和谋生劳动来理解人的自由，就会把马克思主义变为唯意志论者。全面发展同样如此，它的参照系是资本主义制度下的分工造成的人的才能发展的片面化，劳动者变为生产工具，变为手，而脑力劳动者变为不会动手的脑，人脑。因此人的全面发展，不是人的万能化，不是消灭分工，消灭专业，而是人可以多方面发挥自己的潜在才能，而不会受旧的分工的限制。所以人的自由全面发展，就是由被异化的片面发展的人到人的全面发展的过程。

由人到超人，是现实的人的根本被抛弃。而由片面发展的人到全面发展的人，是人的自我完善。这种自我完善是人类自身在改造旧世界的同时，对自身的改造。

哲学与人生　Philosophy and Life

生活智慧

第三章

生活需要智慧

会做饭、会炒菜、会料理家务，这是生活的技能。但人还应该有一种更重要的技能，这就是生活的智慧。因为人知道应该如何对待生老病死，对待生活中的挫折，其中包括如何对待升迁、发财，比起会料理家务更重要。大家都知道飞蛾投火这句话。飞蛾有向光的生物特性，这是生物本能，也可以说是一种特有技能，但这种技能往往成为它的灾难，即投火而自焚。人也应该懂得祸福无常，懂得富贵而骄、自遣其咎的道理，如此等等。这是生活中的形而上学。古罗马哲学家爱比克泰德把哲学称为"生活的技艺"。

生活，既需要形而下，也需要形而上。没有形而下不行，生活中无一技能，完全生活在思辨中，不会有一种"人样"的个人生活，更不会有一种和谐幸福的家庭生活。一个四体不动、当甩手掌柜的丈夫，不可能受家庭欢迎。但又不能太现实，太世故，太陷于琐碎的生活之中。一个人只注重维持人的生物学生存，而过着无思想、精神贫乏的日常生活，显然降低了人的生活质量。人还需要形而上学，需要有点儿哲学思维。并不是每个人都会成为哲学家，但自觉或自发地都会有一些属于哲学性的思维能力。我们应该提高对这种思维能力的自觉性。

只讲形而下，对人可能是一种痛苦。我们可以看到在市场经济大潮中，一些人只是拼命追求金钱，或沉湎于物质享受，成天忙于工作，像投入生活的磨盘之中，没有一点静静思考、享受诗意的静闲。要有，也大半是红灯绿酒，这种所谓放松，仍然是生活在喧嚣世俗之中。

生活需要智慧。据说美国西部开发时，许许多多的淘金者做着发财梦，拼命在矿上干着奴隶般的淘金工作。可有些人并不淘金，而是为淘金者服务：开洗衣店、饭馆、简易宿舍之类看似无金可淘的工作。可结果，淘金者并没有发财，而这些为淘金者服务的职业反而红火。因为淘到金是偶然的，而人人需要衣、食、住是必然的；淘金者是流动的，一批又一批因死亡衰老而不断更新，而小店则是固定地不断发展扩大因而致富。淘金可说是一种技能，而想到为淘金者服务的商机，则是一种商业智慧。

生活需要智慧。例如消费，似乎人人都懂，有人说，只要有钱，谁还不知道消费！其实不然。消费是一种文化，消费的性质、方式、目的，表现的是一种文明发展的程度。暴发户式的消费是一种炫耀式的消费。马克思在讲到人的消费时，把它看成是人的一种享受，要想有多方面的享受，就必须有享受的能力，因此消费者必须是具有高度文明的人。

消费与需要是不可分的。消费的本质是满足需要，可在社会中的需要是各式各样的。马克思在《1844年经济学哲学手稿》中关于"需要、生产和分工"这一节中，把需要分为两种类型：一种是人的需要，一种是非人的需要。人的需要是满足人的生存、享受和全面发展的需要。这种需要在资本主义制度下不可能实现。

如何对待人的欲望、习惯、选择，都是日常生活中普遍存在的问题，都有生活的智慧问题。人有欲望。七情六欲，这是任何一个正常的人必然具有的。马克思主义哲学反对禁欲主义，但也反对纵欲主义，倡导以理性节制、调整欲望从而使人的欲望的满足和满足方式合理化。这样，人既有生活的激情又有理性的调节。欲望是人的欲望，它是由人支配的，但超出一定的强度，就是欲望支配人，而不是人支配欲望。人变为自己欲望的奴隶。

同样，习惯是由人养成的，人是自己习惯的主人，但习惯一旦形成，人就变为习惯的奴隶，是习惯在支配人而不是人在支配习惯。特别是恶习一旦形成，有的终生难改，从而导致自身的毁灭。

选择也是如此。虽然人有选择的自由，但错误的和不正当的选择，往往会使这种所谓选择的自由，变为貌似自由选择的一种任性妄为，与社会规则和自然规则相忤。

所以，一个有生活智慧的人，是一个知道如何对待欲望、对待选择的人。古罗马哲学家爱比克泰德说过：你是否愿意过错误的生活？你愿意生活在恐惧、悲哀或动荡中吗？无论是谁，只要他摆脱了悲哀、恐惧和动荡，那他就同时摆脱了奴役。任何人对身外之物的看重超过了主体自身，就是奴役。

奴役是来自对外在东西的非理性的追求和崇拜。在爱比克泰德看来，一个有智慧的人，除了知道什么是自己的、什么不是自己的，什么是允许自己做的、什么是不允许自己做的以外，还能有什么？在讲到选择时，他说，重要的不在于承认选择，重要的是在行为当中进行选择和拒绝，如何进行欲求和回避，如何处理事务，如何进行自我准备，以及是否与自然保持一致。

一个有智慧的人，不仅应该学会说"Yes"，也应该学会说"No"。在生活中对一切不正当的欲望和诱惑，要学会"拒绝"。不会说"不"的人，是危险的。

"材与不材之间"的历史蕴涵

　　庄子似乎很圆滑、很世故。例如，《山木》中记载的他与学生关于材与不材的一段对话，就显得十分"骑墙"。学生问他，为什么伐木者不砍枝叶茂盛的大木头呢？庄子说因为它大而无用，并教训学生说，小子听着，"此木以不材得终其天年"。可当主人杀雁招待他，被杀的是不能打鸣的雁而不是能报时的雁，学生感到困惑请教老师，昨天山中的树木，因为无用不被砍伐，可今天的雁因为无用才被烹招待客人。先生，您说做人该怎么办？庄子不愧是大哲学家，他说如果是我，将处于材与不材之间，这样才能免乎累。

　　处于材与不材之间，这有点类似我们一直批评过的所谓甘居中游的思想。这不只是一种人生观，其深层是一种政治哲学，是处于社会大变动时期借以自保以免于难的一种消极方法。庄子把相位比作死老鼠，比作为太庙祭祀准备的牛，平时牛衣是最漂亮的，饲料是最精美的，可到了杀以祭祀的日子，想做个普通的牛崽子都办不到。老子《道德经》中说的"揣之锐之，不可长保""功成身退，天之道也"等有关言论，我看也包含这层意思。你看韩非的《说难》，对在与君主相处时如何保存自己揣摩透了，不能太聪明但也不能太笨，决不能"撄逆鳞"。这些都反映了封建专制制度下的君臣关系。这正是所谓材与不材的观点得以流传并受到人们信奉的原因。

就这点说，历史的确具有某种悲剧性色彩。大凡历史上的忠臣良将大有作为的人，善终者不是很多的。屈原不见信于怀王，怨气满腹，留下了《离骚》，说"国人莫我知兮，又何怀乎故都？既莫足与为美政兮，吾将从彭咸之所居"！结果只能自沉于汨罗。李斯与儿子被腰斩东门，后悔莫及，临死时说，我与你想当个普通百姓，牵着黄犬出东门打猎都不可能了。韩信，死于未央，兔死狗烹。为汉景帝削弱诸侯割据势力、加强中央集权出谋划策的晁错，在吴楚七国之乱的"清君侧"的口号声中成为汉景帝推出的牺牲品。杨修死于卖弄聪明，魏晋时的许多名士如何晏、张华、谢灵运等被杀，活命的纵酒佯狂、装疯卖傻以求避世。在封建制度下，这种事情是很多的。专制制度需要奴才而主要不是人才。难怪，清朝无论满汉大员一律自称奴才，倒是实实在在的。恩格斯早说过，在封建君主面前，所有的人一律平等都是零。当然，封建社会为长治久安计，也是需要人才的，历朝都有一定的制度和办法，特别是自唐以后实行的科举制目的也是网罗人才。但对封建君主来说，最好的是人才与奴才兼而有之，即治国的人才，听话的奴才，否则，只能以悲剧结束，所谓文死谏，以死来表示自己的忠心。这种愚忠，就有几分奴才的性格。

苏轼是很有才能的，在北宋党争中累受贬谪，险遭杀身之祸。他似看透了封建的功名利禄的实质，厌倦官场，在一首《满庭芳》词中对这点表达得淋漓尽致：

> 蜗角虚名，蝇头微利，算来着甚干忙。事皆前定，谁弱又谁强。且趁闲身未老，须放我，些子疏狂。百年里，浑教是醉，三万六千场。

思量，能几许？忧愁风雨，一半相妨。又何须抵死，
说短论长。幸对清风皓月，苔茵展，云幕高张。江南好，
千钟美酒，一曲《满庭芳》。

与其争谁弱谁强，说短论长，抵死相争，不如对清风皓月、美酒
千钟。是看破了还是看穿了，是放达还是心寒，这且不说，但累遭
贬谪，产生一种"政治冷淡主义"倒是非常明显的。这是所有封建
社会中不愿当奴才只愿当人才的人的一种结局。这种采菊东篱、放
情诗酒比被杀或自沉自缢更多浪漫色彩而较少悲剧色彩。在阶级社
会中，历史的进步往往使一部分人的利益受到损害，这主要是剥削
者压迫者牺牲被剥削者被压迫者的利益，但在统治者内部同样会存在
矛盾。这就是君臣矛盾、忠奸矛盾以及政见矛盾，等等。历史上首
先遭到迫害和打击的是忠臣良相，而奸人往往得势于一时。只有当
历史翻过一页，是非功过才能得到比较正确的评价，历史最终是公正
的。当然这种公正是以不公正为前导的。

就这点而言，民主制优于封建制，即使是开明君主也是人治，是
好皇帝。民主制下容易出人才，能从制度上避免豢养奴才。在市场
经济的竞争中，决不会产生处于材与不材之间的思想，而是舍命拼
搏，力争胜利，人们考虑的不是韬光养晦而是着力推销自己吹胀自
己。政治中的选举制，也是把极力宣传自己鼓吹自己当成竞选的最
主要目的，在资本主义社会有才能的人决不会产生采菊东篱寄情诗酒
的想法和做法。除了功成名就腰缠万贯让自己放松放松，这已经是
资本主义式的享受而非封建式的佯狂避祸。就这点而言，资本主义
比封建主义进步，有利于人才通过竞争脱颖而出，可资本主义民主制
仍然是残缺不全的少数人的民主，它为有产者、富有者、有才能者开

辟了一条不同于科举制的道路，也能避免封建制度下的许多悲剧的重演，但对广大群众而言，他们从这种民主制中得到的，比有产者富有者特别是政治人物得到的要少得多。因此有觉悟的工人和进步群众决不会满足几年给一次选票决定统治阶级中的什么人来实行统治。无产阶级和劳动者需要的是自己当家做主的民主，而不是永远处于被统治地位的所谓"民主"。

社会主义民主制度比起资本主义民主制要优越得多，但是如何保证和实现社会主义的民主集中制，这也不是轻而易举立马可成的事。十月革命胜利以后苏联社会主义建设的历史证明，无产阶级在取得政权以后，如何正确处理专政与民主的关系，实行并逐步扩大社会主义民主，关系到革命胜利后能否调动广大群众的积极性，真正使社会主义制度得到巩固和发展的问题。斯大林没有解决好这个问题，个人崇拜和党内民主集中制的被破坏，为苏联以后的溃败埋下了祸根。一个社会主义国家，当宣布被解散被取消时，群众表现得如此冷漠甚至为垮台而表示高兴，如非平日领导者脱离群众，人民积怨太深，人民当家作主始终是一句空话，何至如此！苏联的解体和东欧的剧变，从发扬社会主义民主的角度看，也有值得总结的教训。

我们党在全国革命胜利以来的几十年中，在确立社会主义民主方面做了许多工作，也取得了很大成绩。我确信，随着法制健全，法律意识完备，干部和群众用法和守法的水平提高，封建社会历史曾经存在的"有才是祸"的悲剧性的历史事件可以有效地避免。在社会主义民主制度下，历史的进步不会再以牺牲能者为代价。

论自由

自由的界限

自由与必然不可分，但必然不等于自由。必然性是不依人们意志为转移的，而自由则与人的意志不可分。自由不是由自，即不是任意地由自己说了算。自由表现为主体的一种正确判断和行动的能力。孔子说，"随心所欲不逾矩"，就是这种境界。

动物是没有自由的。形式上动物是绝对自由的，无约束的，可以逮住什么吃什么，不必征求谁的同意，可以随便走，随便拉。可这不是自由，而是一种本能——生物的本能。实际上动物是不自由的，因为它们的全部行为是被制约的。人有自由，即人有认识事物并以此为据做出决断的能力。人有自由，同时也有自由的反面，即不自由。当人的判断违背事物本性和规律时，就会陷入进退两难的困境。"犹豫不决是以不知为基础的，它看来好像是在许多不同的和相互矛盾的可能的决定中任意进行选择，但恰好由此证明它的不自由，证明它被正好应该由它支配的对象所支配"。

自由不是绝对的，而是彼此制约的。一个人的无条件的自由，也就意味着对周围其他人的无条件的奴役。这实际上是把自由变为它的对立面，即变为不自由。依此类推，结果是任何人都没有自由。

自由是有限制的。自由的条件就是它的限制。鸟在天空中自由地飞翔，其实所谓自由地飞翔只不过是相对于人无法变为飞人而言。就鸟而言它的飞行并不自由。各种鸟都有自己的飞行高度，这种高度是由它的生理结构决定的。

自由与善是联系着的。真善美是不可分的，但也不是绝对的。自由并非绝对的善，问题是什么样的自由。黑格尔在《历史哲学》中说："波兰国会里规定，不论通过任何政治立案时，都必须得到每一议员的同意，就是因为这种自由，波兰才招了亡国的灾祸。"历史经验证明，当需要决断和集中时，无休止的争吵和辩论自由所带来的危险是不言而喻的。

文化与自由

自由不是人固有的。人不是实现自由，而是不断获得自由。这个获取自由的过程，就是人的文化进步的过程。恩格斯是把自由与文化联系在一起考察的。他说："最初的、从动物界分离出来的人，在一切本质方面是和动物本身一样不自由的；但是文化上的每一个进步，都是迈向自由的一步。"人们在物质生产和精神生产中创造了文化，相应地也获得了认识和改造世界的某种自由。文化的进步和积累，意味着人类行动自由的增加。

人的自由，当然与人的生理结构有关。人的大脑是能思维的大脑，人的手是适宜劳动的手，人的神经系统和各种感受器官，使人能有效地反映世界。因而有的学者把人的获得自由的能力称为潜能，认为自由是人的潜能的实现。其实这只是偏重人获得自由的可能性而忽视了自由的真谛。人，尽管生理不发生变化，但自由是不断进步的。历史证明，人的自由是随着社会的进步而不断积累的。一个更高的社会形态的出现，是文化的进步，也是自由的扩展。这里所说的自由，不是政治意义上的公民权，而是人类作为能动主体而必须具有的选择和决断能力。自由作为一种政治制度可以消失，而自由作为人的能力是越来越多。从这个意义上说，人的历史就是走向自由。

豪猪与自由

豪猪（长有许多长而硬的刺的猪）由于寒冷需要相互靠在一起取暖，可它们身上的刺又使它们分开，很难亲密无间。当然豪猪不能定个规则来解决这个矛盾。人不同。人如果过分强调个体的自由，这种自由就是豪猪身上的刺，是排他的，会使任何一个集体都无法相处。即使是一个家庭内部，每个人都强调自己的自由，只能散伙了事。所以，人要能生活在同一个社会或集体中，每个人都必须放弃一部分自由，使个人自由限制在不排斥他人自由的范围内。在阶级社会中很难自觉地做到这一点，因而规定了一些章程，包括道德准则和法律，使社会得以运转，而不致像一群豪猪。可是在阶级社会中，个人自由所包含的相互排斥的矛盾不能解决，任何规章制度和法律法规，都是有利于一些人的自由而妨碍甚至剥夺另一些人的自由。而在共产主义社会中，个人自由不再是豪猪身上的刺，而是使每个人获得自由的条件。

怀旧与传统

到了一定年岁的人，都会触发或多或少的怀旧情绪。或怀念童年时的游伴，或怀念母亲做的某种菜肴，或怀念故乡的某种风俗，总之童年的时光是值得回忆的。我想起了杜甫的"忆年十五心尚孩，健如黄犊走复来。庭前八月梨枣熟，一日上树能千回"的诗句，杜甫其时五十，按现在的标准只属中年。当时人的平均寿命短，可能此种年岁就有摆老的资格。

个人有怀旧之情，社会如何？作为人的总体性的社会同样有怀旧情绪。个人怀旧是由于年老，感韶华之不再，旧梦难寻，怀旧本质上是对人生短促的一种心理表达。那社会的怀旧是由什么原因导致的呢？在我看来是传统的力量。传统是人类社会中无论如何都无法抛弃的东西，任何社会的人都生活在双重文化环境之中，一个是传统文化的遗留，一个是现实文化的创造。这两者交织混合，构成人们现实的存在。

从社会发展来说，在变革时期往往是打破传统，抛弃传统。传统的惰性力量意味着守旧，成为社会前进的障碍。中国从五四时期到"文化大革命"结束，都处在这种没有"社会性怀旧"的时期。可到现在，拜孔子，诵诗书，办私塾，创国学，穿唐服，恢复中国特有的各种传统节庆，真是此一时，彼一时。这是什么力量？传统的力量，这是一种无形的社会力量。当人们感到原来的"破"已使人感到生活淡然无味，在寻找自己的精神家园时，传统是最重要的选择，因为它就存在于我们民族的血脉之中。

我认为，有些旧传统可破，应该破，如过分繁杂、铺张的婚礼和葬礼就应该废除。有些就不应该破，如中国传统的节日。现在有些学者主张恢复传统节日，我很赞成。这些节日是我们民族性和民族认同的符号，也是全民族大团结的喜庆日。我就非常怀念小时候过的中国传统节日。

早在19世纪40年代，当资本主义取得统治地位不久，马克思和恩格斯就深刻揭示了由资本主义工业文明取代农业文明带来的必然变化。资产阶级在它已经取得了统治的地方把一切封建的、宗法的和田园诗般的关系都破坏了。它无情地斩断了形形色色的封建羁绊，使人和人之间除了赤裸裸的金钱关系和冷酷无情的"现金交易"，就再也没有别的联系了。它把宗教虔诚、骑士热忱、小市民伤感这些情感，淹没在利己主义的冰水之中。总而言之，它用公开的、无耻的、直接的、露骨的剥削代替了由宗教幻想和政治面目幻想掩盖着的剥削。这真是妙笔如椽，切中腠理。

从社会发展来看，从以农业为主导的封建社会走向以工业为主导的资本主义社会，就是从农业文明走向工业文明，这种由相对封闭的、隔离的、单纯的、发展缓慢甚至可以说有点懒散的农业文明，转向开放的、联系的、发展迅速的、物质生活丰富和生活多姿多彩的文明，肯定是一种进步。农业文明是乡村文明，工业文明是城市文明。虽然马克思和恩格斯使用了一些道德谴责的语言，但他们丝毫不否认这种取代的历史进步性。大工业城市的出现，像是为一个国家和民族安上发动机，能带动周围农村的发展。

经过多年的反复，我们已经开始认识到民族文化传统的重要性。美国学者希尔斯在《论传统》一书中说，我们对待传统应该慎重，传统不应仅仅被当作障碍或不可避免的状况。抛弃传统应该看作是新事业的一种代价，保留传统则应该看作是新事业的一种收益。

现代化与传统并不是绝对对立的。因为各个民族的现代化进程，虽然有其共同性的一面，但又各有其特殊性。这种特殊性最重要的方面，就是各个国家和民族有自己不同的文化传统。中国不可能重走西方现代化的老路。英格尔斯在《人的现代化》一书中肯定传统对现代化的积极作用。他说，从历史发展上来看，现代化倾向本身就是人类传统文明的健康持续和延伸，它一方面全力吸收了以往人类历史所创造的一切物质财富和精神财富，另一方面又以从未有过的创造力和改造力把人类文明推向一个新的高峰。诚然，现代化过程必然使人们与某些传统的生活习惯诀别，但从一种新的意义上讲，现代人比传统人更能真正维护、珍惜和保存传统。

怀旧是个人的记忆，重视传统文化是民族的集体记忆。一个民族不重视自己的文化传统，就是一个集体失忆的民族，这很可悲。但是，如何把传统文化的继承与国粹主义、复古主义区分开来，与各种形式主义的纯商业化操作区分开来，是很困难的。这并不可怕。巨流之下必有泡沫，纳百川之海也难免有泥沙。只要在文化建设中坚持马克思主义的指导，就不会偏离社会主义文化建设的大方向。

知足与不知足

　　知足常乐，是我们熟悉的生活格言，是解除烦恼、享受快乐人生的不二法门。老庄哲学的一项重要内容就是"知足"。可是知足往往以失去进取力、以消极无为为代价，从而为人们所诟病。因而又存在另一种格言，就是反对满足，提倡奋斗进取。像维特根斯坦说的，躺在自己已有的成就上就像躺在行进中的雪地上一样危险。行进者昏昏沉沉，最终在睡眠中死去。所以维特根斯坦强调，人要不断自我分析、自我批评才能进步。自我满足就是停滞，永远过着与过去一样的生活。

　　我们似乎处于相互矛盾的教导之中。其实在哲学家看来，这两者各有其用，可以统一，并行不悖。它们相互补充，反而有利于提升人的生命质量。

　　任何人都处于社会之中，既有个人生活的一面，又有作为社会成员的一面，因而对待生活应该具备两种态度。作为个人，对待功名利禄、对待个人所占有和将占有的东西，应该有个度。不过度追求身外之物，这就是知足。所以，知足是就"物欲"说的。

　　人最难满足的不是享受。一个刚刚享用过山珍海味的人，马上再吃东西，即使是美食，也不会有兴趣。如果强迫他吃，他会感到痛苦。

其他的物质享受也是一样。当达到一定的生理极限以后，再前进一步就是一种痛苦，就像费尔巴哈说的酒醉之后必然头疼。人最难满足的其实不是生理性需求而是欲望和贪心，像老百姓说的"人心不足蛇吞象"，"做了皇帝想登仙"，正所谓欲壑难填。人常常苦于欲望不能满足。欲望是永远难以满足的。因为能暂时达到满足的只是欲望的具体载体，而不是欲望本身。知足常乐，就是针对人的欲望说的。人应该知止。无论是对财产、名誉、物质享受的追求欲望，都应该有个度，而不是无度。弗洛姆说得很有道理："无限制地去满足所有愿望并不会带来欢乐和极大的享乐，而且也不会使人生活得幸福。"

但对个人生活欲望和生理欲望的节制，不能理解为作为社会成员的个人，可以减少自己的社会责任。在对社会的贡献，在进行创造性劳动方面，人应该不满足于自己已有的成就。因为个人的贡献与社会对他的期望相比，永远是有差距的。个人已有的成就，永远不会是社会为他所设定的最后界限。当然，人的能力有大小，但只要有为社会做贡献之心，不断进取，就是一个有志气、有热血的人，就是一个不知足的人。所以，不应知足是就个人与社会的关系说的，是就个人对社会做贡献说的。

足与不足表现的是两种完全不同的追求。孟子追求的是"富贵不能淫，贫贱不能移，威武不能屈"的大丈夫气节。这种不厌贫贱和不慕富贵，不是私欲无穷，而是以天下为己任，是能正确处理足与不足的关系。

知足与不知足，应视所为何事而定。就个人满足欲望尤其是生理需求而言，应该知足，所谓知足常乐是就此而言的。就个人对社会的贡献而言，应该不知足。因为在个人的贡献中，最能体现人的价值的是为社会做出贡献而带来的成就感。

粪堆里发现的钻石仍然是钻石

有位哲学家说，钻石不会因为埋在粪堆里就没有价值。此言有理。但我又想发表点儿不同的议论。钻石，是自然物，它的商业价值、审美价值，不会因为是从粪土中发现的而减少它的价值。可人不同。人需要培养，需要一个良好的生存环境，因此，一个国家的社会政治环境，是否有利于人才的生长，对一个人能否成为光彩照人"钻石般"的人才至关重要。在中国人中，聪明而有才智的青年并不少，可在中国旧制度的粪土中被埋没而不能成才的人也有的是。人才不是既成的钻石，在成为钻石之前，只是有待加工的矿石。

社会制度的性质和经济政治发展的状况，对一个国家人才的培养具有重要作用。当年龚自珍面对日落西山国如危卵的清王朝的政局，曾痛心疾首地呼喊："我劝天公重抖擞，不拘一格降人才。"可在腐败专制的清王朝统治之下，人才是难以大量出现的。

社会制度是决定性的，政策同样重要。我们党的知识分子政策是明确的：个人的前途，具有决定意义的不是家庭出身而是本人的表现。可我们也推行过唯成分论的极"左"政策，也流行过"老子英雄儿好汉，老子反动儿浑蛋"的极端口号。我想现在的年轻人无论如何不会相信这是真实的，因为太离谱、太荒谬。两千多年前陈胜还说："王侯将相宁有种乎？"两千多年后反而流行血统论，确实有悖人的发展和人才的培养。离开了产生这种口号的政治环境是绝对无法理解的。

任何有正义感的人都会承认，改革开放以来，我们的政治环境、言论自由和民主程度有了很大的发展。现在不会因为所谓家庭成分问题而被入"另册"。我们国家民主法治的巨大进步，确实表明社会主义制度正在不断完善。钻石不会因埋在粪堆里而失去价值，在社会主义民主制度下可以得到真正的体现。

我们也应该注意近些年来悄然出现的另一种现象，一些人以出身"高贵显赫"、血统高贵而自傲，瞧不起普通工人、农民，这是另一种血统论，与"文革"中的血统论如出一辙。开商店要抬出老字号，论出身要世代书香，或达官贵人之家。这种观点同样不正确。实际上，只有最没出息的人才会以祖宗自傲。出身的贫穷和"高贵"，只是天生而不是由本人决定的。钻石并不因为产地而降低价值，重要的是自己。社会主义制度的公正和正义性在于，它为各种不同出身的人，尤其是为被某些人瞧不起的工人和农民的子弟，创造了一条通过努力显示自己才能的条件和机遇。

我是马克思主义理论工作者，我相信历史唯物主义。一个人的家庭背景是小环境，它的经济条件和文化条件、人际关系，对子女的前途会有影响。但社会是个大环境，它制约小环境，强化或弱化小环境的作用。出身高贵，在有些社会中是有利的条件。在东汉末，"四世三公，门生故吏遍天下"的袁绍家族可以处于有利条件，但当他失败以后大环境变了，就没有了这种作用。"上品无寒门，下品无世族"的唯成分论，不会具有长久的生命力。

一个出身工人、农民之家的人，在旧社会显然处于不利的地位，因为大环境就是不利于工农的。而在社会主义社会则不同，因为大环境与旧社会截然不同。相反，家庭出身高贵并不能证明他们在现在仍然享有天然的优越性，因为大环境已经不同。何况任何所谓的高贵家庭不可能永远高贵，只能是"曾经"，而不可能是"永远"。中国人都懂"富不过三代""穷不过百年""君子之泽，五世而斩"的道理。小环境的作用是有限的。我们承认，在当代中国，大多数工人特别是农民子弟，仍处于某种不利条件，这是因为我们社会的经济和文化的发展水平还没有形成对工人农民子弟发展有利的大环境。政治上翻了身，但在经济和文化上还不能这样说。所谓向弱势群体倾斜就包含改变这种大环境的作用。我相信，再过若干年，就不会有人再以"贵族之家"为傲，也不会以"帝都""帝豪""庄园"作为商业广告。

按照历史唯物主义的观点，社会越发展，社会越进步，社会成员发挥自己才能的可能性就越大，人才来源的范围就越广泛。从奴隶社会、封建社会到资本主义社会是一个大转变；从资本主义社会到社会主义社会，更是一个大转变。无论你是出身皇族贵胄、豪门望族，还是普通平民百姓，只要你真正是钻石，就不会被埋没。这不是超阶级的观点，而是社会主义的公平和正义。因为，对社会真正有贡献有现实价值的是本人，是本人的现实表现，而不是一个人无可选择无可改变的家庭出身。钻石不会因为产自粗糙的矿石而被抛弃，更不会因为在粪堆里被发现而失去钻石的价值。

多知为败

在中国哲学中，老庄哲学最突出的一个特点是对"知"的否定态度。庄子说的"多知为败"，就表现了这一点。在科学如此昌明的当代，西方一些哲学家对科学技术进步负面效应的张扬，同样表明了一种对知的否定态度。不过时代不同，理由各不相同。庄子着重的是"知"对个人本性的斫伐，而当代西方人本主义则重视科学技术对人文精神的消解和生态环境的破坏。

在庄子看来，多知不利于人的养生："目无所见，耳无所闻，心无所知，汝神将守形，形乃长生。慎汝内，闭汝外，多知为败。"这种说法，与《道德经》中说的"塞其兑，闭其门，终身不勤。开其兑，济其事，终身不救"思想一模一样，无怪乎老庄并称。

在现代人看来，为什么无知能养身守形呢？真的是人生识字忧患始吗？的确，知识多的人容易东想西想，总不安分，不如大字不识、浑浑噩噩的人生活得稳妥平静。这种人对统治者也很有利。老子说要"虚其心，实其腹，弱其志，强其骨。常使民无知无欲，使夫智者不敢为。为无为，则无不治"，这倒是好主意，可很难做到。例如封建社会的愚民政策，最终没有一个成功的。

人不可能闭目塞听，守内闭外。在现实中，人必然要与外界接触，要与自己生活于其中的世界相互作用。即使"脱离红尘"，也只是从尘世到另一种尘世。人永远处在生活中。只是接触的东西不一样，从而不见可欲，则心不乱而已。绝对的闭外守内是不可能的。

其实，人对外界的接触，并不一定是消极的。声色犬马，醇香厚味，一切享受都要经由感官，但感官并非罪恶的渊薮，而是满足欲望的门户。人在与外界的接触中形成什么思想，取决于头脑中先在的思想，即已有的人生观。难道现实中聋、哑、盲、五官闭塞的人不犯罪吗？现实中发现的聋哑盗窃集团并不少见。

好不好统治，并不决定于被统治者有无知识、识不识字，而是取决于阶级矛盾激化的程度。陈胜、吴广不识字，历史上农民革命中的起义者们多为文盲，照样"闹事"。秦始皇焚书坑儒，以为天下可长治久安，万世一系，可最终二世而亡。"坑灰未冷山东乱，刘项原来不读书。"以无知和愚民政策来统治天下，终难长久。

在当代，科学技术的进步是社会发展的重要推动力量，也是有利于人的品质优化、促进人的全面发展的力量。它的负面效应并不是来自科学技术的进步，而是来自使用科学技术的目的。人文精神不能也不应与科技的进步相敌对。任何反对科学技术进步的所谓的人文精神都是伪人文主义精神，都是与历史进步和时代的发展相悖的。科学技术是社会进步的力量，罪恶的原因不在于科学技术而在于利用科学技术的社会制度和人。我们要的是一个合理利用科学技术的社会制度和社会环境，而不是将科学技术妖魔化的"进步"。

"多知为败"，是个错误的哲学命题。无论在古代还是在当代都是如此。资产阶级在进行革命时，害怕群众无知，拼命启蒙，而当自己处于统治地位以后，又害怕群众有知，拼命宣传各种歪理邪说，以论证其统治的合理性与合法性。

寿则多辱

恋生惧死，可以说是人的本性。求生是人的本能。当然，如果生比死更痛苦，就会以死求得解脱，这就是所谓安乐死。安乐死并不是怨生乐死，实在是生不如死。这是万不得已的事。

英年早逝，当然是一种不幸。可它如光照大地的流星，给人以壮丽的美感；又宛如定格中的最美的画面，留给人一种英姿勃发的永恒的记忆。可到老年，呻吟床榻，如同逐渐沉入黑夜，给人以无限的悲凉凄惨。

人生是多么矛盾呀！既愿长寿，又害怕长寿带来的一系列问题。既不愿天年不永，可英年早逝远比老迈昏庸活着受罪要有价值。

老年，确实是人生最难处的时期，又是最需要哲学的时期。如何对待老年期，需要哲学智慧。如果完全从体力精力来说，确实是负担。美国诗人艾略特在诗中表现了这种对老的无奈：我老了……我老了。其时作者才29岁，表现的是青年人对老年人的看法。但是，寿而多苦非年轻的诗人所能完全体会的。

叔本华是悲观主义者，对日薄西山晚景凄凉的老年充满哀叹："由生到死之路，就像生活之幸福和乐趣一样，是一条下降的道路：天赐梦幻的童年，热血沸腾的青年，吃苦耐劳的壮年，羸弱和常常令人可怜的老年，病魔缠身的晚年以及最后的碧落黄泉。"

当然，也有另一种老年观，像曹操《龟虽寿》中的"老骥伏枥，志在千里。烈士暮年，壮心不已"的乐观精神，或者像陆游那种"僵卧孤村不自哀，尚思为国戍轮台。夜阑卧听风吹雨，铁马冰河入梦来"的豪迈气概。普通人中能有几人像曹操那样一世英雄？又有多少能像陆游那样有才情有壮志的爱国诗人？

普通人有普通人的活法，有普通人的观点。这不是诗，不是雄心壮志的政治抱负，而是正确的常人的老年观。西塞罗论及老年的一些说法，于我们有用。他说，本身不知道如何过一个愉快而幸福的生活的人，无论什么年纪都会觉得很累。但是，那些从内部寻求一切愉悦的人绝不会认为那些因为自然规律而不可避免的事物是邪恶的。在这类事物中首先是老年：人人都希望活到老年，然而到了老年又都充满抱怨。人就是这样愚蠢，这样矛盾和不合情理！

老年人有老年人的问题，例如精力、记忆力或活动能力都会减弱，这是不可避免的。梁启超在《少年中国说》中对老年的痛苦说得很透。但年老之种种不利不是绝对的。西塞罗鼓励老年人说，只要经常活动、用脑，老年人仍可以保持良好的记忆力和活动能力，可以从事科学研究和写作。当然老年人的食欲和情欲能力不如年轻人。这是好事而不是坏事，这是自然给予老年人自我保养的方式。他说，我们的生命每一段都各有特色，因此童年的幼稚、青年的激情、中年的稳健、老年的睿智——都有某种自然优势，人们应该适合时宜地享用这种优势。正如我钦佩老成的年轻人一样，我也钦佩有朝气的老年人。凡力求保持青春活力的人，人的心灵是永远不会老的。当然，西塞罗这里讲的是奴隶社会的老年奴隶主，而不是普通人，不是奴隶。如果是贫病交加晚景凄凉的奴隶，可能会是另一种境况。

说实在的，寿则多辱是对普通人说的。虽然任何人老了都会有老年人的问题，但位高权重或家藏万金与贫病交加或衣食无着的老年人的境况迥然不同。寿高多病是医疗问题，而衣食无着则是社会保障和社会福利问题。这都是普通老年人的问题。养生送终无憾，老吾老以及人之老，幼吾幼以及人之幼，是中国古代人的王道社会的理想。因而寿高是否多辱不仅是一个自然问题，而且涉及社会制度问题。一个合理的社会制度，当然应该把尊老养老当成一个社会问题来处理。西方发达资本主义社会发展到现在，也与早期资本主义社会不同，把社会保障和社会福利放在重要地位。这是它们缓和矛盾、在世界上两种不同的社会制度并存情况下赢得支持的重要方面。

　　莫里斯的一篇短文《人老了是什么感觉》挺有意思，他认为老年人最大的优点是获得自由，人老了，也就懂得要善待自己，对自己少了些苛刻。人成了自己的朋友。当人慢慢老去的时候，就会变得达观，就更不在乎别人对你的看法。这当然不是说人老可以放纵自己，而是说可以不计较年轻时特别在意的东西，如名呀、利呀、美呀，别人对我如何看之类。老年可以说是精神上获得了解放的时期。

向死而生

　　到了老年想到死很正常，如果不想倒是奇怪。虽然人们老说要忘年，忘生死，一般人到了一定年龄会不由自主地想到这个"大限"。与其不想，不如想得透些，想得彻底些。这很难。古今中外多少哲学家、宗教家教人们如何面对死亡，可真正能解决问题的不多，因此这个问题不断有人讲，不断讲，但总讲不断。在我读过的书中，我觉得庄子的安时处顺说，还是有点用的，这当然还要靠个人的体悟。

　　道，是道家的最高概念。得道之人谓之真人。真人是超越生死的，"不知悦生，不知恶死"。因为对于道而言，人之有生死，是天道，而对于人而言，天道在人身上表现为命，"死生，命也，其有夜旦之常，天也"。天有日夜，人有生死，这是不可抗拒的天道和人道。人最终的归宿是死，这是必然的。人要死得有尊严。不要像被赶往屠宰场的猪，东奔西窜，最终仍不免一死。

　　生死一体，由生至死是生命运动的周期。如果有生无死，这个生是不可能出现的。庄子充分认识到了这个过程："夫大块载我以形，劳我以生，佚我以老，息我以死。"把死视为劳累一生以后的休息，这种对死的态度，是一种智慧。劳动后的休息，那是最愉悦的时刻。

　　人的情感与理智是矛盾的。我们都明白，死不可拒，对任何人而言，一个也不能少，也不会少。可就感情而言，人都恋生怨死，这是人之常情，可以说，求生是人的本能。即使通达如庄子也存在这种矛盾，在著名的庄子鼓盆而歌的故事中，庄子就袒露了这种矛盾心态。惠子批评他妻子死了不哭泣悲哀，反而鼓盆而歌，是不通人情，庄子回答说，老婆死了，我能不难过吗？开始时我一样的难过，但我想一想，人已经死了，她已回归大自然这个巨室之中，得到安息，我还在哇哇大哭，这说明我根本不懂人的生命的规律，"自以为不通乎命，故止也"。庄子的不哭，不是无情，而是以理制情，也就是我们现在常说的"节哀"。从庄子的智慧中，我学到了很多东西。

我们都知道生与死相连。不可能有生无死，我们都是向死而生。正因为有死，生命有限，才有生的意义和价值问题。一个无限的生命失去了它的存在的意义和价值，是死赋予生以价值，是死亡迫使哲学家们讨论生命的价值。生命的价值存在于由生到死的过程之中。

生死观的问题，不是乐生怨死，或乐死怨生，也不是对生死无动于衷，而是正确对待生死，以智慧的人生观度过有限的一生。生，要乐生，即尽量创造"快乐人生"。所谓快乐人生，当然不是世俗说的穿金戴银，山珍海味，享不尽的荣华富贵。这种以生命博金钱、以满足感官为快感的人，不一定是幸福的。毫无疑问，人需要较好的生活条件，包括个人的健康、收入、家庭等，但更应该有好的心态。如果为名利所累，为鸡虫得失而心无宁日，不可能有快乐人生，即使为世俗所艳羡，其内心不见得快乐，可以称之为成功的苦恼。

快乐人生有两种：一种是感官的快乐，一种是心智的快乐。感官的快乐不能完全否认，眼之于色，耳之于声，口之于味，得到满足会有一种快感，在一定范围内是合理的。但人还要更看重心智的快乐，即由于对别人的帮助、对社会的贡献而带来的道德感和神圣感，这是心灵的快乐。西塞罗在《论老年》中说，吃喝嫖赌的快乐能和求知的快乐相提并论吗？求知的乐趣，对于有理智、受过良好教育的人来说，这种快乐是随着他们的年龄的增长而增强的。在人的一生中，随着年老体衰，从感官得到的快感会逐渐消退，可心灵的快乐感受应该随着年龄的增加而加强，这才是快乐人生、智慧人生。

死，要死得有尊严。这是很难的。生死大关，人到此时，没有不留恋亲人、依恋人世的。可要认识到客观规律是任何人不可能抗拒的，因而理性的死与有尊严的死是不可分的。人到一定年龄应该有死的思想准备。"哲学就是练习死亡"，在这个意义上是可以成立的，即任何学习哲学的人，都应该从理智上接受死亡，把它看成是一种必然，用古典哲学家的话说，必然性就是命运。

时代的启蒙与个人的启蒙

社会需要启蒙，在人类社会发展中有过启蒙时代。例如，西方中世纪以后出现的资产阶级启蒙时期。这是西方思想革命和社会革命时期。中国近代也有过启蒙思想，但很微弱，因为中国没有经历资本主义社会，也没有一个较强的资产阶级。中国真正的启蒙，应该说是马克思主义传入后的具有革命意义的启蒙。这个启蒙的承担者是中国共产党。

社会需要启蒙，个人也是一样。人人都需要启蒙，不同的是，时代的启蒙是思想家在起作用，而个人的启蒙，则是老师在起作用。韩愈在《师说》中说，古之学者必有师。师者，所以传道、授业、解惑也。人非生而知之者，孰能无惑？惑而不从师，其为惑也，终不解矣。

中国人有尊师重教的传统。一日为师，终身为父。同学之间，有同学之情，同窗好友具有兄弟姐妹似的情感。西方国家不断发生校园枪杀案，杀手向自己的同学、老师开枪，连芬兰这样的国家都发生校园枪杀案。这是中国人绝对无法理解和接受的。

我是坚决反对在中国提倡教育产业化的。作为一名教师，如果我成为一个知识销售者，我以为这是对教师这个职业的极大不恭。

神圣的教育事业，如果变为商业，校长是老板，老师是售货员，学生是买主，关系就可能恶化。我相信，社会主义中国的教育绝不会走市场化的道路。虽然师生如父子、同学如兄弟的时代，大概永远不可能复归，但我们应该提倡尊师爱生，保持社会主义条件下正常的师生关系。和谐校园、和谐师生关系，应该是我们构建和谐社会的重要部分。

我一生有两位启蒙老师。一位是私塾的老师，那是20世纪30年代，当我还是一个孩子的时候，家里送我到不远的一家私塾中"发蒙"。先生是依靠教私塾为生的老先生，在我们那个小小的县城里，很有名气，很受家长的尊重。他年老，身体又不好，经常靠在床上让大点儿的学生为他捶背捶腿，时不时地转过脸来对着我们大喝一声："念书。"我们就像小和尚念经一样，摇头晃脑一通。这样读了两年，背会了《三字经》《百家姓》《千字文》。这是70年前的事。老先生早已作古，留下的只有不苟言笑、捶背捶腿的印象。

再一位是哲学启蒙老师，是萧前老师。他是我的第二位启蒙老师，真正把我引上哲学之路。1953年，我从复旦大学毕业后分配到中国人民大学马克思主义研究班哲学分班学习，是第一次接触马克思主义哲学。当时苏联专家也为我们讲课，但辩证唯物主义和历史唯物主义原理更多的是萧老师讲，辅导老师是乐燕平。当时萧老师风华正茂，不到30岁，口才特好，讲课生动机智。每节课都有思想火花，很受学生们的欢迎。

1956年，我毕业后留在哲学系，变为双重身份：既是萧老师的学生又是同事。那一年，哲学系招了一届从1956年到1959年三年制的哲学研究生。学生是应届大学毕业生，也有其他大学来学习的教员。当时全国系统讲授马克思主义哲学的还不多，我们哲学系虽不是独此一家，但也是最重要的基地。我第一次具体担任的工作，就是和李秀林一道为萧老师当助教。我和秀林每人管两个班，随堂听课，搞课外辅导，组织课堂讨论，可以说这是萧老师对我哲学启蒙教育的继续。

尼采说过，哲学家是死后才出生的。位高权重的政治家是生前的，是"在世"的。在位显赫一时，可人走茶凉，或死后默默无闻，很快被人忘记。历朝历代那么多高官显贵，能数出名字的有几人？真正的哲学家，生前无权无势无钱，可死后当人们认识到他的功绩时，会越来越为人们所尊敬。萧老师的追悼会，一些学术界的知名长者被搀扶而来，许多学生从四面八方远道而来，对萧老师做最后的告别。这表明在哲学界同行的心中，萧老师是值得尊敬的学者。

萧老师在哲学领域中的成就是巨大的，可在个人生活方面却有着痛苦和不幸。但萧老师的晚年是幸福的。我从学生的角度看，萧老师的老伴潘老师，对萧老师的照顾可说是体贴入微。12 年前，萧老师患脑出血，几乎走到生命的尽头，能够再幸福地多活这些年，能够多看看改革开放后的世界，能与子女团聚，享天伦之乐，全凭潘老师的悉心照料。人生很难十全十美。晚年迟来的幸福，弥补了中年的不幸，也算是人生不幸中的大幸。2007 年 8 月，萧老师离开了我们。当我缓步灵堂，泪眼模糊中注视着萧老师消瘦、慈祥、仿佛安然入睡的面容，难以抑制内心的悲痛。

后代不应该忘记自己时代的启蒙者，他们是先行者，是伟大的思想家。个人也不应该忘记自己的启蒙老师。他们可能是一个平凡的人，但是是我们的恩师。这是两种不同的启蒙，但都可以看作是人类文明传承的方式。

生活随想

向前看与往回看

　　走路的时候，人们都能体会到，往后看，自己走过什么路比较清楚，可往前看，自己将要走的路比较模糊。李白的诗："暮从碧山下，山月随人归。却顾所来径，苍苍横翠微。"讲的也是这种境界。人生经历都如此。凡是经历过的都比较清楚，因为是经历过的；而目标往往不易看清楚，因为它是未经历的，是正在摸索中的。人往往到老年才深知青年时代的失误。历史不也是如此吗，历史的教训往往是事过之后才能总结，而确定目标时往往容易失误。如果向前看与向后看一样清楚，此人就是未卜先知的神人。可是没有这种人。历史证明，历史从来不是按照某一个先知指引的路走的，总是不断校正修改目标甚至改道前进。

　　往回看清楚些，往回看有自己经历过的事实为依据，它面对的是事实；向前看模糊，往前看是推论和预测，是以既往的经历为依据的，而经验并不总是可靠的，它必须上升为规律。而规律是抽象的普遍性，它必然会依据它所起作用的条件而发生变形。因而在人的活动中，历史的经验与现实的条件、规律与实践，即往回看与向前看如何统一的问题，只有在亲身实践中，在自己的失败和教训中才能逐步摸出点门道。未卜先知的神是没有的，屈指一算的诸葛亮其实绝大多数是事后诸葛亮。事后的诸葛亮次数多了，有可能在一些事情上变成事前诸葛亮。"观今宜鉴古，无古不成今。"这就是历史经验的价值，是向后看即总结经验的重要性。历史研究的价值，就是向后看，向前进。人生也应该如此。

人与自己的距离最远

　　人最难认识的是自己。一个人可以大体正确地评论别人，但没有一个人能最准确无误地谈论自己。对自己的估计不是过低 —— 自卑，就是过高 —— 自以为是，很难恰如其分。以自己为对象是最难的，难就难在在这种情况下要使自己一分为二，既充当认识对象，又作为认识主体。以自我意识来意识自我，不借助中介，即借助别人是很难做到的。因此，只有善于接受别人意见的人，善于从别人对自己的评价中看待自己的人，才有可能比较客观地估价自己。正因为难，所以老子才说"自知者明，自胜者强"。

　　人们经常引用古希腊德斐尔神庙上的箴言"认识你自己"这句神谕，往往把它只解读为人应该认识人类自己和人的本性。其实，这句话，既可适用于人类整体，又可适用于个体。也就是说，既要认识与神不同的人，又要认识与别人不同的自我。多少个世纪以来，人们不断地争论什么是人，什么是人的本性。至今仍然在不断地为此而争争吵吵。可很少有人问，我是谁？如何认识我自己？忘记了认识你自己这句话最重要的一个含义是每个人认识"你自己"，即认识自我，不仅认识作为类的人，而且认识作为个体的自我。

伊斯拉摩说过，"人人都以为自己的粪便味香"。蒙田诙谐地把这句话变为，"如果我们嗅觉灵敏，我们的粪便必臭不可闻"。的确，人往往对自己的缺点嗅觉失灵。同样的缺点在别人身上，十恶不赦，可在自己身上则不觉其臭，甚至沾沾自喜。所谓看别人是豆腐渣，看自己是一枝花，就是这种人。我可以斗胆说，没有一个人对同样的缺点，在自己身上和在别人身上有同样的愤慨。觉得自己的粪便不臭的人到处可见。所以蒙田感叹，他说自以为是乃是我们天生而原始的弊病，一切生物中最可怜最脆弱的生物乃是人，却最骄傲自大。

我们距离自己有多远？这一点可以因人而异。可是就人把自己作为认识对象来说，人的确与自己距离最远。我们在估计自己时，应该永远记住这句名言。我们的一生，都要不断认识自我，拉近自己与自己的距离。

人要站起来

在从猿到人的转变中，类人猿的直立行走是最重要的一步。只有站起来，手才能解放，才能真正变为人。在地上四肢伏地，永远是动物。对人的思想来说，同样如此。一个宁愿永远跪着的人，是心甘情愿的奴才。恩格斯曾说过，一些人之所以显得伟大，是因为我们总跪着。我们强调思想解放，就包含着人应该站着看问题，而不能永远趴着。

站着的人是有人的尊严的人，而不是徒有声名的人。声名是外在的，是别人的评价。一个人的声名大于他的实际价值，就是一种虚假的声名。善于沽名钓誉者可获一时之声名，但一旦被揭穿，则声名狼藉。而尊严是内在的，是不会被剥夺的永恒价值。有做人尊严的人是站起来的人，这种人比起徒有其名的人，迟早会被人认可的。

爱面子与爱荣誉

这是人生处世经常要处理的两个问题。中国人是最爱面子的，送礼不能比别人少，请客不能比别人差。没面子，在中国人眼里可是奇耻大辱。不仅个人，可能一家人都抬不起头。可中国人的面子，往往的确是"面子"，即要的是"脸"——类似老百姓俗语所说的驴粪蛋表面光。死要面子活受罪，讲的就是这种爱面子的虚伪性。

荣誉不同，它不光是脸，更重要的是心。它是人的人格和尊严，是人对自身存在的价值和意义的看重。为了荣誉，它可以撕破面子，甚至牺牲自己的性命。面子，从表面上看也是一种荣誉。其实这是虚荣，是不能持久的、泡沫一样的东西。场面一结束，随之消失。

荣誉是永恒的。一个获得世人赞誉的人，会为世世代代的后人所景仰和效法。面子是个人的，而荣誉，不仅是个人的，根据荣誉的性质和大小，它可以属于团体、集体，甚至属于整个民族和国家。为国增光，这就是个人为国家争得的最大荣誉。

爱面子并不是坏事。爱面子比不爱面子强得多。在生活中，无论是交友或对自己的家庭成员，最要提防的是连面子都不顾的人。爱面子是人们生活和交往中的最低要求，但是不能停留于此，要把爱面子上升到一种荣誉感。荣誉感与羞耻感是不可分的。有荣誉感的人是最知耻的人。中国古人说，知耻近乎勇。这个勇就是为荣誉而奋不顾身。

对于一个人来说，要少点面子观，多点荣誉观。少点个人的虚荣心，多点民族的耻辱感，这对于这个民族的强盛来说是非常必要的。马克思当年曾猛烈批评普鲁士专制政府的腐败并以法国和德国对比，说耻辱实际上就是法国革命对1813年曾战胜它的德国爱国主义的胜利，耻辱就是一种内向的愤怒。如果整个国家真正感到了耻辱，那它就会像一只蜷伏下来的狮子，准备向前扑去。马克思把一个民族的耻辱感受比作一头蜷伏下来的狮子，非常形象确切。中国自鸦片战争以后，民族耻辱感不断增长。五四运动是一次民族耻辱感的大爆发。没有民族耻辱感就没有救亡图存的运动，就没有全民的抗日战争，就没有国家和民族的解放和胜利。爱国主义就是一种集体的民族耻辱感。

最危险的是只有个人面子而无民族耻辱感。一个国家和民族，如果只讲面子而不讲荣誉，不提倡国家和民族的耻辱感，这个民族肯定会走向没落。"士皆知耻，则国家永无耻矣；士不知耻，为国之大耻。"龚自珍的这句话，可谓切中肯綮。如果一个人的一生，都知荣知耻，这个人就是高尚的有道德的人。

曳尾泥涂和留骨庙堂

生命与生活是不同的。生命是生活的载体，而生活是生命的过程。没有生命当然没有生活，可同样是生命，生活的内容可以完全不同。所谓生命的目的和意义是来自生活的内涵并非来自生命本身。不能说，活着就是目的，就是意义。

生命是自然现象。我们的生命来自我们的父母。这是个纯生物学的过程，人的出生并没有先天地带来目的和使命。人的生活目的和使命问题是个人生观问题，它依存于社会和每个人所处的社会地位。因此人类的生命的生物学本性可以不变或者变化极其缓慢，可人对人生的意义、目的和使命的看法是不断变化的。

立足于生命自身来考察生命的意义，往往会坠入迷途。因为从生命过程说，无非是生老病死。这一点，所有有生命的存在物都是一样的，无一幸免。这样来考察，生命是最无意义的，只有两个字：生、死。最后是一个字：死。可是从生活活动过程来考察，即从人的生活过程来考察，生活充满情趣、欢乐，有声有色。世界如此丰富多彩，生机无限，就是由无数人的有限人生创造的。

庄子说的与其死后留骨庙堂，不如在泥里活着，绝不是提倡好死不如赖活。活着就是一切，活命高于一切。庄子表明的是不慕功名利禄、蔑视权贵的精神。如果离开庄子的时代与他个人的处境，把他的话理解为活命哲学，的确是对他老先生的误读。

死与了

死，似乎谁都懂。死，就是了。死了，死了，其实并不如此简单。可以死而不了，也可以未死已了。这就是人不同于动物的地方。

动物只有一个世界，这就是包括自身在内的客观世界，动物无论是以何种方式死亡（被屠宰或是自然死亡），就是了了。

人不同。人不仅有一个包括自身在内的客观世界，还有一个自身创造的意义世界和价值世界。人可以结束自己的生物式的生命，但在意义世界和价值世界中，他还未了。历史上伟大的思想家对于我们人类的影响，至今仍然存在。李白赞颂屈原，"屈平辞赋昭日月，楚王台榭荒山丘"。楚王虽贵为国王，一死便了，而以《离骚》传世，以爱国主义精神激励后人的屈原，中国人年年都在纪念他。

即使是普通人，他们通过劳动共同创造的文明和文化总是一代一代地往下传。明代的张溥写过一篇文章叫《五人墓碑记》，记载为在反对魏忠贤斗争中被杀的五个普通百姓重新立碑安葬的事，文中说，"十有一月之中，凡富贵之子，慷慨得志之徒，其疾病而死者，死而湮没不足道者，亦已众矣"。这五个人值得称赞，是因为他们死得其所，"匹夫之有重于社稷也"。这就是死而未了。

有种人，未死先了，虽生犹死。这就是那些贪赃枉法之徒、醉生梦死之人，以及危害社会的社会蛀虫，他们丧失了做人的尊严和价值。

生存与享受

马克思主义不是禁欲主义。恩格斯曾引用拉甫罗夫的话：人不仅为生存而斗争，而且为享受，为增加自己的享受而斗争。恩格斯断言："人类的生产在一定的阶段上会达到这样的高度：能够不仅生产生活必需品，而且生产奢侈品。"个人主义或享乐主义可以此为据来论证自己的观点。其实以个人为基础的享乐主义和以共同富裕、共同享受为目标的共产主义是根本不同的。

人，首先要生存。被剥削者的革命，是为生存而斗争；被奴役国家的斗争，是为民族为国家的生存而斗争。争取生存权，这是一切革命的首要目的。当取得生存权以后，当然要通过发展生产来提高生活质量，不断满足人们的物质和精神需要。在这个过程中，有的人为了这个目标可能要牺牲自己的个人利益甚至生命。敢不敢这样做，能不能这样做，愿不愿这样做，这就是追求个人享乐的个人主义与追求集体享乐的共产主义的分界线。

谦虚是永远张开着的口袋

谦虚，不仅具有道德价值，而且具有认识价值。

谦虚是中国传统的道德规范。"满招损，谦受益"，这是中国的古训。无论从政、处人、处世，都要谦虚，这样才能较好地处理各种关系。谦虚，是一种规范人的行为的处世原则。但对认识来说，谦虚同样重要。谦虚也可以说是一条认识原则。一个自满的人，就是一个塞满了东西的口袋。而谦虚，则是张开的口袋，能随时装进新的东西。永远谦虚，则口袋永远是张开的；一旦自满，则口袋就自动满了。并不是真满，而是自满，自以为满了。

谦虚的人好学，总是感到不满足，利用一切机会学习；好问，不懂的东西随时向别人请教，绝不装懂。用耳朵比用嘴巴的时候多。不懂就问，只有一次不懂；不懂装懂，终生不懂。学问，学问，又学又问。

英雄崇拜

我们反对个人迷信，但不能反对崇拜英雄。一个没有英雄的民族或不崇拜英雄的民族是孱弱的民族，一个民族的历史上英雄人物众多是这个民族的骄傲。

卡莱尔说，只要有人存在，英雄崇拜就会永远存在。古希腊的悲剧人物都是英雄人物。亚里士多德说，悲剧所模拟的是出类拔萃的人物。当然，文化观念不同，崇拜的英雄也不同。中国的古代英雄是道德型的，西方则是力量型的。例如，刘、关、张桃园三结义为世人所称赞，而曹操则被贬损。在中国，有力量而无道德，被称为枭雄。

资本主义是悲哀的。恩格斯说过，为资本主义的确立而努力奋斗的人物不少是"巨人"，是在思维能力、激情和性格方面，在多才多艺和学识渊博方面的巨人。可资本主义的统治确立以后，资本主义不再崇拜英雄。资本主义是金钱统治的社会，是金元帝国，崇拜金钱而不崇拜英雄。选举需要金钱，一人一票选举出来的并不是英雄式的人物，而是得票最多的政治人物。政治人物不等于英雄人物，其中不少是政客。

历史唯物主义从来不否认杰出人物的历史作用。群众的决定作用并不是杰出个人的作用的消解剂。社会主义国家应该反对个人迷信，但不能反对崇拜英雄。社会主义需要英雄，需要各个领域中的杰出的英雄个人，也需要英雄集体。我们有过劳动英雄、战斗英雄，在社会主义建设中我们也有过铁人王进喜式的人物，他们既是普通人又是英雄人物。有些文艺作品把反对"高、大、全"变为歌颂平庸，拒绝崇高，而且太多脂粉气，缺少对社会主义英雄的赞美和崇拜，这种风气需要改变。

人在旅途

我反对人人生而平等的抽象学说，因为它不符合事实。在资本主义革命时期，就反对封建等级制来说，天生平等论是一种进步的学说，但不是科学的学说。因为在阶级社会中，没有任何一个婴儿可以脱离他们父母的阶级和家庭状况，抽象地谈论人人生而平等是无视现实。

可我也不同意血统论、门第论，因为对任何个人来说，都没有一条事先筑就的现成的成功大道。口含金匙出生的人是有的，例如出生于豪门富贵之家的人，虽有余荫可恃，可自己以后究竟有无出息，前途如何，路还是要靠自己走。人的出生并没有赋予他们应当成为什么人的目的，应当成为什么样的人，可能成为什么样的人，是在不断解决个人与自己存在的现实矛盾中造就的。人的一生是无法预料的，路是自己走出来的。没有任何人可以事先为自己写好传记。正像赫舍尔说的，做人就意味着处在旅途中，意味着奋斗、等待、盼望。

大智若愚

事物的本质与现象是不能直接同一的。一个大智大慧的人，在一些人看来是愚笨的。因为他追求更高的东西，忽视世俗生活，不会处世，不会处事，不会"做人"，不会见风使舵，不会钻门子走路子，当然是愚不可及。

同样，大成若缺。有大成就的人，看起来总是不完备的，有缺点的。因为他大成，必然会在其他方面有不及大成的欠缺。十全十美达到极致的大成——一切都完美无缺的人是没有的。

其实这不是真愚真缺，而是若愚若缺。在这里，愚是智的表现。如果他事事精明过人，机关算尽，那就不是智者，而是貌似聪明的蠢人。同理，缺是成的条件，如果他事事有成，那不可能是大成。在这里有所不成才有大成。辩证法是无处不在的。

幸福与不幸

每个人的幸福与不幸是各不相同的，但对人而言，不幸的存在是必然的，因为世界是充满矛盾的世界。人，对幸福并不敏感，所谓身在福中不知福，即使在别人看来幸福无比的亿万富翁、明星大腕、学者名流，同样会有自己的苦恼。人，一旦占有了某种东西，就会习以为常，如同磨光了的钱币，逐渐失去其光辉，可一旦失去，就会痛苦无比。因此，人对不幸比对幸福敏感千百倍。一个健康的人不会感受到健康的幸福，只有生病才会感受到失去健康的不幸。幸福是无法向下看，也是无法满足的。

而不幸是可比较的，一个住房面积很小的人，看到街头无家可归的流浪汉会有满足感。正因为这样，不幸比幸福更能使人感悟人生。一个家道中落的人更能深刻体会到人情的冷暖。

从哲学上说，制造不幸最好的方法，是向上看，同所谓比自己幸福的人攀比；医治不幸最好的方法是向下看，同比自己更不幸的人比较。叔本华说，对每一外在不幸和内在困扰之最有效的慰藉就在于，去发现那些比我们更不幸的人。

时间与空间

对我们普通人的思维来说，时间就是时间，是一分一秒的总和。可对哲学家来说，时间同时就是空间。马克思说，时间实际上是人的积极存在，它不仅是人的生命的尺度，而且是人的发展的空间。

人的可支配的自由时间越长，意味着人可以在其他领域中有更多的发展。自由时间越多，人的发展空间越大。因此，过长的劳动时间不仅消耗人的生命，同时也束缚了人的多方面发展的可能性。马克思坚决反对异化劳动，反对血汗工资制度，他说，一个人如果没有一分钟自由的时间，他的一生如果除了睡眠饮食等纯生理需要以外，都替资本家服务，那么，他就连一个载重的牲口都不如。

笑与哭

笑中有哲学，它不仅是养生之道，所谓"笑一笑，十年少"即是这个道理。它也是人际关系的润滑剂，有利于人际关系的和谐。生活中同样需要哭，为别人流泪，表示对别人苦难的同情和爱，正像叔本华所说的，倘若一个人还能哭，那么就证明他爱心未泯，同情心犹存。

小猫小狗也有情感，因而能成为人的宠物。它们会对人依恋，但不会笑也不会哭。它们的表达方式是类的生物学本能。笑与哭都是人的感情的表现，是情之所至，是人所特有的。为自己的错误流泪表示悔恨，为个人遭遇不幸或不公而哭是一种宣泄。男儿有泪不轻弹，只因未到伤心处。

假道学家们扬性抑情，认为人性是好的，而情是坏的。其实人若无情，没有喜怒哀乐七情六欲，就去除了人性的一个重要内容。人若无情不可谓之人。该笑则笑、该哭则哭，古人称之为性情中人。

同与异

人们在听意见时，都喜欢听相同的意见，听赞成的意见，而不愿意听不同的意见。《庄子·在宥》说："世俗之人，皆喜人之同乎己而恶人之异于己也。同于己而欲之，异于己而不欲者，以出乎众为心也。"正因为喜同，可又存在不同，于是在政治生活中，政治家们在处理国际事务时提出求同存异。这是解决矛盾的一种重要方法。

可也有相反的方法，这就是求异存同。在探求真理时，在进行科学研究时，人们从相反的意见中，得到的启发比从相同的意见中得到的东西要多。既然相同，就不会有新意，可不同的意见甚至反对意见，往往会促进思考。这就是我们古代哲学智慧——和而不同的思维方法。相同的东西只是赞同，而只有相反的东西，才能推进人的认识，弥补自己意见中的不足或思考不周之处。

听取意见时，应该求异存同，因为反对的意见提供的东西比相同的意见多。在处理问题时，应该求同存异，因为求同则可有合作、互利、双赢的可能性。

生命与生活

任何活的有机体都是有生命的存在物。从变形虫到人，从植物到动物，概莫能外。如果一个人，在从出生到死亡的过程中，只是繁殖、饮食，由变老而最终死亡，那么这个人只是有生命而没有人的生活。

人的生命不同于其他有生命的存在物，就在于人的生命存在的方式是生活，是自我创造自己生活的一种生命过程。最好的良种马，从出生到死亡仍然是马，而人从出生到死亡蕴含着无限发展的多种可能性。韶山冲出生的毛泽东，后来成为新中国的伟大领袖。一切伟大人物的成长都是如此。人的出生是一种生物性存在，但在成长中会变为另一种人物。谁能在贝多芬婴儿时料到他日后会成为伟大的作曲家？但人能料到任何动物成熟后仍然是那种动物。

动物是类存在物，是无声的无意识的类存在物。某种动物只是它所属的类中的一员，它具有类的本性，不具有个体的创造性。动物的一切特性都是类的本性，而类是同一的。同类动物之间的差别是形体的、本能的。人不同于动物，人的个体与类的关系不是纯生物性的个体与类。人是具有个体性的类存在物，即人是有意识、有目的的存在物，每个人都在通过自己的努力创造五彩缤纷的生活。马克思说过，动物和它的生命活动是同一的。动物不把自己同自己的生命活动区分开来，它就是这种生命活动。人则使自己的生命活动本身变成自己的意志和意识的对象。有意识的生命活动把人同动物直接区分开来。

气量的度

人的气量有个度，故谓之为气度。气量太小不好，可好好先生也不行。过犹不及，在人的气量问题上同样适用。

有的人气量很小，遇事计较，吃不得一点儿亏，或者实际上未必是吃亏，只是自以为吃亏，就会怒气难平。气量小，就是眼界小。气量，无非是以自己的尺子衡人量物。量来量去，总是觉得世道不平。

我国历来提倡肚量要大。诸葛亮三气周瑜，结果把这个年轻有为的东吴大都督活活气死。当然，这只是演义，不足为信。但这个故事的隐喻是清楚的，就是人的气量不能太小。否则，于事、于己都不利。

庄子说："褚小者不可以怀大，绠短者不足以汲远。"褚，是布袋，布袋太小，就盛不了多少东西。绠，指用来从井里取水的绳子，绳子太短，深井里的水就汲不出来。庄子这话是用来说命的，命中注定像小的布袋和短的绳子一样，是不可改变的。不过我借用以喻人的气量。人的气量就像盛东西的布袋和井里打水用的绳子，太小太短都容不了人。

真理是具体的。我们提倡一个人要有容人的雅量，气量要大，可如果大到无是非、无原则，一味息事宁人、万般退让，这就不是雅量，不是气量，而是没有一点刚劲。这种气量，这种雅量，绝对要不得。鲁迅先生提倡"打落水狗"的精神，反对对坏人采取无条件宽容的所谓"绅士"风度。

当然，时代不同、对象不同，所论问题也不同。我们并不主张不问情况条件一味强调"打落水狗"的精神。我们提倡和谐，和谐精神就包括宽容精神，包括为人处世，气量要大些。可是，和谐也有个底线，对于不该"和谐"的人和事，也不能一味"和谐"。凡事都有个度，这个辩证规律对于气量问题同样适用。

知愚非愚

最不可救药的人，是主观、固执、冥顽不化，而不是无知。无知可以变为有知，少知可以变为多知。而自以为知，以不知为知，必然终身不知。庄子说："知其愚者，非大愚也，知其惑者，非大惑也。大惑者，终身不解，大愚者，终身不灵。"大惑小惑、大愚小愚之分，在于自己对疑与惑的自省程度。

愚与昧不可分。愚者即昧于事理者，不理解却偏以为理解，因昧而愚。所有邪教的受害者，都是昧于对邪教本质的理解。昧的程度越大，愚的程度就越大。昧而不解的人很难转化，只能愚到底，凡是经过教育转化的，都是昧而能解的，从知愚到不愚。

知愚不愚。一个人知道自己愚，这种知愚是以知不愚为前提的。与不愚相比，才能发现自己的愚之所在。正因为这样，知愚就是不愚。没有一个人处在愚蠢中又能知愚的，知道自己愚蠢就是从昧的围城中走出来了。

惑与疑不可分。疑惑，因疑而惑。对认识而言，疑本来不是坏事，小疑小进，大疑大进，无疑不进。可有一个条件，就是疑不是目的而是探索真理的方法。它是问号而不能是无穷的逗号。疑而能解，解疑即解惑。疑而不解，就是惑。疑积累越大，惑的程度就越大。所以要解惑，必须解疑，知疑解疑就不惑。以疑为不疑，当疑而不疑，就是惑。惑而后知，说明惑已不惑。愚与不愚、惑与不惑是相辅相成的。从愚到不愚，从惑到不惑，其核心是个知字。要去愚解惑，就要在知疑知愚上下功夫。

对于一个人来说，愚与惑都是认识的极大障碍。庄子说："小惑易方，大惑易性。"小的疑惑，可以使人的行为找不到正确的方向，容易陷入迷途；而终身不解的大惑，可以改变人的本性。社会上的那些贪赃枉法、杀人抢劫之徒，都是昧于法理、惑于钱财声色、愚昧透顶的人。也许有人会说这些人很聪明，手段很巧，用心很深，他们一点也不笨。其实，这正是"大惑易性"的表现。因为他们的所谓聪明、手段，都是用来干坏事，这种"聪明"越大、手段越巧，越说明愚蠢至极，不可救药。

要能知，就既要有知识，又要有知的能力。汉代刘向说过，"书犹药也，书可医愚"。读书就是求知。知识问题属于科学问题，因而要去愚解惑必须进行科普包括普法教育。很多邪教信徒缺少最起码的科学常识，很多犯罪者是法盲。可又不完全如此。一些科学家、哲学家也成为邪教的信奉者，一些高级知识分子知法犯法，甚至一些法官、律师也加入了犯罪者的行列。这说明仅仅懂得一些科学知识和法律知识并不够，还要有行知即实践知的能力。知而不行非真知，知而能行才是真知。

物极必反

这是生活中常见的现象。登到山峰必然要往下走，因为山峰是"极"，已无高可登。中国人说乐极生悲，也是讲"极"。

在哲学中这个"极"非常重要。刘基的《司马季主论卜》也强调这个"极"字："蓄极则泄，闷极则达，热极则风，壅极则通。"老子在《道德经》中把它归结为："反者道之动。"在实际生活中，我们要防这个"极"。凡事不可过度，运动过度、营养过度、劳累过度，甚至高兴过度，凡事走"极端"，必然适得其反。

适度原则，应该是我们处理实际生活中的各种关系的一个哲学原则。黑格尔说，举凡人间的一切事物——财富、荣誉、权力，甚至快乐、痛苦，皆有其一定的尺度，超越这个尺度就会招致沉沦和毁灭。

善养生若牧羊

决定一个木桶盛水容量的不是最长的一块板，而是最短的一块板。这是智者之言。庄子假借田开之与周威公讨论养生问题时说，"善养生者，若牧羊然，视其后者而鞭之"，讲的也是这个道理。人各有其弱点或者软肋，必须倍加注意。

我这个人信医生又不迷信医生。我相信医学道理，但又相信自己的感受和身体给我的信息。我，终究是我。任何医生都无法感觉我的感受。我的主诉很难完整正确表达自己的感受，因为有时感受很难用语言表达。吃什么，不吃什么，我的意见是按哲学办：一是需要，二是适量。

需要是指自己缺少的东西，就是影响舰队的最慢速度的舰只，或影响羊群落在后头的羊。人应该补充自己缺少的东西，但要适量，最需要的东西、最有营养的东西都不能超过需要。像相声里说的，一口气吃半斤人参照样会一命呜呼。适量就是度。这两条原则一条是抓主要矛盾，另一条是适度，既不过也不太少。大快朵颐和吃什么都提心吊胆，是两个极端，都违背生活的辩证法。

哲学是智慧之学。可要处处应用哲学，包括在自己生活中按理性办事是很难的，因为人除了理性以外还有非理性的因素。在人的生活中，非理性因素的作用是很大的。还是回到庄子那句话："善养生者，若牧羊然，视其后者而鞭之。"当非理性因素成为思维和生活中的主要矛盾时，就要努力克服它；当过于理性处处压抑自己时，就应该调节内心世界，使理性因素与非理性因素能相得益彰。这也是度，是处理理性与非理性因素相互关系的适度原则。

外重者内拙

在现实生活中，名与利可以是推动人奋发上进、舍命拼搏的力量。可问题还有另一面，这就是名与利对人的阻碍。我们经常用"名缰利锁"来形容"名"与"利"对人的束缚。它像绳索一样，可以把人缚得死死的，使人的才能、潜力得不到正常发挥，更不用说超常发挥。名是好的，但虚名不可取；利也不是坏事，假如不取之有道，也是一把心灵自残的利刃。

庄子曾以赌博为例，说明他关于"凡外重者内拙"的哲理。他说，如果在赌博时以瓦片为赌注，人们容易发挥技巧，可是当以黄金为赌注时，往往容易因为害怕而不能正常发挥技能："以瓦注者巧，以钩注者惮，以黄金注者昏。其巧一也，而有所矜，则重外也。凡外重者内拙。"在各种有名次的比赛中，一些本来实力很强的选手却失利了，其中很重要的一个原因就在于此。所谓心理承受力、心理素质，说到底就是这个问题：外重内拙。

人与外界的关系，可分为内与外两层。如果主体精神是内，主体精神以外的东西则为外。一个人过于重外，往往变为外在东西的仆人。按揭购买房子，经济压力太大会变为房奴。买车，压力太大会变为车奴。即使不贷款，也会终日为房子的清扫和车子的维修劳心费力。占有外在的东西越多，等于肩上扛的东西越重。越是注重外在的东西，越是劳神费力，由此得到的快乐越少。那是不是我们不能要任何东西，重新回到最贫困的原始状态呢？如果这样想，只能是思想的大倒退，也根本不可能。

人需要一定的物质条件才能生存。外重内拙讲的是对待物的态度，即人生观的问题。解决外重内拙，一般有二法。一是役物，而不是役于物。役物，主动权在我，不以外物为重，放手一搏，可以有最高限度发挥潜力的可能性。役于物，是一种心理异化状态，患得患失，为恐惧、忧虑所笼罩。二是用志不分，即集中精神，心无旁骛。没有名利得失之虑，才可以用志不分。

罗素是大哲学家，他就以自己演讲的经验验证这个外重者内拙的道理。他说，他一生中曾经做过多次讲演，开始时每一位听众都使我恐惧万分，神经非常紧张，以致讲得极不成功。后来，他渐渐知道了一个道理：不管说得成功与否都没有什么关系，事情无论怎样糟糕，地球依然在运转。后来他发现，他对演讲的成功与否担心得越少，演讲得越好。所以罗素总结说，一个能够超越自己的思想和希望的人，就能够在日常生活中为自己找到闲适之地，而这对彻底的利己主义者来说是不可能的，因为他们太注重外在的东西了。

达人知命

无论是哲学、文学，其主题都离不开命。东方古代讲天命，西方古代讲命运之神。没有命运观，就没有西方著名的三大悲剧。无论俄狄浦斯如何千方百计企图挣脱命运之神，仍然难以逃避弑父娶母的悲剧，这就是命。中国既讲天命也讲人的命。所谓生死由命，富贵在天。天命，是国家盛衰兴亡的主宰；人的命，是个人一生贵贱贫富的主宰。因此，知命变成是否明智的尺度。孔子就公开声明自己有三畏，其中最重要的一畏就是"畏天命"。

庄子是讲命的。他说："达大命者随，达小命者遭。"所谓大命，是自然本性所决定的命，是无法避免的。如人的生死寿夭，只能顺其自然，即随，顺从命运的安排。小命，是由个人的生命本性决定的命，贫富贵贱，境遇各不相同，但不要羡慕追求，而要安于自己的命运。遭，就是安于个人的遭遇。庄子主张顺其自然，既安于身外的自然——大自然，又安于自身的自然——小自然。这当然是消极的。随遇而安，乐天知命，没有苦恼，终究是消极人生。

在中国哲学中，只有墨子是旗帜鲜明地反对命定论的。墨子非命，他深知一切委于命的危害，"藉若信有命而致行之，则必怠乎听狱治政矣，卿大夫必怠乎治官府矣，农夫必怠乎耕稼树艺矣，妇人必怠乎纺绩织纴矣"。命定论对国家的危害太大，所以墨子强调"命者暴王所作，穷人所述，非仁者之言也"。

或许有人会说，都处于同样的条件，为什么有人发财，有人打工，甚至衣食无着呢，这不是命吗？这不是命，这叫运。中国"命运"这个组词很有意思,既讲命又讲运。我们不同意讲"命",但"运"不能否认。运是机遇,因为每个人的实际处境不同,机遇可能不同。所谓时来运转,就是因为时机变化而带来的好的机遇。运可以有好运,有坏运,有背运,有走运。所谓好运、坏运、走运、背运,与命无关,而是各人具体的"际遇"。运是偶然性,一个偶然的遭遇可能改变一个人一生的命运。关键是要抓住偶然性,不放过一切机遇。好运就是好的机遇,背运就是没有机遇,走运就是机遇来了,这都要求人发挥主体能动作用,寻找机遇,改变坏运。不要坐失良机,也不要遇挫即倒。对于一个没有上进心没有奋斗精神的人,永远不会走运。因为机遇永远属于有准备的人。个人的才能、努力和机遇的结合,就是好运。赫舍尔在《我是谁》中就说过,作为自然存在物,人受到自然规律的支配;作为一个人,他必须经常进行选择。

外生者身存

人会死亡,所以有宗教。宗教信仰是对死亡恐惧的一种解脱。任何宗教都是把死视为回归,或回到上帝身边,或入天堂,或入极乐世界。总之,宗教中的死亡没有世俗人眼中的死亡那样可怕。有些人得绝症后往往容易皈依某种宗教,原因也在于此。

人,害怕各种能给自己带来危害的东西。对于这种东西,或者敬或者骗,总之不能得罪。这就是存在种种神灵的原因。清人熊伯龙说,人之所以畏神也,以畏死耳。涉江,险事也,则江涛有神。痘疹,危疾也,则谓痘疹有神。畏死之心迫,而后神明之说兴。知此,则推之火神、痘司、疟鬼、穷鬼,皆失实之言也。

在中国旧观念中，几乎无物没有神，无处没有神。因为危险无处不在，所以神无处不在。科学昌明以后，这种到处物化的神的观念可以消除，但人的宗教信仰并不会消失，因为死亡是不可消除的，人对死亡的恐惧可以说是人的一种本能。

哲学与宗教不同。马克思说过，宗教求助于感觉，哲学求助于理性；宗教许诺人们天堂，哲学则许诺真理；宗教是恐吓，哲学则是教导。在对待死亡问题上哲学与宗教的看法的确不同。哲学不是许诺天堂，不是用死后的地狱或罚为猪狗的恐吓来劝人行善，而是教导人们理性地对待死亡。

老子《道德经》说过，生之徒，十有三，死之徒，十有三，人之生，动之于死地，亦十有三。在老子那个年代，人的平均寿命很短。真正能享天年的人不多，所以才会有"人生七十古来稀"之说。养生求寿成为人们的一种追求。但哲学既不是用低俗的关于神的观念来安慰或恐吓人，也不是教人专门讲究营养，以好逸少劳作为养生妙法。在哲学家看来，过分关注自身生命的人反而不得长生。老子说过，"生生之厚"的人反而活不长。庄子也说过，"外其生而身存"。兵法中就有置之死地而后生的说法。破釜沉舟，决一死战，反而会转败为胜，转危为安。个体的生命运动也是辩证的。

生命当然宝贵。贵生并不错，但这里有个哲学观念问题。究竟是重生的人活得长还是忘生的人活得长呢？似乎是越关注自己生命的人越容易短寿。一个过分关注自己生命的人背负着求生的重担，心理负担太重。吃有讲究，这个不能吃那个不能吃，工作不能累坏了"身体"，整天生活在生命的重负之中，背负着"求生"的重担，活得很累。这种人反而是"求生得死"，辩证法是无情的。

哲学的生死观非常智慧。生命是一种有规律的现象，生死一体，无人能免。向死而生是生命的真实。死是自己生的结束，是另一个新生婴儿生命的开始。人类总是如此代代相继。任何个人都是生命无限循环中的短短的链条。生命是有限的，但人可以通过正确对待生与死而延长生命的周期。

人，如果过分惜生、惜命，把合理饮食、注意劳逸结合，变为刻意求生的一种追求，生就变为一种负担，而不能从合理的生活方式中得到生的乐趣。我们所做的一切都是在抵御死亡而不是在享受人生，就不是快乐的人生而是痛苦的人生。一个终日提心吊胆为死而忧的人不可能活出情趣，活出味道，活出品质。

沉浸在对死的恐惧之中的人，不是一个智者应有的生活态度。哲学教导我们的就是正确对待死亡而不是害怕死亡。外生而身存，是真正的智慧。人不能免死，但能使生变为一种人生盛宴，变为一种享受，而不是活在世间只为赎罪或受罪。

以恬养知

静而后能虑和利令智昏，是认识中两种完全不同的心理状态。一个人内心浮躁，为利欲所左右，往往神志不清，不可能有正常的判断力，更不用说有智慧。因为对欲求和私利的无限追求，往往像眼睛蒙上黑布，什么都看不清，只见利，其他一概看不见。古时候有则故事，一个人看见别人的金元宝，拿起来就跑，被人抓住。别人问他，明明有人为什么还要公开抢东西？他说，我只见黄金不见人。这就叫利令智昏。

庄子提出了一个命题，叫"以恬养知"。用恬淡安静之心来涵养自己的智慧，这样智慧可以生成，但有了智慧又不用，"智生而无以为也",叫作"以知养恬"。"智与恬交相养,而和理出其性。"智与恬两者相互作用,和便从人的本性中流露出来了。

显然,庄子"智恬互养"是为他的无为主张作论证的。如果能正确理解,我们还是可以从中得到一些有益的启示。这就是人应该有智慧,但不要汲汲于名利而滥用自己的智慧。一个自以为聪明、处处投机取巧、算计别人的人,到头来是没有好下场的,所谓"机关算尽太聪明,反误了卿卿性命",指的就是这种人。

智恬交养的说法是深刻的,无智不足以养恬。一个真正聪明的人,能以自己的智慧保养自己的淡泊名利之心,功成身退,或不以利害身。而无恬不足以养智,只有真正淡于功名利禄的人,以恬淡之心处世、处事、处人的人,才能增长智慧,才能成为有智慧的人。一个背负名利重山、热衷权势、压得连腰都直不起来的人,怎么可能有智慧呢?最多只能说是精明,但精明并非智慧。

求名要求万世名,求利要求百姓利。马克思主义应该赞成这种名利观。在这种为人民争利益的名利观中,对于个人来说,以恬养智、以智养恬、智恬交养仍然有启示作用,可以防止个人把手伸得长长的。陈毅说,"劝君莫伸手,伸手必被捉"。这是至理名言,也是历史经验与人生经验。

用志不分

这是个心理学问题,也是个哲学问题。尤其是在人生观问题上,意志的重要性,老百姓都知道。父母教子女总说,人无志不立,鸟无翅不飞;还说有志不在年高,无志空活百岁。

在意志问题上,我不同意叔本华的唯意志主义的本体论观点。

这种把意志视为宇宙本体、非理性高于理性的观点，无论在宇宙观还是在人生观上都是错误的。如果意志是整个世界的基础，是世界的终极存在，那么世界万物都是意志的表象，世界就是非物质世界；如果意志是生命的本质，是人的真实自我，人的一切追求、欲望、冲动都是这种神秘意志的作用，人就只能陷于永远无法满足的痛苦之中。不是人支配意志而是意志支配世界、支配人。

我们反对唯心主义的意志决定论，但我们重视意志在人的行为中的作用。孔子说过，"三军可夺帅也，匹夫不可夺志也"。三军可以失去主帅，但一个人不能失去意志。没有意志的人是软弱的没有原则的。孟子心目中的大丈夫，"富贵不能淫，贫贱不能移，威武不能屈"，就是意志坚定的人。没有意志的人，中国人称之为软骨头。

我们要重视意志，但还要懂得如何应用意志。庄子关于"用志不分"，即意志要集中，做任何事情要一心一意不要分心的观点无疑很有价值。庄子《达生》和《知北游》中的两个故事，有一定的启发性。

一个是假借孔子看见一位曲背老人用竿子粘蝉，蝉在树上，老人仿佛是在地上捡东西，一粘一个准。孔子很惊奇，问他："子巧乎！有道邪？"老人回答："有道。"这个"道"就是勤学苦练，最后达到眼中只有蝉的境界。"虽天地之大，万物之多，而唯蜩翼之知。"孔子教导他的学生说，他达到这个水平，是"用志不分，乃凝于神"的结果。全部意志都集中在蝉身上，心无二用。

另一个故事见于《知北游》，讲大司马家中有个专门为他锤制钩带的工匠，年已八十，可是锤制钩带时不差分毫。大司马很惊奇，问他如何达到这个水平。他的回答仍然是"于物无视"，"非钩无察"，也就是说，他的全部心思用在锤钩上，心无二用，才达到这个水平。这两个故事的结论都是一样的："用志不分，乃凝于神。"学习任何东西，专心致志，就有可能达到出神入化的境地。

人都有意志，可意志要发挥它的最大效能，需要有锲而不舍的精神。这种精神才能使主体的能动作用得到最大限度的发挥。在人生旅途中，在危险境地中，生存下来的大部分是意志坚强、锲而不舍的人。老子也非常重视意志，他说过："强行者有志。"能够知难而进、坚持到底的人是有志气的人。

注意力

注意力有两个方向：一个是向外的，关注心外之物，关注实践和认识的对象；另一个是向内的，它向内用力，关注自我，关注自我的感受，自我的内心世界。对人来说，这两种注意力都需要。前者是以客体为对象的意识，后者是以自我为对象的自我意识。

唯心主义倡导向内用力，万物皆备于我，不假外求。这当然只是一种哲学学说，是不能实践的。如果一个人从生下来就与世隔绝，闭目塞听，天天向内用力，从自己本心中寻找真理，寻找佛性，我相信他肯定是个白痴，一窍不通。

一个人的注意力应该向外，关注外在世界，从万物中求理。这是辩证唯物主义认识论的基本道理，也是人类实践和认识史反复证明过的真理。当然自我内视或反问是必要的，但必须是建立在向外用力的基础上，正如牛的反刍，只有吃草之后才有东西可供咀嚼。

从心理健康的角度来说，一个人过分关注自我，往往会导致疾病，因为人的内感的敏锐程度与过分关注自我是不可分的。任何人都有这个经验，人虽然有牙齿，但平日没有人会注意到自己有牙齿。

一旦牙疼，就会强烈感受到牙的存在，正如不头疼，不会想到自己是不是有头一样。

庄子在《达生》中曾讲到，为什么灵台可以"一而不桎"？所谓灵台是指心，所谓"一而不桎"，是说心如何做到不被桎梏所禁锢，关键是"忘"。忘，并不是任何人、任何时候都能做到的。要能忘必须心无所系，没有牵挂的东西。一个正在牙疼的人忘掉牙，头疼的人忘掉头，是不可能的。

之所以能忘，都是因为可忘，可忘是因为"适"。"忘足，履之适也；忘腰，带之适也；忘是非，心之适也。"鞋子不合适，脚不可能舒服；裤带太紧，腰不可能舒服。心也是一样，太多的忧虑，太多的心事，心不可能舒服。一个人老是什么都不满意，老是愤愤不平，一副怀才不遇的样子，那就永远不可能舒服，永远处于痛苦之中。

庄子为这种人开了一剂药："始乎适而未尝不适者，忘适之适也。"一个人只要不追求安适，就可以做到任何时候都处于一种心安状态，因为他根本忘记了"适"。不追求安适的人永远是"适"，无时无刻不追求安适的人，反而不能安适。一个过于关注健康的人，反而难以健康，因为健康已经成为他心里的一个负担。

人有两种注意力，这是人比动物优越的地方。人若是不能意识到自我，没有自我意识，就不是人。内审力越强的人越敏感，因而也越容易感受痛苦。我们应该正确处理这两种注意力的关系。既关注对象，也要关注自我审视的能力，但为了不使自我关注的能力走向反面，应该把自我关注建立在对外关注的基础上，变为对实践经验的总结和反思。

爱因斯坦作为一名科学家，特别强调关注外界而不沉湎于自我，虽然人们不可能穷尽对象，但应该关注对象。他说，要不是全神贯注于客观世界——那个在艺术和科学工作领域里永远达不到的对象，那么在他看来，生活就会是空虚的。

学会忍受痛苦

人的一生中，有些东西是可以通过改变环境而变化的。例如，你的住房周围环境太吵，你可以挪个住处；你与同事有矛盾，闹得不可开交，领导或许会把你们调开。唯独内心的痛苦，是无法通过逃避而消除的。因为痛苦存于内心，它会随着你的心挪到你所去的地方。而且越是逃避，痛苦越深。急于解除痛苦本身的人就会陷入另一种更深的痛苦，即为解除痛苦而痛苦。由一种痛苦变成双倍痛苦。

庄子讲了一个寓言故事："人有畏影恶迹而去之走者，举足愈数，而迹愈多，走愈疾而影不离身，自以为尚迟，疾走不休，绝力而死。不知处阴以休影，处静以息迹，愚亦甚矣！"这个害怕自己影子的人，就是用逃避来甩掉影子。结果走得越快，影子跟得越紧，结果只能"绝力而死"。

人的痛苦是内心的，它类似于自己的身影，与自我合二为一。任何外在的方法都是难以解除的，唯一的方法是从自己的思想中寻找解除痛苦的方法。如果是可以解除的痛苦，应该针对痛苦的原因对症下药，如果是不能解除的痛苦，就应该学会忍受，随着时间的推移而逐渐使它淡化。时间是最好的医生，它能医治痛苦，条件是你必须学会忍耐。一些人不给时间这位医生以它唯一的药片——时间，结果也是"绝力而死"。有人说，不是可以外出散心，或者挪个居处，或者与朋友聊天来解除痛苦吗？对，这就是时间。所有这些做法都需要时间，都是在聊天、外出或者其他活动中消磨时间，让时间这个变压器来医治自己的内心痛苦。这就是"处阴以休影""处静以息迹"。

夸父追日的精神，值得赞美，因为夸父追的是一种外在于自己的对象，隐喻中表现了中华民族自强不息的精神。一个人如果时刻不忘消除痛苦，这实际上是想用加速痛苦的方法来消除痛苦，正如愚人采取跑步方法来绝迹息影一样。

人的一生，免不了会遇到各种不顺心的事，会有这样那样的不幸与痛苦。学会区分痛苦的性质，同时要学会忍受痛苦，让时间来抚平痛苦的心。一点儿痛苦都不能忍受的人，有一点儿痛苦就急于消除的人，肯定会越来越痛苦。

向里用力和向外用力

从希腊神殿中的格言和苏格拉底倡导的"认识你自己"以后，有些哲学家把人的认识变为自我认识，把自我认识置于一切认识之上。实际上，人对自我的认识是认识的重要方面，但不能把它置于人的一切认识之上。对人的认识是认识世界的一个方面而不是全部，对人的自我认识不能代替对客观世界和对对象性事物的认识。

毫无疑问，人当然应该认识人自身，但这个人自身不能归结为认识个人的内"心"，认为世界上的一切都蕴藏在"心"中。人应该认识的是人的社会本性，人的自然本性，人与人的关系，人与自然的关系。只能从人的种种关系中才能认识人。我不赞成带有唯心主义性质的心性之学。如果孤立地认为认识人就是认识人的"心和性"，这种向内用力，只能是把人看成一个个孤立的具有天赋的个体，它内心蕴藏着一切。

孟子说人天生就有四端，人天生有恻隐之心、羞恶之心、辞让之心、是非之心。这四心就是仁义礼智的根源，因而万物皆备于我，人的学习不假外求，求其"放心"，即把丢掉了的本心找回来。对外界的认识就是人对自我的认识，对自我的认识就是对人的心与性的认识。其实人并不具有这种丰富性。人的内心世界原本什么也没有，它的丰富的内心世界是从社会中不断获取和积累的。从原始人到当代人的内心世界的丰富与发展，本质上是社会关系和社会交往的丰富和发展，是由外在的东西内化为人"心"的过程。我们应该区分内外世界，即人的客观世界和主观世界，应该懂得这两个世界在实践基础上的辩证关系。

从人的内在世界与外在世界的关系来说，我们应该首先把重点放在外在世界，向外用力，人类的一切成就都是来源于对外在世界的改造。只有在这个基础上，我们才能比较科学地研究人的主体世界。因此，对主体世界的研究，始终离不开对客体世界的研究，而不是单纯向内用力。把人放在解剖台上，任何高明的医生都不会发现人的内心世界的一丝一毫，见到的只是人的生理结构、肌肉与神经。因此，对内心世界的研究不是医生的任务，而是哲学家包括心理学家的使命。

人对世界的认识，既要研究外在世界也要研究内在世界，既要研究人类的内心世界，又要研究个人的自我世界。对人的内在世界的研究，不能变为单纯关注自我。我是应该研究"我"，但不能只是向内用力，忘记了世界，忘记了别人。歌德说过一段很有意思的话：人的全部认识和努力都是针对外在世界的即周围世界的，他应该做的就是认识这个世界中可以为他服务的那一部分，从而来达到自己的目的。只有在感到欢喜或痛苦的时候，人才认识到自己，也只有通过欢喜和痛苦，人才学会什么应该追求什么应该避免。

知止而后定

"安定"是名副其实的安定，用来镇定、安眠。可它是药，作用于人的生理。还有一种思想上的"安定"，这就是哲学。《大学》开头就说："知止而后有定，定而后能静，静而后能安，安而后能虑，虑而后能得。"一个人，如果不知止，不知止于所当止，就永远处于鸡虫得失、夜不能眠的窘境。这就要学点哲学。

对名利，要知止，不能永远无止境地追求名利。对欲望，要知止，不能无限追求不合理的高消费。对劳逸，要知止，既不能劳而不休，也不能逸而不劳。总之，一切属于个人的东西，都应该有个"度"。人最难的就是知止。很少有人能止于所当止，也有不少人不知当止于何处。

人不可能没有欲望。没有对利益的追求，没有热情的渴望，历史就会停滞，社会的活力就会枯竭，人的精力就会萎缩。黑格尔把利益和热情视为历史发展的经纬线，就是看到了人的利益和对利益追求的进步意义。

这里的关键在于应该区别社会和个人。政府作为公权力的占有者和行使者，它有责任通过各种方式使社会全体成员生活幸福，在物质和精神上提供高质量的产品，以满足人民不断增长的需求。政府不能提倡"安贫"，所谓"贫穷不是社会主义"的道理就在此。实际上，在当代，即使发达资本主义社会同样声称要以消除贫困作为自己施政的方针，能不能做到是一回事，可它不能不以此为目标。民生问题、富民问题，从来都是治国的要枢。对个人而言，如何在社会发展中得到自己应该得到的那一部分利益，则应该是知止。不能无限追求、攀比，甚至不择手段来满足个人的私欲。也就是说，社会发展没有止境，而个人的私欲则应该有止境，这就是知止问题。

人，有情，有欲。人有喜怒哀乐，有各种欲求。而且人的各种欲求和情绪，不是枯井中的死水，而是如同日夜奔流的大河，时缓时急，跌宕起伏不定。没有情欲，就不是人。其实，即使遁入空门的出家人，心理上也不可能没有丝毫波纹。战胜这些"魔障"，就是修行。可人不仅有情有欲，还有理性。理性的产生是在人的进化中逐步形成的生理的机能，理性的内涵，则是社会的文化和道德规范的历史积淀。各种欲望和情感不停地冲撞，对人的心理健康是不利的。庄子说过，人的各种欲望，"与物相刃相靡，其行进如驰，而莫之能止，不亦悲乎！"

可人又不能无欲，不能断绝一切欲望。这就存在一个知止的问题。张载说过："欲不可绝，欲当则理。"人的心理不安定不在于有欲，而在于欲而不当，不知当止于所止。欲望无穷，永不知足，只能在痛苦和失望中了却一生。学点哲学，确立一个正确的世界观和人生观，就能既保持旺盛的活力和热情，又知道当止于所止。知止而后有定，这可能是最好的"安定"药片。

不畏中的最可畏

人，对于自己感到害怕与危险的东西，总是心存恐惧和戒备。可是对自以为没有危险的东西，往往很不以为意。其实最大的危险往往存在于没有危险的意识之中。火很热，令人望而却步、望而生畏，很少人会玩火；而水性温柔，波光粼粼，令人神往。可自古至今，死于水者不计其数，而死于火者甚少。人们提倡防火，宣传防火，而对水没有恐惧感只有亲近感。玩火者罕见，而以嬉水为乐者常见。古人说，"善泳者多溺"，信哉斯言！

《庄子·达生》中说，如果路上有强盗出没，则路人相诫，兄弟父子结伴而行以防盗，"必盛卒徒，而后敢出焉"。人们对危险的防范，是明智的表现。可是人们对于日常生活中的危险因素并不在意，甚至不清不楚。实际上，死于强盗的人很少，而死于不健康的生活方式的人很多。

"人之所取畏者，衽席之上，饮食之间，而不知为之戒者，过也！"庄子距今两千多年，也是孟子最高理想"七十者可以食肉"的时代，没有现在这么多豪华的酒席，大概也无公款可吃。可就是这个时候，庄子就提出了这种警告，真是了不起。

在习以为常的日常生活中，从不可畏之处识别可畏之处需要哲学智慧。一些人之所以不得享天年，不少是死于无知。这种无知不仅是医学知识的无知，同样也是对哲学的无知，不懂得危险往往存在于"无危险"之中。知险不险，不险有险，这就是辩证法。爱因斯坦是一位伟大的科学家，也是一位有哲学头脑的智者。他认为，简单淳朴的生活，无论在身体上还是在精神上，对每个人都是有益的。

止于至善

人们常说，西方哲学重自然，中国哲学重伦理。其实不能绝对化。古希腊哲学家，如苏格拉底、柏拉图，都非常重视道德伦理学说。哲学史上把苏格拉底的哲学称为道德哲学的发端。西塞罗在

《图斯库卢姆谈话录》中说，苏格拉底把哲学从天上召唤下来，寓于城邦之中，甚至引入家庭，迫使哲学思考人生和道德、善与恶。

总的说来，以孔子为代表的儒家学说具有道德伦理哲学的特色。儒家在中国封建社会长期占据统治地位，因而道德伦理学说使中国哲学的其他方面显得逊色。儒家经典《大学》的首句就是"大学之道，在明明德，在亲民，在止于至善"。追求至善，即终极的道德境界，应该是人生的最高追求和终生的修养。

强调道德教化并没有错。儒家的道德中确实有许多值得继承和发扬的东西。可是，儒家道德的作用是有限的。在封建社会中，儒家的道德对稳定社会秩序、协调人际关系起过良好作用，可它也束缚了人的个性，而且越到封建社会后期其副作用越大。五四时期进步知识分子反礼教，喊出"打倒孔家店"的口号，虽然过激，但符合时代进步的潮流。死抱住儒家教条，不吸收西方文化，特别是不接受马克思主义，中国只能仍在封建制度和思想意识的僵壳中挣扎。只有推翻旧的制度，我们才可能分清良莠，慢慢清理祖宗的遗产。

我从来不相信道德可以救国、救世，所谓道德江河日下、世风不古之类的考语，都是社会问题在道德问题上的折光。国民党败退海岛之前，在内地搞过新生活运动，大力提倡礼义廉耻、国之四维，提倡忠孝仁爱信义和平，还成立了一个道德重整委员会之类的组织，仍然没有挽救失败的命运。历史经验证明，任何一个王朝如果最后的法宝是求救于道德，结局是不妙的。

任何一个马克思主义哲学家都懂得经济基础和上层建筑的关系，都懂得道德作用的条件和界限。我们强调公平、正义，并不是单纯把它作为一个道德问题，而更重要的是分配和利益问题。公平最终必须落实到共同富裕、共享改革成果上，而正义必须排除对财富和政治权力的屈从，排除对法律和道德的践踏。如果由于长期分配不公而导致两极分化和阶层对立，所谓公平和正义都会徒有其名，沦为资本权力的遮羞布。

现在有些学者提倡读点中国的经典，包括《三字经》《弟子规》这些儿童的发蒙读物，我认为很有必要。熟悉中国文化的经典是继承我们民族优良传统的一条重要途径，也是进行人文教育的一种方式，但一定要正确宣传。以孔子的仁爱为例，这是宣传最多的思想，但只讲孔子的"仁者爱人"，仿佛孔老先生是主张无是非、见人就爱的博爱主义者。其实并非如此。孔子也说过："唯仁者能爱人，能恶人"，有爱有憎，并非一味讲爱。有一次子贡问他："乡人皆好之，何如？"孔子斩钉截铁地回答："未可也。"又问："乡人皆恶之，何如？"同样回答："未可也。不如乡人之善者好之，其不善者恶之。"其他如"和为贵""和而不同"，都有个正确全面的理解问题。

我们应该充分吸收我们民族的优秀传统文化特别是儒家文化，但一定要分清精华与糟粕。不要一听糟粕二字就冒火，这是另一种片面性。最全面的说法，还是毛泽东说的"取其精华，去其糟粕"。

哲学与人生　Philosophy and Life

历史视野

第四章

历史的意义

"历史是什么？"是历史哲学中的根本性问题。在思辨性历史哲学或者批判性历史哲学中，它没有被明确提出来，但它是不同历史哲学立论的依据。不同学派的历史哲学家都有各自对历史的本质的看法。英国学者卡尔以自己20世纪60年代在大学的演讲结集为《历史是什么》出版，像一块投向水中的石头，激起关于历史是什么的公开争论。

其实，早在卡尔提出这个问题之前，马克思和恩格斯就曾经对历史是什么做过明确的论述。从历史的主体说，历史是人追求自己目的的活动；从客体说，历史不外乎是各个时代的依次交替。撇开人和人的活动创造成果，只在历史材料和对历史材料解释之间兜圈子，永远无法理解历史的本质。

历史的意义问题是以历史的本质为依据的。历史是人创造的，历史的意义也就是说人的创造活动意义问题，是人的世世代代的创造成果的意义问题。据有些学者的说法，历史没有意义，历史的意义是历史学家赋予的。例如贝克尔就说，就事件本身而言，它没有任何意义，它之所以对我们具有某种意义，并不是由于它本身，而是由于它作为另外一些事件的象征。波普也在《开放的社会及其敌人》

中说，事件本身没有意义，只有通过我们的决断才能取得意义。如果历史无意义，实际上是说历史是已死的过去，历史上人类的全部活动及其成果都是作为消失了的存在，变为无。

诗人咏史之作大抵容易凭吊遗迹，伤旧怀古，感人世之沧桑，谈人物易逝，旧迹难寻。刘禹锡《西塞山怀古》："千寻铁锁沉江底，一片降幡出石头。人世几回伤往事，山形依旧枕寒流。"传诵千古的苏轼《念奴娇·赤壁怀古》，劈头就是"大江东去，浪淘尽，千古风流人物。故垒西边，人道是三国周郎赤壁"。然后是遥想当年小乔初嫁时，雄姿英发、羽扇纶巾的周郎，遥想当年多少豪杰，在赤壁合演了一幕中国历史上著名的赤壁之战。可如今赤壁究竟在何处？也只能是听人说说而已。"青山依旧在，几度夕阳红"，几乎是诗人们怀旧的共同感叹。

我们不能否认，历史中地区有战争、有苦难。有围绕权力而展开的阴谋，也有平民百姓为生活而苦苦挣扎。但不能因此而否认历史的意义。叔本华完全以他悲观主义的人生哲学解释历史。在他看来，人类愚蠢得不可救药，竟然一定要把历史看作有价值的东西。历史明摆着只是杀戮、苦难和不幸的记录。我们的世界是一个贫穷者的世界，只有相互吞噬才能生存下去的世界，是在焦虑和贫困中度日，常常受着痛苦的折磨、痛不欲生的人生战场。人们是在为瞬间的满足不断地拼搏，猎者和猎物、压力、欲求需要、焦虑、尖号、哀号，如此这般，直到永远。

科学的历史视角不同于文学，不是单纯情感的抒发，也不是叔本华式的悲观主义的咏叹调，一笔勾销人类历史。科学的历史观应该是理性的思考。既看到历史上人生的痛苦，又看到人类的辉煌创造；既看到历史会变为断壁残垣，又看到它为后人积累的丰富的物质财富和文化遗产。

如果有人说，任何倾国倾城的美女都是一堆白骨，任何英雄人物都是一座陵墓。谁也无法否认，到头来必然如此。无论王嫱、西施、飞燕、玉环如何美艳绝伦，都早已成为冢中枯骨。任何英雄人物最终留下的也只是坟墓，有的可能连坟墓都没有。古代著名的宫殿园林楼台亭阁都变为荒土。刘基在《司马季主论卜》讲的："是故碎瓦颓垣，昔日之歌楼舞馆也；荒榛断梗，昔日之琼蕤玉树也；露蛩风蝉，昔日之凤笙龙笛也；鬼磷萤火，昔日之金缸华烛也。"这是历史事实。逝者已矣，旧迹难寻，这是历史的演变，可人类在这种演变中把历史的流逝变为历史的积累，在前人的成就上不断前进。不如此，就没有历史的进步，没有人类的发展。

谁能设想没有几千年历史发展和文化积累，能有今天的中国？正如马克思、恩格斯在"历史不外是各个时代依次交替"的论断后，得出的不是消极结论，而是接着说，"每一代都利用以前各代遗留下来的材料、资金和生产力；由于这个缘故，每一代一方面在完全改变了的条件下继续从事先辈的活动，另一方面又通过完全改变了的活动来改变旧的条件"。

人生不是如梦，历史不是空无。一代代劳动者创造变为生产力的延续，一代代伟大思想家的创造变为文化经典和文化传统，一代代伟大历史人物的功绩变为历史的楷模，变为历史进步的助力。它表面上似乎不存在，但它实际存在于我们的现实当中。汉唐盛世、六朝金粉、秦淮旧景会成为永远的过去；大江东去，浪花可以淘尽英雄人物，但历史并不会因此而毫无意义。现实是历史的延续，没有过去就没有现在；没有秦始皇统一，没有书同文、车同轨，没有历代有为之君和我们的先辈的开疆拓土，就没有当代中国；没有以往历史的杰出人物，中国就是一个没有英雄的民族，没有历代文学家、艺术家、哲学家留下的经典，中国就是一个没有文化的民族。一句话，没有古代的辉煌，当代中国就会黯然失色。历史是一种积累，仿佛积土为山，如果我们只看到泰山巍巍，看不到层层积土，那是一种小学生的历史观。当代中国是历史中国的发展。我们之所以要以史为鉴，就是因为它确实可鉴，因为它存在规律。水可载舟亦可覆舟、历史周期率、创业难守业更难等之所以成为历史的教训，是因为它确实是历史自身包含的意义，并不是历史学家主观创造，而是总结出来的，前事不忘，后事之师。

现实就是历史的延续，历史已经达到的高度，是我们前进的起点。历史的意义还表现在，前人活动中的成功和失败，为后人留下了经验和教训。尽管它隐藏在历史事件和人物的活动中，有待历史学家去总结，但总结是对历史本身的总结，而不是把历史没有的东西强加于历史。说历史没有意义，就是把人创造历史的活动及其成果一笔勾销。恩格斯在《英国状况 —— 评托马斯·卡莱尔的〈过去和现在〉》一文中特别强调"历史的启示"，反对"轻视历史，轻视人类发展"。他强调"为了认识人类本质的伟大，了解人类历史上的发展，了解人类一往直前的进步，了解人类对个人非理性的一贯有把握的胜利，了解人类战胜一切似乎超人事物，了解人类同大自然进行的残酷而又胜利的斗争，直到具备自由人的自觉，明确认识到人和大自然的统一，自由地独立地创造建立在纯道德生活关系基础上的新世界"。为了了解这一切，我们应该研究历史，因为一切都存在于历史的启示中。

历史的意义是历史作为人类实践活动的经验和成果对后人所具有的影响、教育警示和启迪作用，是实实在在的人类遗产。历史学的意义则是对历史客观意义的主体书写。没有历史书写，历史自身的客观意义就无法彰显和被理解。尽管历史意义需要通过书写揭示和研究，但不是历史书写赋予历史以意义，而是历史书写承担有揭示历史意义的功能。这就是史学的功能。如果历史的书写只是事件的记载，是一本流水账本，这种历史的书写就没有价值。史学的价值在于史实的真实性和历史意义的科学性。以铜为鉴可以正衣冠，以史为鉴可以知兴替。之所以可以以史为鉴，就是因为历史自身包含着前人活动的经验和供后人吸取的教训。

我们不可能排除社会历史观的世界观基础。因为对人类社会历史本体的确认往往受其世界观决定。如果像佛教宣称的四大皆空，显然人类历史与世界万物一样，也是过眼烟云，任何历史事件和历史人物，无论人物的善恶，还是事业的成败，到头来"是非成败转头空，青山依旧在，几度夕阳红"。如果按照马克思主义哲学关于世界客观性、世界是物质的唯物主义世界观，社会历史的本体同样具有物质性，是客观的存在，并非空无。社会领域是人的活动领域，社会的物质性不能脱离自然，但又不等于自然，它是人类改造自然的物质生产活动。人类的物质生产活动是客观性的活动。生产是一种对象化的活动，没有自然界就没有人类生产活动的对象。从人类社会中排除自然界，社会就"无地自容"。因此社会本体中包括自然因素但又不等于自然本体论。它是包括人与自然、人与人关系的物质生产活动，是一切经济、政治、文化的基础，是历史的发源地。

历史是人类智慧的大海

　　我说过，黑格尔说人类不能从历史中吸取经验有一定道理，但不全面。黑格尔说的人类没有从历史中学到什么，只是对那些企图从历史经验中学到永远保持自己特权和统治的人来说，是正确的。正如侵略者一样，有多少侵略者能从历史经验中吸取"多行不义必自毙"的教训？历史经验证明，没有一个民族可以长期统治别的民族，没有一个侵略者最终不会失败。第一次世界大战、第二次世界大战都以侵略者的失败而结束。可是凡侵略者没有人会相信这条经验，总认为自己是例外。

　　历史是人类创造的。人类的全部创造，从物质到精神无不包含于历史之中。阶级斗争只是历史的一部分。人类经验不限于阶级斗争的经验，它包括以往人类的全部经历，包括人与自然关系、人与人的关系，以及色彩斑斓、波澜壮阔的历史事件和彪炳史册、高山仰止的历史人物。历史宛如浩瀚无垠的智慧和经验的大海，后人可以从历史中得到教益。

　　从思想史角度看，人类的种种思想和文化都积淀于历史之中。历史学家可以总结历史经验，政治家可以总结治国理政经验，科学家可以总结科学发现和发展的经验，各个领域的思想家可以总结思想发展的经验，例如哲学离开哲学史的总结，就不可能有新的创造和发展。

从政治角度看，人类在治理国家和社会管理中，也积累有丰富的经验。尽管没有一个王朝可以万世一系，但决不是说新建立政权不能从前朝的失败中吸取任何教训。永久的统治经验是没有的，但如何有利于政权的巩固和推动社会发展的经验教训还是有的。这些经验和教训，既有实践价值，也给政治思想史的研究者们留下了可供总结的材料。

在世界上，中国是少有的几个文明古国之一，有几千年的文明史。有素称发达的农业和手工业，有许多伟大的思想家、科学家、发明家、政治家、军事家、文学艺术家，有丰富的文化典籍。不仅有几乎包括中国历代王朝变迁的官方史书，还有不少私人著述、稗官野史、笔记小说，可以说是一个历史智慧的大海洋。

毛泽东非常重视历史。他在延安整风中，把重视历史学习与重视理论和重视实际并列，强调"不要割断历史。不单要懂得希腊就行了，还要懂中国；不但要懂得外国革命史，还要懂中国革命史；不但要懂得中国的今天，还要懂得中国的昨天和前天"。毛泽东不是一般号召而是身体力行，终身都保有对历史的浓厚兴趣，可以说达到手不释卷的地步，甚至临终前几天仍在读书。

毛泽东对中国历史著作非常熟悉，曾圈点"二十四史"。对历史上的著名战争非常熟悉，如对楚汉成皋之战、新汉昆阳之战、袁曹官渡之战、吴蜀夷陵之战、秦晋淝水之战在相关处有批注。这里有个题外话。毛泽东并非行伍出身，他当过半年新兵但并没有参加过任何战斗。当年项羽对他的叔父说，他不要学剑而要学兵法，不学一人敌要学万人敌。毛泽东从小学教员、图书馆管理员，可说是一介书生变为统领千军万马、运筹帷幄、决胜千里的世界级的军事统帅，靠的不是勇力而是智慧，包括历史的智慧。毛泽东一生没有摸过枪，但指挥过无数次决定中国命运的大战役。这具有中国"文人武化"的传统。中国历史上一些有名的军事战略家和军事思想家，并非武人而是书生。他们统观全局，指挥若定，文武兼备。

毛泽东对历史上一些著名人物的言行也非常熟悉。不仅评点他们的得失，对其中的警句名言了如指掌，并经常推荐给其他领导阅读，以便从中吸取历史的智慧。据报纸文章介绍，毛泽东从1952年到1976年前后二十四年不断阅读"二十四史"，写有大量批注文字，涉及历史人物的评价、治国治军的政论政见政纲，战争、战役及其战略战术，等等。应该说，熟知历史典籍对毛泽东思想的形成显然有重要作用。

历史是智慧之海。黑格尔关于人类从历史中学不到什么的说法，是以偏概全。当然，历史包含的智慧要成为人类的智慧，需要转换，这种转换就是历史学家和人文学家的任务，也是我们学习历史的目的。历史的价值不在仿效，而在智慧。历史事实中蕴藏的智慧，必须经过包括历史学家在内的所有学者的总结和阐发。史学之功，可以是思接千载，视通万里，但全部历史学总和，从人类历史这个智慧之海中舀取的也只是一勺而已。历史可以不断研究。

历史不相信眼泪

　　老子在《道德经》中说："天地不仁，以万物为刍狗。"这就是说，天地没有对人类的偏爱，而是自然规律支配万物的生灭变化，像对待纸扎的祭品一样，祭后就烧掉，毫不吝惜。因为这是大仁，对万物一视同仁。从人类的角度来说，大仁仿佛不仁，因为没有对人类的特殊照顾。老子的天不是意志的天，不是道德的天，没有好生之德，而是以万物为刍狗。

　　人类社会历史同样有规律，它没有偏爱，因而历史不相信眼泪。多少辉煌的帝国变成陈迹，多少雕梁画栋的宫殿荡然无存，多少王朝改朝换代，多少末代皇帝在哀鸣。历史上多少词客诗人写过怀古诗，有的为六朝的衰亡而惋惜："无情最是台城柳，依旧烟笼十里堤。"刘禹锡的《石头城》"山围故国周遭在，潮打空城寂寞回"，与他的《乌衣巷》"旧时王谢堂前燕，飞入寻常百姓家"同为怀古名句。一为感叹显贵家族的兴衰，一为感叹古金陵今南京城经历多少王朝繁华后的衰败。南唐后主李煜对故国"恰似一江春水向东流"的无尽愁思，也只有文学价值，并不能引发人们对历史落败者的同情。人类历史有王朝的更替，也有不少的文明消失。文明的确是碎片，每个逝去的文明，留下的不是整体，只是碎片。或是埋在地底下，或是写在书本上，或残存在后人的风俗习惯中。

历史的车轮滚滚向前，它毫不吝惜地碾碎曾经存在过的一切，把它们变为自己的一部分，即变为历史。诗人怀古凭吊，虽然动人，但无法改变历史的辩证法。历史可以凭吊。后人凭吊前人，又被后人凭吊。历史也像以万物为刍狗的天地，任王朝盛衰兴亡，任国家崛起败落，任文明成为碎片。词客诗人们凭吊历史时凭借的是情感，而不是历史哲学。他们没有想到，没有这些不断化为历史惊叹号的王朝兴亡更替，就没有历史的前进。

历史真的是像以万物为刍狗的天地吗？历史的确没有眼泪，只有规律。但历史规律像自然规律一样，是在社会之外的另一种力量吗？文明的意义只是化为碎片，历史的价值只是历史的陈迹吗？不是。历史的意义和价值存在于现实之中。历史无情人有情。人并不是历史的刍狗，而是历史过程的主体。正像恩格斯说的，历史并不把人当作达到自己目的的工具来利用的某种特殊人格，历史不过是追求着自己目的的人的活动而已。实际上，创造历史的是人，凭吊历史的也是人。

自然规律和社会规律不同。自然规律的载体是自然物质，它外在于人。荀子说，"天行有常，不为尧存，不为桀亡"，就表明了这一点。自然规律对于人来说，具有先在性和永恒性。马克思强调，自然规律是根本不能取消的，在不同的历史条件下能够发生变化的，只是这些规律借以实现的形式。

在自然规律中，我们应该区分客观的自然界规律和科学规律。物体存在引力，这是永恒的自然规律，可牛顿发现万有引力却是在17世纪末。前者是客观的自然规律，后者是科学规律。科学规律的正确性需要科学实验和实践证明。科学规律与自然规律的关系以及全部自然科学的发现都是如此。科学规律是可以发展、补充、修正甚至证伪的，而客观世界自身的规律却"依然故我"，不会因此而改变。自然规律是一视同仁的，与社会制度无关。破坏自然就会遭受自然界的报复。资本主义制度下是这样，社会主义制度下也是这样，并不会因为是社会主义，自然界就会"特殊照顾"。这就是为什么社会主义国家照样发生生态环境恶化、人与自然的矛盾日趋尖锐的原因。原来我们对这点认识不足，总以为既然是社会主义制度就什么都比资本主义优越，连自然规律也会因社会制度不同而失去作用。还是荀子说得对："天行有常，不为尧存，不为桀亡。"自然规律与人、社会是外在的关系。人可以认识和利用自然规律，却不会因为社会制度不同而改变它的作用。

社会规律不同。社会规律与人的活动、社会制度是不可分的。社会规律不是外在于人与社会之外的规律，而就存在于人的活动和社会之中。有什么样的社会就会有什么样的规律，而规律的形成和作用都是在人类的活动中实现的。马克思对这个问题有过精辟的阐述。他说，所谓"经济规律"并不是永恒的自然规律，而是既会产生又会消失的历史性的规律。任何一个只要是表现纯粹资产阶级关系的规律都不是先于现代资产阶级社会而存在的。所以，资本主义社会发展的规律是与资本主义社会不可分的，它是资本主义社会的规律，而且是在参与资本主义全部活动的人的实践中实现的。某一社会的规律不可能先于这个社会而存在。正如社会主义市场经济规律不可能先于社会主义制度的存在一样。

人类能够利用自然规律，这一点人们容易承认。虽然自然规律也是看不见的，但规律本来就是潜藏在事物内部的本质关系中。人们从万物如刍狗的生生息息的万物运转中，可以发现它的规律性。

这就是自然现象重复性中的同一性。可不少哲学家否认社会规律，他们认为社会历史领域中没有自然界中的那种重复性。社会历史中的事件和人物都是一次性、不可重复的。我要强调的是，在自然界天地以万物为刍狗，在社会领域中也会产生以人为刍狗的现象，这就是社会规律作用的客观性问题。

社会规律虽然存在于人的活动中，但并不意味着人的活动都符合规律。这是两个不同的问题。前者是社会规律存在和起作用的条件问题，后者是人的活动能否达到目的的条件问题。所谓社会领域以人为刍狗，不是说人对规律性无能为力，而是说当人的行为违背规律，无论才能多大，主体性多强，只要逆历史潮流而动，最终照样失败。马克思在论述资本主义社会规律的作用时说过，大工业不会让自己的规律受工厂主的怯懦性随意摆布，经济的发展将会不断产生新的冲突，并使这个冲突达到顶点，它也不会容忍自己长期受一心向往封建制度的半容克地主的支配。

马克思的意思是，无论怎样反对和抗拒，资本主义生产方式都会战胜封建主义生产方式，曾经不可一世的封建贵族和领主终将没落并逐渐从历史舞台上消失；也无论资产阶级如何缓和内在矛盾，但矛盾和冲突会随着大工业的发展而逐渐激化，缓和是暂时的，资本主义制度终究会为更高的社会主义制度所取代，资产阶级也会成为多余的阶级而退出历史舞台。这就是封建贵族和领主的历史命运，也是资产阶级的历史命运。所谓历史命运，就是历史规律的作用的另一种表述方式。在阶级的更替中，可能有家庭的悲欢离合，盛衰兴灭，这就是一些历史的"刍狗"。

在中国近代历史运动中，人为"刍狗"的现象同样存在。难道人是任规律摆布的木偶吗？当然不是。因为所有参与活动的个人、集团、阶级和政党，都力求达到自己的目的，但相互作用中形成的规律是不以个人的意志为转移的。为什么呢？这是一种合力。但这种合力并不是创造规律，规律是不可能创造的，而是在每个社会的人们的合力中，在人们实际的经济政治活动中，直接形成各种经济关系、政治关系（阶级关系），而规律就是这种经济关系和政治关系的规律。

社会规律并不决定于参与活动的人们的意志，更不决定于个人的意志，而决定于每个社会性的实际存在的经济关系和政治关系。而每个社会的经济关系和政治关系形成的社会基本矛盾的运动和运行方向，就是社会发展中总是新的生产关系最终取代旧的生产关系，新的阶级取代旧的阶级。因为社会发展中伴随人类生产工具的进步而带来的生产力发展，要求新的生产力取代旧的生产力，从而引起社会关系和阶级关系的大变化。尽管这种变化是通过人们的活动实现的，但最有前途的阶级就是代表新的生产力、新的生产关系的阶级。这就是规律。

在中国近现代史上，蒋介石个人并非没有才能，麾下并非没有将才，并非没有发挥主观"能动性"，军队虽多，武器虽精，终于失败，成为历史的"刍狗"。中国古人说的得道多助、失道寡助，多行不义必自毙，就是这个道理。如果在社会领域中，只讲主观能动性而不讲规律的客观性，只强调人的主体性，不承认人可能为历史所抛弃，从而成为历史规律的"刍狗"，都是片面的。

历史上多少显赫一时自以为可以一手遮天的阶级和人物，变为向隅而泣的可怜虫，变为历史的刍狗，难道还不明白这个道理吗？

历史中的人性

　　人性问题的确是一个永恒的主题。中外哲学史、思想史、文学史，总之全部人文社会科学都会直接或间接与人性问题有关。关于人性的争论也是持久的，几乎贯穿全部人类思想史各个领域。性善、性恶、性无善恶，各种观点的争论至今依然。我们看到坊间有《人性的缺点》，也有《人性的优点》。励志书多以人性善为依据，而愤世嫉俗者又多半是人性恶的拥护者。其实，人性是复杂的，它既可以表现为人性的缺点，也可以表现为人性的优点。黑格尔就说过，"有人以为，当他说人本性是善的这句话，是说出了一种很伟大的思想，但是他忘记了，当人们说人本性是恶的这句话，是说出了一种更伟大得多的思想"。其实，无论是人性的优点还是缺点，或者说性善性恶都有其社会根源，而不能止于人性本身。

　　历史中的人性问题是无法回避的。历史是人创造的，而人当然有人性。一部人类历史，从一定意义上可以说是人性的铸造和展现的历史。在政治斗争和战争中，我们可看到历史人物之间迥然不同的人性显现。有的阴险诡诈、心狠手辣、毫无怜悯之心，可有的却心怀苍生、以我不入地狱谁入地狱之心，为人民利益国家利益而甘心赴汤蹈火，对人民充满爱，而对敌人则满怀恨，光明磊落、爱憎分明。据说古罗马皇帝尼禄是历史上公认的暴君，弑母、杀妻，杀人成性，成为人人闻之色变的暴君。近代，希特勒、东条英机、墨索里尼结成轴心同盟，发动第二次世界大战，这些人都是最为残暴的人物。希特勒屠杀犹太人的罪行，几百万人在焚尸炉中化为灰烬；东条英机、土肥原之流的日本战犯在中国的三光政策、南京大屠杀，罪行累累，罄竹难书。这些人的残暴、凶恶，亘古未有。他们可以说集中表现了人性的最恶劣的方面。有人说这不叫人性，应该称为兽性。兽性无非是因为他们的行为和战争罪行不仅超过了人之为人的底线，而且是人类罕见的残暴，与禽兽无异，可以说是灭绝人性。但这种灭绝人性的兽性仍然是发生在人身上，实际上是人性的另一面，即人性中最恶劣的方面。

历史上也有另一种人，他们在斗争中，英勇、顽强，面对死亡可以视死如归，可内心又充满同情和爱。林觉民《与妻书》的那种对新婚妻子的至深至爱之情，对挽救民族危难必死的赤子之心，读之感人至深、催人泪下。聂荣臻在战场上收养敌方遗孤，也非常感人。共产党人战场英勇杀敌，战场下最具人情、亲情和友爱之情，表现了一种高尚的优美的人性。至于普通人在日常生活中既有悲离合欢，也有恩爱情仇；既有舍命救人的人，也有谋财害命甚至不惜灭门的人。我们可以看到历史上人的行为中无处不存在不同人性的展现。如果我们只满足于人性的层面而不知何以如此，何以有不同的人性表现，就永远不能理解历史。

人性与历史的关系是争论不休的问题。人性决定历史的历史观并不少见。实际上并不是人性决定历史，而是历史决定人性。有人引用恩格斯对黑格尔的评价，似乎他赞成人性决定历史的观点，这是误解。恩格斯的话，针对的是费尔巴哈人本主义关于爱是历史动力的观点。他说在黑格尔那里，恶是历史发展的动力的表现形式。这里有双重意思。一方面，每一种新的进步都必然表现为对某一神圣事物的亵渎，表现为对陈旧的、日渐衰亡的但为习惯所崇奉的秩序的叛逆；另一方面，自从阶级对立产生以来，正是人的恶劣的情欲——贪欲和权势成了历史发展的杠杆，例如封建制度和资产阶级的历史就是独一无二的持续不断的证明。当革命打倒旧事物旧秩序时会被认为是恶，实际上这种所谓恶只是被打倒者对事件的道德评价。至于封建社会和资产阶级的历史中，在政治斗争和权力斗争中表现出的贪欲和权势的现象后面，是以人的情欲和权势争夺解决历史自身中的矛盾的实现方式。李世民玄武门之变，杀死建成元吉，负有杀兄逼父抢夺帝位之名；燕王朱棣的所谓靖难之役，借清君侧为名，以叔父身份抢夺帝位。在夺权斗争中有借口、有阴谋、有权术、有血腥味。他们并不是道德的化身而是政治人物。从历史和政治角度看，唐太宗和明成祖都是历史有为之君，对中国社会历史进步有过重大贡献。这两种情况在人性恶的背后有其更深的社会根源。

历史不能归为两种人性的斗争，归为善与恶、天使与魔鬼的斗争。第二次世界大战中希特勒、东条英机之流表现的人性灭绝并非人的本性的异化，而是由法西斯主义和军国主义的侵略性决定的。德国纳粹的法西斯主义、日本的军国主义并不决定于希特勒、东条英机个人的人性恶，而是德国与日本经济和政治向外扩张的必然结果，是德国和日本的经济和政治决定法西斯主义和军国主义的逆流汹涌。共产党人所表现的人性中的耀眼光辉，是无产阶级革命性和历史使命决定的。因为这种革命像熔炉，在不断造就革命者的品格。当德国在第二次世界大战后彻底清算战争罪行、清算纳粹主义之后，德国人照样成为普通人，因为已经铲除了产生纳粹的政治和思想土壤；而日本对历史没有清算，至今仍然存在军国主义思想和一些极右人物，因此东条英机类的灭绝人性式的人物就可能会再度出现。这不是德国人的人性比日本人的人性善良，也不是日本人比德国人人性恶，而是各自的社会现实铸就的。

人欲问题是人性中一个难题。据说，乾隆下江南到镇江问一座庙里的高僧，你每天亲眼看见长江来往船只，究竟有多少条船？高僧答曰：只见两只船。乾隆不解，问为何只有两只船？答曰，名利两船而已，熙熙攘攘为名利而来来往往。把人为满足自己的衣、食、住、行而从事的活动，简单归结为名利欲，必然引申为人的贪念是创造历史的动力，人欲决定历史。

人要生存，必须生产，必须生产满足自己生存需要的物质生活资料，并为此而从事活动，或农业，或工业，或商业，或从事种种其他行业。这是人类生存不同于动物的特点。人进行活动当然需要有欲望、有追求、有热情。人类没有欲望，没有热情，没有伴随人类欲望而从事的实践活动，就没有人类历史。不能把人类生存需要的生产活动简单归结为追求名与利的人欲。人欲有合理的也有不合理的。满足人类生存需要的人欲，包括所谓食与色是人类生存的永恒需要。如果把人为生存需要而从事的活动，把"人欲"全部纳入贪欲与权势范围，必然把人类全部历史归结为由人性决定和实现的历史。这种历史观是错误的。

人不可能超越利益，人的全部活动都与利益有关，但这不能成为人性自私的根据。马克思严格区分各种不同的利益。他把纯粹个人的私利称为自己脚底的鸡眼，有些人一遇到别人妨碍他获取私利就像踩到他脚下的鸡眼一样。利益是多种多样的。有个人利益、集体利益、阶级利益、民族利益、国家利益。名与利的内容随着社会条件变化而变化。封建社会追求良田千顷、金榜题名是一种利益观；资本主义社会个人的发财致富和不择手段沽名钓誉是一种利益观；社会主义提倡的为人民服务，"求利要求百姓利，求名要求万世名"也是一种利益观。这都具有不同的时代特点，把它们一概纳入名利的概念中，从而得出人的贪欲与权势欲是历史动力的结论，完全是混淆概念。

人就其类本性来说，永远是人；人就其社会本性来说，永远是变化着的人。否则，我们无法解释，为什么我们在不同历史条件下见到的是不同的人。人是变化的，人性是变化的。唯一不变的就是人仍然是人，这种"人就是人"的人，是一种具有相同的生理机能的生物学个体。这种生物个体是承载着人的社会性变化的生命存在。我们应该重视人的生物学特性、人的自然特性。人有情、有欲、有生存本能这是共同点，但是应该看到人的这种自然本性通过不同社会之火的陶冶，也是变化的，会变得更符合理性、更符合文明，因而情欲具有人作为社会人的特性，而不再是人的原始的自然本性。所谓人性的弱点，就是自然本性压制人的社会本性，任凭情欲之性扩张；所谓人性的优点，就是社会本性使情欲的实现合理化，具有人作为社会存在物的特性。

人性是在社会中，也就是在历史中形成的。我们在农业社会中看到的那种亲情、乡情和人情，可能令处在激烈竞争中的资本主义社会的人羡慕但无法得到。当农民处于自给自足的小农经济中，一切都显得那样的纯朴、厚道善良，决不会像被卷入市场化后出现的分开种菜，自己家里人吃的是天然的、无害的菜，而市场上卖的可以不考虑别人的健康，只要能赚钱就行的"毒"菜。这种人虽然不多，但仍可为鉴。这不是人性恶的体现，而是被卷入市场竞争中的小农缺乏法律和道德观念所致，只要进行教育和规管是可以解决的。把它视为永恒不变的人性恶，是对人类历史的误读。我想起《墨子·所染》中记载墨子看见匠人染丝得出的人性体悟，"染于苍则苍，染于黄则黄，所入者变，其色亦变，五入必，而已则为五色矣。故染不可不慎也。"墨子此说在两千多年前人性本善论处于主导地位的时代，是非常深刻的思想。

不是人性决定历史，而是历史决定人性。历史的变化就是人性不断变化的过程，因而必然不断展现人性。不变的人性永远无法承载变化不居的历史。一百多年前，普列汉诺夫就指出人性决定历史这一理论的矛盾。他说，如果人的本性不变，那么怎么用它解释人类智慧发展或社会发展进程呢？任何发展的进程是什么？是一系列变化。可不可以用某种一成不变的人性来解释这些变化呢？变量之变是因为常量不变吗？普列汉诺夫对马克思的人性观予以高度评价。他说，按其对科学的巨大重要性来说，可以大胆地拿这一发现同哥白尼的发现相提并论，以及一般地同最伟大的、最富有成效的科学发现相提并论。把马克思的人性观比作哥白尼天文学发现是有道理的，因为这都是根本观点的翻转。

历史的道德评价

在很长一段时期，无论是中国还是西方，都把历史看成是王朝更替和帝王将相的军事政治活动的历史，历史学只是对这些活动的记载。由于人们着眼的是历史活动中帝王将相的功过是非和品格，因而道德评价处于主导地位，历史活动变为人们实践某种道德原则的活动，而历史书变为以某种道德原则评价历史人物的道德教科书。人们对历史借鉴作用的强调，也往往是从政治道德的角度说的，强调治国为政的道德原则。所谓孔子著《春秋》乱臣贼子惧，讲的就是以封建道德原则为尺度对人物的评价。道德史观是一个时期的主要的历史观。

道德可以用来评价人的行为，是人的行为评价的尺度，但不是社会历史发展评价的尺度。历史活动是多方面的，把眼界仅仅局限在政治军事活动中，是一种由特定条件决定的狭隘的历史眼界。历史是以物质生产为基础的包括经济、政治、文化、军事以及人们日常生活的多方面的过程，总之，包括人类的全部活动。把这个复杂的多方面的过程塞进一个道德原则的框框之内，是不可能做出正确判断的。恩格斯说过，愤怒出诗人。愤怒在描写社会道德的堕落和社会弊端时是有用的，但道德的愤怒不能加深我们对社会的认识。由于社会活动的多面性，不同领域可以有不同的标准，例如衡量文学成就与衡量政治成就不一样，衡量军事成就与衡量哲学成就不一样。如果我们把社会作为一个总体，衡量阻碍还是推进社会发展的尺度，应该以是否有利于社会进步和生产力的发展为标准，而不是少数人的更不能是被历史淘汰的人的道德情绪。

单纯的道德尺度是不可靠的，因为阶级社会中道德标准是不同的。社会发展和变革，往往是对一向被视为神圣的东西的亵渎，被认为是道德沦丧。马克思在《道德化的批判和批判化的道德》一文中说过，一切发展，不管其内容如何，都可以看作一系列不同的发展阶段，它们以一个否定另一个的方式彼此联系着。比方说，人民在自己的发展中从君主专制过渡到君主立宪，就是否定自己从前的政治存在。任何领域的发展不可能不否定自己从前的存在形式，而用道德的语言来讲，否定就是背弃。因此，在社会发展中，许多现象在拥护变革者看来是道德的，而反对者则认为大逆不道，今不如昔。道德的评价的主体性、相对性是很明显的，特别是社会大变动时期，阶级关系和利益的大调整更会引起不同的道德评价。人们只要回想一下清王朝灭亡后，民国初年甚至以后更长一点的时间的那些遗老遗少保皇派们的道德愤怒，就可以悟出这个道理。

以道德为尺度，必然停留在动机领域，按照人的动机来区分人的好坏，可历史的发展并不是按道德规则进行的。历史的悲剧是经常发生的，被认为道德高尚而结局悲惨的人在历史上是常见的。以道德为尺度不可能正确认识历史的动力和尺度。恩格斯在批评旧唯物主义的历史观时说，它按照行动的动机来判断一切，把历史人物分为君子和小人，并且结论照例认为君子是受骗者，而小人是得胜者。旧唯物主义由此得出的结论是，在历史的研究中不能得到很多有益的东西；而我们由此得出的结论是，旧唯物主义在历史领域内背叛了自己，因为它认为在历史领域内起作用的精神动力是最终原因，而不去研究隐蔽在这些动力后面的是什么，这些动力的动力是什么。事情很显然，在所有动机包括伦理动机背后，都有其深刻的物质的经济的动因，尽管并不是所有当事者都清楚地意识到这一点，但这并不能说明伦理动机是人的行为的最终动机。

道德是变化的。要把某种道德树立为普遍尺度，它必须是普遍的共同的不变的。可世界上哪有这种不变的道德尺度呢？如果非得要找出这种尺度，那只能以是否符合所谓永恒不变的人性为尺度。有的学者以公平、正义、自由等为尺度，认为这些反映普遍的人性要求。可在阶级社会中，不同阶级对这些原则的理解是截然不同的。我们以公平为例。究竟何谓公平，是竞争中机会均等的公平还是结果的公平呢？资产者说资本主义是最公平的，我出资本得利润你干活拿工资，工作越好工资越高，再公平不过。可有觉悟的工人说，资产者无偿占有工人的劳动，不劳而获是不公平的。在英国古典经济学家看来，土地占有地租、资本占有利润、劳动占有工资是公平的，可马克思主义推翻了这种理论，创立了马克思主义的劳动价值学说。有的学者说，社会主义就是市场经济加公平，这种说法有可能把本来可以通过经济形态分析的社会发展阶段问题（如生产力的水平、所有制和分配的性质、剥削关系和两极分化的状况、共同富裕的程度等）推向道德和价值领域。有人根据此定义说，西方才是真正的社会主义社会，它们的社会富裕和社会保障体系比我们健全。这当然不会得到多数人的赞同，可由于对公平的看法不一样，还很难反驳。

正由于普遍的道德尺度只能以抽象的人性为基础，因而是不可能的，因为这个永恒不变的人性同阶级的现实存在之间的矛盾是非常明显的。各阶级有自己的衡量标准，如果以人性为标准，必然提倡超阶级的尺度，可历史上从来不存在这种尺度。在阶级社会中，阶级的存在是现实的存在，这种存在是一种任何人都能感受的甚至直观的经济存在。单独的个人可以超越自己的经济存在，从自己本来的阶级中游离出来，可任何一个阶级是不可能超越自己的经济地位的。哪个阶级都不会以与自己的阶级特性相对立的人性为尺度来衡量历史和现实。如果倡导普遍人性，肯定会把自己的阶级性冒充为普遍的人性，这种人性的尺度背后掩盖的是阶级尺度。

这当然不是说，道德在历史研究中是无用的。我们反对的是以道德作为历史评价的尺度，而不是反对从一个侧面对社会历史现象的道德评价。事实上，一个社会，道德状况是其中很重要的方面。当一种新的生产方式处于上升时期，相应的社会道德比起被推翻的社会道德面貌肯定进步，可是当这个社会的生产方式开始腐朽，社会矛盾尖锐时，社会风气和道德状况会趋向恶化，从而引起人们的道德愤慨。这种道德愤慨背后，实际上是包含着对社会经济和政治制度的不满和抨击，不过不是以经济和政治的语言，而是以道德的语言。恩格斯曾以奴隶制为例：当奴隶制处于稳定上升时期，没有人说它不道德，没有人说它是不公平不正义的，相反认为它是天经地义的，包括当时一些大哲学家都赞美奴隶制。当人们从道德上予以抨击时，表明奴隶制度已开始没落。因此一个真正科学的理论家应该把道德上的愤怒看成象征和症状，而不是看作原因，特别是要善于区分道德评价中的保守主义和革命主义。在社会前进和激剧变革中，所谓人心不古、世风日下的道德考语，往往成为拒斥变革的饰词。

至于对伟大历史人物的评价，也不能是纯道德的评价，不能以抽象的忠奸善恶道德规范为尺度，而应考察他们的历史功绩，考察他们是推进还是阻碍历史的进步。谁要提出"玄武门之变"李世民杀建成元吉是否符合道德、燕王朱棣的"靖难之役"取代建文帝是否符合道德之类的问题，只能表明其历史观仍处于封建伦理的范围内。事实上对封建统治阶级的内部斗争应该跳出父子兄弟夫妇的伦理范围，以他们的历史功绩为尺度。以封建伦理为尺度评论是非曲直，迂腐至极。

当然，这并不是说任何时候对历史人物的道德评价都是不必要的。例如，明成祖处死方孝孺株连十族残杀无辜显示了他的凶残，方孝孺虽然恪守的是封建正统观，但他不趋炎附势不畏强权视死如归的个人品格和气节还是值得称道的。这就是说，历史人物的评价不能是简单的成者为王败者寇，而应该有分析，要分清功过的主要的方面、次要的方面，要承认政治上的进步和道德上的欠缺可能同时并存。对人的评价本来是复杂的。马克思在评论路易·波拿巴的政变何以得逞时，就包括道德评价，揭示出这个人的流氓无产者的品格，是个"白天想事晚上干"的阴谋小人。马克思不是孤立地进行道德评价，而是结合他的政治活动来进行评价，相得益彰，从不同的角度揭示出这个人的面目。

英雄业绩淘不尽

"大江东去，浪淘尽，千古风流人物。"苏轼的《念奴娇·赤壁怀古》这首传世之作，堪称怀古佳作中的绝唱。自古以来，凡怀古凭吊之作，大体上都是哀叹斗转星移，物是人非。所谓"君臣一梦，古今空名"，总是浸透了一种无奈的历史凄凉。从文学看，它表现一种意境，具有审美价值，可圈可点；可从哲学看，可议之处甚多。

人是要死的。历史就是变迁，永恒的东西不是历史。王朝的兴衰，人物的替代，古今中外，无不如此，但不能说，英雄人物的存在和出现，是没有意义的，如同长江中的巨浪，转眼成空。如果这样，那历史上的伟大人物就没有价值。事实上逝去的是他们的生理生命，可他们曾经起过的作用作为传统因素不仅影响后代并永远为后代所铭记。历史不是东逝的流水，不是空洞的时间连续性，它包含着人类社会的一切。

从人类的文明积累看，曾经对人类的物质文明和精神文明做过杰出贡献的人会死去，可他们的业绩是永存的。对中国和世界起过重大作用的四大发明即指南针、造纸术、印刷术和火药的发明者，早已成为古人，可这些发明对世界历史的影响是无可估量的。尽管当今同类的科学技术的发展远远超过原有的四大发明，可人们仍然不会忘记最初的发明者。这些发明本身的存在和不断改进，就是对他们生命的永恒纪念。同样，爱迪生死了，电灯存在；瓦特死了，蒸汽机和火车存在。诸如此类，不胜枚举。从一定意义说，人类社会就是一个硕大无比的展览馆，其中每一件发明创造都是创造者生命的延续和伟大作用的见证。

在文化领域中同样如此。古今中外，在文学、哲学、艺术、宗教等等领域中，留下了多少传世的名著佳作。正是这无数的著作中的精华，构成了自己文化传统的最重要内容。从世界看，正是各个民族的文化典籍和传世佳作，构成了人类的精神文明。各个民族不仅从自己本民族的文化传统中吸取营养，而且彼此相互交流和学习，因此一个民族的最杰出的文化名人往往也是世界文化名人，他们的贡献和业绩是世界性的。在历史和现实中发挥如此重大作用的人，长江中的浪花怎能与其相比呢！

对政治军事领域做出杰出贡献的历史人物同样应该如此看。政治业绩和军事功绩不像科学技术以及文化中的发明，可以实物和典籍的形式存在，但决不是过眼烟云。我们敬仰死去的英雄，敬仰一代又一代的伟大人物，就是因为他们为子孙后代打下了基础。我们今天的中国是历史上中国的发展。没有过去，就没有现在。我们国家的统一、幅员的辽阔，其中都包含我们先人的世世代代的积累和贡献。个人生命的长短，与历史比较可以略去不计，值得尊敬的正是他们的事业。否则，一了百了，均是过眼烟云，长江波涛，那历史就是"无"。"青山依旧在，几度夕阳红"，只能是当文学看，不能当历史看。历史给人们留下的就是现在。没有历史就没有我们的发展和进步。

这里的确存在个历史观的问题。个人的生命是短暂的，历史的发展是连续的，社会的进步是积累的。从个人生命的角度看待个人，还是从历史发展的角度看待个人是不同的。如果执着于个人生命，提出当年横槊赋诗、不可一世的英雄曹孟德如今安在的问题，只能得出消极的结论。其实，这是一个对任何有杰出功绩的人都能提出的问题，从历史的角度看这是毫无意义的问题。历史着重的不是个人生命的长短而是对国家和民族的贡献。以对人类贡献为尺度，就不会产生以虚无主义态度看待历史的伤感情怀。

美人玉殒香消，英雄化为黄土。这是不可抗拒的规律，但这是自然规律而不是历史规律。历史并不会因为人总是要死的，而可以不论功过是非、忠奸良莠。如果这样，这不是历史而是宗教。一切皆空的观点、赎罪的观点是宗教的观点而不是历史学的观点。历史的尊严和价值，正在于无论是事件或人物的是非功过应该是清楚的或力求清楚的。例如在中日关系上，中国人民不计前仇，要世世代代与日本人民友好下去。我们中国是一个有气度有作为的民族，决不是狭隘的民族主义者，决不会为历史上的恩恩怨怨而纠缠不已。但从历史的角度看，日本对中国的侵略、南京大屠杀、东条英机的战争罪行，是非曲直要清楚。

我们之所以强调历史不是无，不是长江中转瞬即逝的浪花，不仅在于要肯定人民的创造，肯定杰出人物的贡献，而且还在于历史是我们的过去，是我们走过的路和留下的脚印，它包含着一个民族的痛苦和欢乐，光荣和耻辱，成功和失败，经验和教训。后代子孙可以从中得出我们当代应该如何的结论。

对于一个学者来说，在所有学术疾病中最严重的是"历史健忘症"。有的学者似乎忘记了中国一百多年来是怎样走过来的。他们颂扬"老佛爷"、曾国藩、李鸿章、袁世凯，对帝国主义在中国"传播文明"怀有极大好感，对君主立宪制抱有极多的期待，而批评孙中山，批评辛亥革命，批评五四运动，至于中国共产党及其领导的革命更是被认为把中国搞得天下大乱，简直是"罪莫大焉"。这只能看作是对中国近代史的伪造。

毛泽东半个世纪以前就反驳过这种论调。他说，辛亥革命是革帝国主义的命。中国人之所以要革清朝的命，是因为清朝是帝国主义的走狗。反对英国鸦片侵略的战争，反对英法联军侵略的战争，反对法国侵略的战争，反对日本侵略的战争，反对八国联军侵略的战争，都失败了，于是再有反对帝国主义走狗清朝的辛亥革命，这就是到辛亥为止的近代中国史。

当然，历史值得纪念的是对人类做出过杰出贡献的人物，而不是身处高位或徒具虚名的个人。我们是把历史杰出人物和个人的名利区分开来的。历史上的王公贵族、达官贵人数不胜数，他们的确是长江中的浪花，旋起旋消。历史上一些思想家舍弃名利，主张恬淡自尊，有一定的道理，因为名利不等同于事业；对历史做出贡献的人物会扬名，也可能得利，但不能视为追求名利。在人的活动中，功利因素的作用是不可否认的，但对人类做出杰出贡献的人物，他们的行为目的和贡献岂是名利二字能概括的。

历史证明，凡以名利为最高目标的，大都是"求田问舍"的平庸之辈。这正是伟大历史人物不同于追名逐利之徒的关键所在。《庄子·秋水》中记载的惠子与庄子对待相位的不同看法表达了这个意思。惠子怕庄子夺了他的相位，当庄子过魏都大梁时，大搜三日，追捕庄子。庄子对惠子说，我是凤凰，非梧桐树不停，非竹实不食，非醴泉不饮，相位算什么？只不过是只发臭的死老鼠而已。视相位如死老鼠虽然表达的是庄子不为物累的哲学观点，但对我们有启发的是，人应该着重的是事业而不是名利。能为后人造福并被铭记的伟大人物是因为他们的贡献，至于个人名利的确是过眼烟云。

历史中的芸芸众生

历史的活动是一切人参与的。参与历史活动的个人是无组织的、分散的，他的作用是盲目的、自发的，而且彼此是相互冲突的。个人的作用要成为一种自觉的力量，往往要被组织起来，因而它表现为某种组织、阶级、政党的作用，等等。对历史的研究，不可能是对每一个普通个人的研究，而是对在历史前台活动并发生过重大作用的个人即伟大人物的研究，以及对由他们组织和领导的群众运动的研究，对人民群众在物质生产和社会变革中的作用、在精神文化创造中的推动作用的研究。这并不是否定普通个人的作用，而是正确地理解这种作用。人民不是作为一个个孤立的个人而是作为群体来发挥作用的。人民始终与群众相连，称为人民群众，因此唯物主义历史观思考的是伟大人物与人民群众的关系，而不是把一个杰出个人与一个普通个人的关系作为对象的。就普通的个人来考察个人往往把他们视为无足轻重的芸芸众生，可是把他们视为集体则另当别论，是任何人都不能忽视的决定性力量。

罗素反对把历史看成是伟人的传记，这是对的。他说过，历史学不只是对伟大人物的记录，不管这个人多么伟大；历史学的领域中不只是要讲人们的传记而是要讲人类的传记，要把各个时代的漫长的行列表现为只不过是一个连续生命体的不断流逝着的思想；要在所有的人都在其中扮演他们自己的角色的这幕宏伟的戏剧的开展过程中超越自己的盲目性和短促性。在各个种族的迁徙中，在各种宗教的生和死之中，在各个帝国的兴衰中，每一个无意识的个体虽然并没有当前之外的任何目标，却不知不觉对一切时代的整体做了贡献。罗素强调每一个生命个体的作用，强调个体的无意识性，强调个体对整体的贡献，这有合理之处。问题是罗素不承认历史规律，他把群众的作用还原为每一个有血有肉的具体的男男女女的个体的作用，还原为他们的日常生活中的饮食男女关系，还原为个体的无意识。如果在考察社会和历史时，没有社会概念，没有阶级概念，没有群众概念，没有集体概念，没有政党概念，只有个人，一个个孤立的个人，看到的只不过是普通老百姓的家长里短、生儿育女、干活吃饭，如此而已，是不可能真正发现和理解人民群众在历史中的地位和作用的。在历史中，个人的无意识会转变为集体的有意识，个人的无目的性会转变为集体的有目的性，个人分散的力量会转变为一种集体性力量。不能排除意识、目的、集体在历史中的作用而把一切还原为个人。

波普尔也反对运用社会、集体、群众、阶级等概念考察社会和历史，而是强调个人。对社会和历史的说明，就是对参与社会活动的每个人的行为、态度、期望和关系的说明，因此社会历史的描述可以还原为历史活动中的个人描述。这当然是种幻想。没有任何一种历史学说，没有任何一种历史观点，也没有任何一种统计学能描述参与活动的每一个个人的状况，正如热力学中无法描述每个分子的运动一样。历史规律不是历史的力学规律，它是把社会作为整体而不是作为每一个个人来把握的。

我们可以把这种观点与恩格斯的历史合力论相比较。马克思主义的历史唯物主义承认，历史是由参与活动的每个人的行动构成的，但历史的研究并不是也不可能是研究每个人的行动和思想，因为历史的结果和趋向并不以任何个人的愿望为转移，而是由历史的合力决定的，因此历史的研究必须研究在每个时期推动整个阶级甚至整个民族起来行动的深层经济和政治原因，研究由群众合力所形成的规律性趋向，研究在整个运动中起组织和领导作用的杰出个人以及他们与群众的关系。参与历史创造的普通个人是无名无姓的，但他们以阶级、以群众这种组织性的巨大力量发挥他们的创造作用。普通的一个人似乎是无足轻重的，可当他们表现为阶级和集体特别是表现为觉悟的被组织的集体时，他们的力量就是无穷的。恩格斯的合力论是规律论，它不是停留在个人而是在无数参与历史的个人活动中发现规律，而西方有些历史哲学的个人论是反历史规律论，把个人置于阶级和社会之上之外，把历史归结为个人的思想和行为，特别是无意识行为。表面上他们重视个人，包括普普通通的个人，但由于这些个人被还原为孤立的个人，这种个人只能是实现自己生命本能活动的芸芸众生。

在我们学术界曾发生过对人民群众是历史创造者提法的批评，他们认为应该说历史是人创造的而不应说是人民群众创造的，因为所有的人都参与历史的创造，历史的创造者应该是每一个个人。其实历史是人创造的这个命题在反对神学斗争中是有意义的，当年文艺复兴时期的一些思想家就是以此作为批评神学的武器。可如果从反神学的角度转到对历史中人们的活动作用的科学分析时，这种历史创造人人有份的"历史是人创造的"观点，貌似在理，实际是句空话，甚至是一句把历史研究一笔勾销的糊涂话。

马克思主义唯物史观的重大贡献正在于它把历史是人创造的作为前提而不是停留在这个前提面前，它向前推进了这个命题。所有的人，自觉不自觉都参与历史的活动，但能不能说，每个人都是历史的创造者？按照历史是人创造的命题，答案是肯定的。按照历史唯物主义关于物质资料生产方式是社会存在和发展基础的观点，则必须具体分析。直接从事物质产品和精神产品生产的人是历史的创造者，而每个社会站在历史潮流反面阻碍社会前进的人不能被认为是历史的创造者，他们既然参与社会活动当然会发生作用，但这个作用不是创造历史而是阻碍历史的发展。把历史的推动者和阻碍者、革命者和反革命者统统称为历史的创造者显然是不理解"创造"这个词的真实含义，把社会历史生活的参与和创造混为一谈。我们不否定历史上的剥削阶级和他们的代表人物的历史功绩，因为他们在以新的生产方式和新的阶级取代旧的生产方式和旧的阶级的统治时，同样是历史的创造者。

　　在社会历史中，个人与个人是不一样的。如果认为都参与社会活动，都是历史同等的创造者，这是对历史的嘲弄。事实上，就个人对历史的作用而言，有杰出的个人与普通的个人。杰出的个人对历史的创造作用是巨大的，可以说，每个时代的杰出个人都是时代前进的加速器，而普通个人的作用，则是微小的、不易察觉的。杰出个人的作用，表现在被他发动、组织、团结、领导的群众之中。任何孤立的个人是无所作为的，他的杰出作用，表现在被组织的群众之中。被组织的群众作用越大，他的作用越大。列宁被捕时曾经说过，"给我一个组织，我能把俄国翻过来"，就充分表达了这个真理。被组织起来的人们的力量决不是所有独立个人力量的简单总和，而普通个人作为历史创造者的作用的大小，则取决于把他们结合起来的组织的性质和方式。很显然，被组织起来的有觉悟的个人和孤立的个人的作用是不同的，因此，在物质生产中，被现代大工业组织起来的劳动者的作用当然大于小生产者的个人，在革命变革中，处于先进革命组织中的个人当然比独立的个人作用大得多。这就是阶级的力量、群众的力量。正是阶级、集体、群众这种社会的集合性力量，把普通的个人变为历史的创造者，变为任何杰出个人都不可轻视的、不可对抗的一种力量。

不解开这个扣，就不能正确理解人民群众是历史创造者的命题。普通劳动者在记载上是无名无姓的。任何一个相信人民群众是历史创造者的历史学家无法也不可能为普通劳动者立传，或者具体而可信地阐明某个人的功绩。柳宗元写过著名的《梓人传》《种树郭橐驼传》，赞扬一个普通匠人的手艺。其实，这都是借题发挥，柳宗元要阐述的是自己的政治和哲学观点，是否实有其人很难说。真正有名有姓为普通百姓立传的是明代张溥的《五人墓碑记》，记载苏州反对魏忠贤斗争中被残杀的五个人，说"然五人之当刑也，意气扬扬，呼中丞之名以詈之，谈笑以死"，说他们虽然是平民百姓，然而赞扬"匹夫之有重于社稷也"，把他们的名字一一列出，以传后世。可这是极为罕见的。历史记载上有名有姓的是杰出的或反动的个人，而群众是无名无姓的，因此，考察群众的作用，不能从他们作为个人着眼，而必须从阶级、群众、集体的力量着眼，从社会的物质生产在整个社会中的地位着眼。水之可以载舟可以覆舟，决不是一杯水的力量，而是大江大河。可大江之水，就是由一滴一滴水集合而成的。

一些人总是认为人民群众是历史创造者的论断是空论，原因就在于他们轻视物质生产的社会意义和作用，因而轻视劳动者；由于他们不是从集体的角度、阶级的角度、组织的角度来观察普通人，而采用观察杰出个人的方法，必须有名有姓，有显赫功绩才是历史创造者。其实，如果把普通劳动者排斥在历史创造者之外，历史就是"无"。

历史周期率

在人类历史上，无论是西方或是中国，社会发展中都会发生王朝的盛衰荣哀，政权的存亡绝续。千古兴亡天下事，各国如此，中国尤盛，因为中国历史特长。

中国历史书特别看重的就是政权更迭、江山易手、王朝兴亡的经验。一部"二十四史"可以说都是各自探究前朝兴亡得失的历史，寻求通古今之变之道。古人说过，"凡读史，不徒要记事迹，须要识治乱安危兴废存亡之理"。毫无疑问，无论是著史、读史，阐明和理解治乱安危兴废存亡之理，是非常重要的，当然不是唯一的。

在古代，人们不能正确解释王朝的盛衰兴亡，一些学者用天命或天道循环加以解释。这种解释具有神学和宿命论色彩，不足以解释历史治乱存亡。必须从历史自身解释历史。

历史研究中，"存亡之理，卒难理会"。在中国历史变迁中，史家都很注重秦朝和隋朝的经验，因为国祚短而兴起突然。秦自统一称帝号，始皇至二世而亡，不过十五年；隋自开皇九年破陈，统一中国至炀帝而亡，不过三十年。两个王朝的创业者都是雄才大略、叱咤风云的人物，可继承者不仅无法开创新局面，连守成都没有做到。国祚运短，在中国历史上是绝无仅有的。历史学家已注意到，"隋之得失存亡，大较与秦相类"，都是"其兴也勃，其亡也忽"。

《过秦论》对秦亡经验总结过，《隋书》也总结隋亡的经验，但都比较着重为政失德，君昏臣奸。这个说法不能不说有一定道理。因为执政者如何处理政事，如何对待百姓、如何约束自己的行为，如果君不君、臣不臣，当然政权难以持久。道德论的解释同样有明显的局限性。历史证明，亡国之君的道德水平并不都比开国创业者的道德水平低。创业之君的残暴、专制、独断，可能远过于亡国之君。可结果不同，这与社会矛盾的激化程度分不开。如果不从历史规律中得到解释，难以解开历史上王朝存亡继绝之谜。

1947年7月初，黄炎培先生到延安考察时与毛泽东主席的对话中提出的历史周期率，涉及一个历史规律性现象。当然，黄老是根据自身的人生阅历阐述这个问题的。他说我生六十多年，耳闻的不说，所亲眼看到的，真所谓"其兴也勃焉"，"其亡也忽焉"。并总结说，"一部历史，'政怠宦成'的也有，'人亡政息'的也有，'求荣取辱'的也有。总之没有能跳出这周期率。中共诸君从过去到现在，我略略了解的了。就是希望找出一条新路，来跳出这周期率的支配"。显然，黄老是针对国民党的腐败和中国共产党有可能执政说的，也可以说是一个善意的提醒。黄先生用心良苦，希望中共在得到天下以后，能找到一条新路，跳出兴亡周期率的支配，避免历史上"人亡政息""政怠宦成"的覆辙，不愧是中国共产党的亲密朋友。毛泽东当即自信地回答：我们已经找到新路，我们能跳出这周期率。这条新路，就是民主。只有让人民来监督政府，政府才不敢松懈。只有人人起来负责，才不会人亡政息。

周期率为什么会成为阶级社会的历史规律？为什么历代王朝跳不出这条规律？看待历史周期率既有科学历史观问题，也有历史价值观问题。

从科学历史观来说，开国皇帝、创业者是何等雄才大略，在历史舞台上有声有色，秦皇、汉武、唐宗、宋祖、一代天骄成吉思汗，都是闪闪发光的人物。可末代皇帝，身死国灭，或仓皇辞庙，成为俘虏，或以自缢殉宗庙社稷。当然有个人才能问题，创业者如无特殊才能，在群雄角逐中难以取胜；取胜后难以治国，难以成就一番事业。他们实行比较宽松的与民休息轻徭薄赋的政策，严惩贪污，管束官吏，而且能够听取不同意见，并不是他们特别英明、仁慈，而是鉴于前朝失败的经验，时势使然。末代皇帝并非都是无能，而是经过或长或短时间的发展，社会矛盾积累到无法解决的地步。其最基本的矛盾是生产关系与生产力的矛盾。农业社会的生产关系主要是土地所有制，而生产力则是直接从事劳动的农民。当土地集中，剥削和赋税加重，经济凋敝，民不聊生，再加上官僚机构的扩大，官员腐败，民怨沸腾，甚至水旱虫患，都能引起动乱，只能以政权易手了结。在积重难返的困境中任何人都显得无能和无奈。从历史价值观来看末代皇帝并不值得怜悯，在这种情况下只有改朝换代才能疏解矛盾。

历史周期率是社会进步的外在表现。尽管对一个王朝而言、对末代皇帝而言是一个悲剧，但对社会历史来说是一个进步，是扫除积习，清除腐败，在调整矛盾中继续前进。不管南唐后主李煜"归为臣虏"后抚今追昔的词如何哀婉动人，如何具有艺术感染力，也只是文学而已，而赵光义巩固政权和继续推动统一在中国历史上也算得上是一个建立了丰功伟业的人物。王朝周期率所表现的开创、发展、腐败、垮台、江山易手，似乎是不断地循环，实际上是一个螺旋式的上升过程。社会的演变和进步，就是如此无情地以旧王朝被新王朝取代为阶梯的。

问题是如何看待社会主义国家中的周期率问题。这不同于历代王朝的更替，具有不同的性质。因为历史上的周期率在一种社会形态内的政权易手，它不改变社会形态的性质。中国两千多年，一部二十四史记载的是中国封建社会的发展史，是封建社会形态内部的王朝变化史。

社会主义社会的周期率问题则不同，它是社会形态的倒退史，属于旧的生产方式、旧的社会形态压倒新生的社会生产方式和社会形态。这不是上升，而是逆转。不管人们对苏联解体如何评价，对苏联原来体制的弊端如何批评，对苏联时代的民主、人权问题有种种非议，但作为一个新的社会制度，比起旧沙俄，比起资本主义制度，十月革命和建立新的苏维埃政权是历史的变革，是历史的巨大进步。与前社会主义时代不同，苏联的解体和资本主义在苏联再度得势并不是不可避免的。如果苏联的所谓改革不是用新自由主义的药方，嘴甜心苦，也不致灭亡。如果苏联共产党的领导人不是改旗易帜，根本改变社会主义路线，自行宣布解散共产党，自我毁灭，而是切切实实改革已经发现的体制弊端，何至如此！

毛泽东深谙历史，也理解黄炎培先生的担心，并且知道中国革命队伍的主力是农民。毛泽东在革命即将胜利进入北京时，一再提醒全党要吸取李自成的教训。毛泽东一生对反腐败极端重视，注意防止在社会主义中重演历史周期率。毛泽东错误地发动了一次"文化大革命"，我们很难借此推断他的动机，种种阴谋论没有说服力。以毛泽东当时的权威和号召力，排斥异见用不着如此全国规模的大运动，但无论何种说辞都不能成为必须如此的理由。因为它对中国造成的伤害是严重的，后遗症也是严重的。"文化大革命"这样暴风骤雨式具有无政府色彩的群众运动，具有极大的破坏性，它既无助于防止历史周期率的重演，也无助于防止官员的腐败。它有暂时的阻吓作用，但无根除作用。运动过，有些人可能变得更贪婪。

历史证明，在中国防止历史周期率，防止苏联解体在中国的重演，就是正确进行改革，包括社会领域中多方面的改革。历史并没有注定苏联一定解体，也没有注定中国改革决不会有丝毫风险和曲折。要防止历史周期率在中国的重演，最根本的是共产党自身的建设。中国共产党是执政党，是中国特色社会主义事业成败兴亡的关键。对于中国社会主义事业来说，决定性的因素是中国共产党的状况，可以说是成也萧何败也萧何。

近百年来，中国取得的光辉成就镌刻着中国共产党人的卓越奋斗的功绩，但我们党内当前确实存在一些令人担忧的问题：包括一些党员社会主义信仰的动摇、贪污腐败。加强党的纯洁性，提倡理论自觉与自信是中国共产党的建设面临的头等任务。物必自腐而后虫生。全部历史的经验，特别是社会主义自身的经验都证明，政权更替的责任首先是当政者自身。我们应该牢牢记住人类的历史经验，尤其是苏联社会主义失败的教训，把毛泽东与黄炎培在延安窑洞中关于历史周期率的著名谈话，作为不断长鸣的警钟。

历史的进步与退步

康德在《历史理性批判文集》中曾提出过：人类是在不断朝着改善前进吗？他的答案是否定的。他承认历史进步的矛盾。

在康德看来，进步问题不是直接由经验就能解决的。即使我们发现人类从整体上加以考察，可以被理解为在漫长的时间里是在向前的和进步的；可也没有一个人能因此就认定，正是由于我们这个物种的生理禀赋，目前就不会出现一个人类倒退的时代。相反，如果它向后并且以加速堕落沦于败坏，以为就不会遇到一个转折点，可以凭借着我们人类的道德禀赋，它那个行程就会再度转而向善。康德承认进步中会有退步，但人类只凭经验无法相信社会进步。社会总体进步是由于人的向善天性，而这种天性就是理性。一句话，即使经验地考察可以发现退步，但理性的合目的、合规律原则支配社会必然总体是进步的，是趋向永久和平的。

历史唯物主义反对历史进化论，反对用生物学进化模式和范畴来诠释社会。反对进化论不等于反对社会进步的观念。社会发展当然包含社会进步，发展这个概念就意味着社会进步。社会生产力的发展、科技的进步、文明和文化发展水平的提高，人对人的态度由杀人祭天到人权观念，等等，都是社会进步的内容。社会没有进步，人类就永远处在蒙昧时期，永远不可能迈进近代文明的大门。但是历史唯物主义不是把社会的进步建立在人类的向善本性上，而是建立在人类社会存在和发展的物质基础上。

社会的进步是与人类生产力的发展，以及在生产发展基础上人类文化的发展不可分的。人类推动社会进步的动力不是基于向善的本性，而是基于对自身生存和发展条件的改变。正因为人类生产力的进步，文化的不断积累，人类社会总的方向是不断进步的。只要考察中国历史，仅从有文字可考的几千年历史来看，唐虞夏商周，秦汉晋隋唐，宋元明清到今天，中国社会历史不是沿着总体进步方向发展的吗？只要参观历史博物馆就一清二楚了。用所谓黄金时代、白银时代、青铜时代、黑铁时代来绘制人类社会历史是扭曲的，是哈哈镜中的人类历史。

人类社会历史的进步是包含矛盾的。进步是描述社会历史总体方向性的概念，而不是目的性概念，不是说历史朝既定的进步目标前进。我们说过历史无目的，目的是人的活动的特点。人的实践活动，尤其是生产活动本身决定历史不可能静止，更不能永远停滞不前。但历史进步不可能是直线的、平坦的，像行走在宽阔的大道上。人类社会历史的进步是在矛盾中前进的，有时会遭受巨大灾难，从自然灾难到社会灾难。例如中国历史上除了造成百姓流离失所、田园荒芜、千里无人烟、百里无鸡鸣的战乱之外，最重要的是自然灾害。人类社会历史的发展是在与自然相互作用下发展的。自然灾害，包括水旱洪涝地震等，都会影响社会发展和百姓的生计。据历史记载，从公元前206年到1949年新中国成立，就发生较大的水灾一千多次。地震也是危害社会和人民生命财产极大的自然灾害。仅新中国成立后的各种自然灾害，以及唐山地震、四川汶川地震，都是如此。当然，自然灾害影响社会发展，但人类在抗灾救灾中也在推动社会发展。李冰父子修的都江堰水利工程至今仍在利国利民。它是人类面对自然灾害的积极反应。中国历史就包括一部中国先人的抗灾救灾史。可以说，人类由于自然灾害而影响社会和民生，又由于抗灾而推动社会进步，可以视为对社会发展的一种补偿。人类对自然灾害的挑战——应战方式，不是简单对抗，而应该包括服从自然规律，保护环境。否则单纯的对抗式的应战，危害更大。这如同用抗生素来抵抗炎症一样，社会也是如此。

从近代西方进入资本主义社会后，中国社会历史的发展由于外来侵略而陷于困境。从1842年签订《南京条约》开始，到新中国成立前国民党政府先后签订的不平等条约达一千多个。除割地外，光被勒索的所谓赔款就是天文数字。《南京条约》赔款二千一百多万银圆，相当于当时清政府财政收入的三分之一；《中日马关条约》除割让台湾全岛及其附属岛屿外，还勒索巨额赔款二万万两白银。一千多个不平等条约是一条又一条套在中国人民颈上的绳索。在长达一百多年中，中国沦为半殖民地半封建社会，使旧中国陷入国弱民穷、科技落后、处于受西方帝国主义任意宰割的悲惨处境。一部中国近代史，就是由于帝国主义侵略而陷于面临民族存亡续灭的危机，也是中国人民反对帝国主义和封建主义斗争的历史。中国人民经过前仆后继百年斗争，最后是中国共产党领导的革命的胜利根本改变了中国人民的命运，拨转了中国社会发展的航向，改写了中国的历史。可以说，近百年中国社会的沦落和复兴是在血与火的洗礼中艰难行进的。历史的进步，付出了重大牺牲。这种牺牲可以视为对历史进步的代价。

历史进步并不是一个充满玫瑰芳香的字眼。在阶级社会中它可能经过流血、破坏。那些诅咒中国共产党领导的革命是人海战术、血流成河的，都是以抽象人道主义来反对革命的人，都是不知社会进步为何物，不知社会进步代价的人。他们享受革命成果但咒骂革命的残酷。他们无视进程中每次历史代价都会以历史更大的进步作为补偿。中国革命进程中的破坏，会在胜利后的建设中百倍千倍偿还。当代中国的辉煌成就，就是对鸦片战争以来、对中国共产党建立以来牺牲的先烈英灵的告慰。

历史进步不是抽象的总体性的概念。社会形态和更替总的方向表示社会历史的进步，但并不意味着一切方面都超过前人。我们在哲学文化上还是推崇苏格拉底、柏拉图、亚里士多德，推崇孔孟老庄和历史上一些杰出思想家，推崇希腊罗马的三大悲剧的永恒的无法超越的价值，推崇《史记》《汉书》。可是这并不是说孔孟老庄的时代，古希腊苏格拉底、柏拉图生活的时代比现代更好。这是两种不同的进步尺度。

历史进步的观念是一个关于社会形态发展的观念，在社会形态更替中，新社会形态在生产力、科学技术、政治制度和社会物质文明方面的总体性进步，并不意味着在任何方面都超过前人。文化的发展就有特殊性。中国的楚辞、汉赋、唐诗、宋词，都是某个时代特有的，后来无法复制和超越。历史进步观念不是直线的、单一的，而是复杂的、多方面的，在文化领域中社会进步可能包含某些前人达到而后人无法企及的成就。

历史进步论不是进化论。自从世界进入资本主义社会后，西方工业化和城市化形成的贫民窟，成为附着社会的毒瘤；科学技术的进步成为自然环境破坏的杀手。尤其是自从 20 世纪中叶以来，世界有识之士不断警示人类会因科技的无节制利用而面临自我毁灭的危险。我们只有一个地球，可这个地球已经不能成为人类的家园，而是灾难发生地。从人类历史上看，在 20 世纪，科学技术飞速发展、社会的物质生产加速度发展，可人类在精神领域中，包括价值观念和道德领域的某些方面又在迅速堕落。物质生产和精神生产似乎是各自面向一方的双头鹰。这是当代人类社会进步从来没有遇到过的新问题。

任何充满诗意地回到农业时代的田园诗般的浪漫主义幻想都是不可取的，让人在地球上诗意地栖居也只是哲学家的善良愿望。历史是不可逆转的。问题的解决存在于问题自身。我们不可能回到没有科学的时代，回到拒绝技术的时代。任何反对科学技术进步、反对工业化和城市化历史走向都是做不到的。我们需要的是寻找克服科学技术应用的副作用的社会环境和政策措施，尽可能把它限制在人类可接受的最小范围。在全球化时代需要国际合作，需要发达国家负起保护环境的更大责任，发展中国家应该从发达国家走过的道路中吸取教训，要以西方现代化的负面作用作为前车之鉴。

人类社会历史的进步是螺旋式的，不是笔直的。社会进步是有代价的。按照尼采的看法，进步是一个现代化的概念，一个错误的观念。从价值上讲，今天的欧洲人远不如文艺复兴时期的欧洲。这是悲观主义历史观。从总体看，如果以人类发展中取得的成就和损失相比，进步是主导的。如果能画出一条人类社会进步高峰期的连线，可以看到曲线的朝向是向上的，下降是其中的一段。社会发展悲观论、世界末日论之类的观点是毫无根据的。我相信人类有智慧解决自己面对的问题，而不会让世界之舟沉没。

关于克娄巴特鼻子的争论

　　法国著名思想家帕斯卡尔说过，克娄巴特的鼻子若短一些，整个世界的面貌会不同的。 克娄巴特是公元前一世纪时的埃及女王，是眼如秋水、鼻梁高挺的绝世美人。 她先是被恺撒迷恋，为达到自己的政治目的而与恺撒结盟，后又与安东尼结合。 在安东尼与屋大维的战斗失败后，克娄巴特自杀身亡。 究竟如何评价克娄巴特？她的美貌究竟起多大作用？她是作为埃及女王，利用她纵横捭阖的才智还是仅凭女色？ 这些问题尽可以争论，但人们感兴趣的不是克娄巴特的鼻子，而是她的鼻子有没有决定历史的作用。 这就是历史学家争论不休的偶然性的作用问题。

　　英国历史学家伯里 1913 年发表过一篇文章题目，就是《克娄巴特的鼻子》。 他通过这个事例着意鼓吹历史并不是由因果关系系列决定的，而是由偶然的、两个或更多的没有关系的原因决定的。 每个原因都是独立的，因而是偶然的。 如果在历史的考察中我们只停留在历史的表层，这种类似的例子可以不断举下去。 希腊国王亚历山大被他的宠物猴子咬了一口，于 1920 年死去时，这个意外事件引发了一系列事件。 据说丘吉尔说过，25 万人死于这只猴子的"咬一口"。 也有人说当年如果德国不许列宁过境去俄国，就不会发生十月革命。其实，如果只着眼于偶然，我们必将陷于历史的迷宫。只在偶然性中打转转，历史是不可理解的。

历史本身当然存在偶然性。认为凡是已经存在的东西都是必然的说法是宿命论的，是对历史的嘲弄。我们根据什么断定哪些现象是必然的哪些是偶然的？根据就在历史本身。凡是历史过程自身不可避免的，它出现和存在的根据在于历史自身的本质原因就是必然的，凡是其存在和出现的根据不在历史过程自身而是由非本质的原因决定的就是偶然的。例如，克娄巴特是否美，对于历史而言是偶然的，历史本身并不存在要求她必须是美人这种必然性。世界上的美人何止成千成万，即使在当时的埃及亦复如此，并非任何美人都能对历史起作用，世界上多少美人长在深闺无人识，老死民间一辈子过着平平常常的日子。美，只能是个条件，绝非最重要的原因。克娄巴特的作用决定于她是埃及女王，是掌握政治和军事力量的当权者。她的美也许成为恺撒和安东尼迷恋她的原因，成为安东尼在亚克兴战役失败的一个因素，但决定性的是经济和军事力量的对比。

当然，在历史中偶然性是有作用的，它可以加速或延缓历史进程并对历史打上特有的烙印。如果一切都是必然的不可避免的，偶然性不起作用，历史便会被神秘化为由天命支配的过程。事实上历史充满各种不确定的偶然因素，周期越长偶然性越多，但在历史发展的长河中，在历史中最终起决定作用的物质资料生产方式、生产力、阶级利益，总是以各种方式发挥它们的作用。正如十月革命，它的爆发决定于俄国的社会矛盾，而不是列宁个人。列宁是在革命风暴已经来临之后回国的。即使德国阻止列宁回国，也不可能阻止俄国爆发革命。当然，列宁是否回国对十月革命的面貌和特色会有不同的影响，但俄国的革命迟早会到来的。以为没有列宁，俄国就不会有革命运动，这是一种唯心主义幻想。我们无法断言，没有列宁是否会产生另一个同列宁一样的人物，因为历史不可能为这种假设提供试验，但可以肯定的是，俄国会发生无产阶级革命，革命一定会推举自己的领袖，而这个领袖一定会有才能领导革命，否则革命会失败。革命如果失败，在革命再度兴起中会重新挑选领袖。世界历史上还从来不存在始终没有领导者的革命，只要存在革命形势和要求，就会涌现出组织者和领导者。从这个意义上说，并不是列宁创造了革命，而是革命创造了列宁。

历史上类似克娄巴特的鼻子之类的问题俯拾即是，你可以说，西施的美貌决定吴国的灭亡，武则天的美貌使她得以代李显而自立。只有撇开她们所处的政治经济环境，撇开各种力量对比，把她们看成孤立的个人，而且把美看成她的唯一特性，才能得出这种结论。实际上，在整个历史中，一个女人的美，在历史的各种因素中的作用是微小的。历史是一个整体，把历史中的各种因素当成一个独立的因素，都各有其存在的原因，都存在着可以以不同方式出现的偶然因素，这种偶然因素可以出现也可以不出现。历史并没有决定吴越之战中必定有个西施，也没有规定初唐必然会出现武才人。在历史中必然性同样是通过偶然性起作用。伐越成功后夫差的意满自得、沉迷声色，使得越王的美人计得以奏效，可没有勾践的卧薪尝胆、十年生聚十年教训，光靠美人计是不足以成事的。历史中美人计不少，如勾践者有几人？至于武则天的称帝，则得力于她的打击门阀贵族提拔普通地主，壮大自己的政治基础。如果仅仅是美，可以当皇后却不可能成为政治强人。历史证明，凡属侥幸得遂偶然成功者都不可能持久。偶然性对历史作用正负大小，取决于它在何种程度上表现必然性。

关于克娄巴特鼻子的问题的争论，从中国文化传统看还有其特殊内容，这就是女人亡国论或女人祸水论。其实，外国君王暂且不论，从中国的封建王朝看，君王好色是名正言顺并由制度保证的，封建君主后宫粉黛成群是合理合法的。只要社会矛盾还未激化，无内忧外患，国运昌隆的时候，君主好色不仅没有亡国，还被视为风流韵事广为流传。清王朝的末代君主比起他们的先祖不见得更沉迷女色，可风光不再，国弱民穷。唐末诗人李山甫的《题石头城》说："南朝天子爱风流，尽守江山不到头。总是战争收拾得，却因歌舞破除休。"这只讲了个历史的表层现象。由祖先在战场上拼杀挣得的江山，最后总是在歌舞升平纸醉金迷和沉湎女色中断送，这在历史上是常见的，但这种历史现象背后的最深层原因是内外矛盾的激化和政权的腐朽。当北方的政权以一种新的勇猛姿态南下时，倚恃长江天堑偏安的政权必然是身死国除。统一是中国历史的大势，凡企图偏安割据者无论是否沉湎女色最终是支撑不住的。当然，君主沉湎女色会影响政治生活甚至危及其统治，但这是各种综合因素中的一个因素，并不是唯一的更不是决定性的因素。

人类社会的假面舞会

有哲学家说，人类社会就是一个假面舞会，人人戴着面具；生活在野兽中比生活在人之中更安全、更温暖，动物没有假面舞会。叔本华就认为，世界上只有一种会说谎的生物，那就是人类。其他生物都是真实的——它们都坦白、公开地展现自己的本质，表露自己的喜怒哀乐。叔本华的观点虽然是愤世嫉俗之言，但有一定道理。因为叔本华以哲学特有的话语风格，而非经济学或政治学的理论分析，表达了对以私有制为基础的人与人的关系的不满。

中国哲学与西方哲学不同。古希腊哲学讨论最多的是公平、正义、自由，而中国哲学尤其是儒家哲学特别重视"信"。在儒家的"五常"中，信是其中重要的道德规范。孔子说，"道千乘之国，敬事而信，节用而爱人，使民以时"，"君子不重则不威，学则不固。主忠信。无友不如己者。过则勿惮改"。人们对"无友不如己者"这句话歧义很多，认为孔子是势利眼，眼睛向上，但是从全句看，"无友不如己者"其实是主忠信的注脚，主要是讲不要结交那些不讲信用的朋友。对普通百姓，信是立身之本，"人而无信，不知其可也"。人不讲信用，像车没有辕木一样，是不能行走的。"一言既出，驷马难追"，"一诺千金"，"钱财如流水，信义值千金"，都表明信在中国老百姓心中的地位。中国古代的"徙木立信",以千金奖励一个将木柱由城南搬到城北的人,示信于民。无论从政、经商、交友,都要守信。

信,表现的是一种社会关系,既有政治关系,也有人与人之间的交往关系。可这种关系的基础是经济关系。在人统治人、人剥削人的关系中,信的可行性范围是有限度的。它可以是一种道德理想和行为规范的要求,但很难成为普遍的社会现实。

当前社会道德失落、价值观念混乱的一个重要表现,就是诚信危机。市场上假冒伪劣商品,让人防不胜防。各类花样翻新的骗术也太多,我经常接到各种各样的电话,从新产品的推销到所谓义诊。说句实在话,我没有一样是相信的。可一个社会如果到了好话坏话真话假话什么都不信的程度,确实是一种信任危机。

社会存在决定社会意识,一些人不愿意谈或不敢谈这条历史唯物主义原理。其实,离开了这条原理,很多问题就无法解释。改革开放是我们社会的大变化。市场经济的确立,分配方式和不同利益群体的出现,形成了不同于计划经济时代的新的社会存在。这种新的存在方式带来了经济活力,解放和促进了生产力,改善了广大人民的生活。这是有目共睹的。政治体制改革也取得了成效,现在没有人再害怕打小报告,不再害怕无中生有的揭发或大批判。政治自由和民主权利得到了保障,从而大大减少了需要用假面具来保护自己的必要性。人与人的政治关系中的诚信得到极大的改善,这是诚信中最为重要的。

当年列宁在苏联实行新经济政策时曾说过,社会主义共和国不同世界发生联系是不能生存下去的,在目前情况下应当把苏联的存在同资本主义的关系联系起来,社会主义能否实现,就取决于苏维埃政权和苏维埃管理组织能否同资本主义最新的进步的东西结合起来。

当代中国需要发展市场经济。同样，市场经济对资源和生产力的配置作用，对经营者、管理者和生产者的积极性和主动性的激发作用，都是毋庸置疑的。社会主义由于市场经济而充满活力。

私有经济的迅猛发展和物质财富的积聚，对人们的求富发财欲望的激发肯定有刺激和导向作用。这并非绝对是坏事。在一个生产力不太发达、生活仍不太富裕的社会，人们没有对财富的追求，不可能有高的工作和生活激情。但我们也应该看到，有些人会力图通过不正当手段去获取财富；况且，市场经济的作用和影响，绝不可能把自身限制在市场领域，它会渗入政治关系、思想文化等领域，并诱发拜金主义、利己主义、实用主义。我们现在许多称谓都变了，老板成为对一切管理者、领导者甚至学科带头人的称呼。从哲学角度来看，语言是直接的现实，称谓改变就是关系变化的语言象征。

我们不是天真的理想主义者，我们是马克思主义者。像马克思批评蒲鲁东时说的，在经济生活中只要一方面不要另一方面、只要好的方面不要坏的方面是不可能的。特别是在社会主义建设中发展和利用资本主义性质的经济，实行市场经济运行方式，不对人们的思想观念发生某些消极影响是不可能的。问题是我们要保持清醒的头脑，要坚持党的基本路线。这样，随着社会主义制度的自我完善，市场经济的不断成熟，人类的"假面舞会"就会逐渐结束。

历史随想

理性与欲望

黑格尔的历史哲学是包含矛盾的。他推崇理性，认为理性统治世界，同样也统治世界历史。自然是理性在空间上的展示，而历史则是理性在时间上的展示。可理性在历史中是通过人来实现自己的目的的。人并不理解理性的要求。人的活动的直接动力是自己的需要和欲望。黑格尔说，"欲望是人类一般活动的推动力"，没有人的欲望和热情，"什么事都无从发生，什么事也不能成功"，"世界上一切伟大的事业都不会成功"。可在黑格尔那里理性与人的活动是二元的，彼此分离的。人的活动仅仅是不自觉地实现理性的要求，所以理性是狡猾的。这样，尽管黑格尔承认人的欲望和活动的作用，但一切决定于理性，仍然是宿命论的。

为什么马克思承认规律的作用不会导致宿命论呢？黑格尔的理性不是起着与规律同样的作用吗？关键在于黑格尔的理性原则是外在的、预成的，它在人的活动之前在人的活动之外预先决定人的行为。理性已经编好了剧本，而人则仅仅是演员。而在马克思这里，规律是内在于人的活动之中的，在活动中形成不依存于人的意志的规律，人在活动中的成败取决于人对规律的认识和利用。人不仅是演员而且是剧作者。不是谋事在人成事在天，而是成也在人败也在人。

所谓普世价值

西方某些国家的政客和依附他们的学者仍然怀着旧殖民主义者的文化自大狂心态，把西方价值观念和资本主义制度模式化，视为放之四海而皆准的普世模式。"普世价值"论的本质就是西方文化优越论、西方民主制度普世论和资本主义制度历史终极论的大杂烩。这是以西方文化优越论为底色的资本主义制度的优越性和不可超越性的话语霸权。

国内有些学者也乐于贩卖西方的"普世价值"论。当有些论者认为反对西方的普世价值观，就是反对世界文明，就是离开人类共同发展的文明道路时，这些说法本质上仍然是沿袭统治世界几百年殖民主义的"西方中心"论翻版，只不过把当年"西方文明优越论"，变为"西方普世价值优越论"，把它作为各国必须奉为的圭臬。在当代，西方输出"普世价值"，同当年殖民主义者输出文明，异曲同工，如出一辙，目的都在于把西方制度和道路作为唯一模式来改变世界。

野蛮人的野蛮，是坦然的、真诚的、毫无掩饰的，而文明人的野蛮，则往往同时伴随着伪善。文明程度越高，野蛮的程度越大，伪善的程度越大。只要看看帝国主义战争的借口就知道，其借口都是传播文明和"普世价值"。中国自近代遭受西方侵略以来，入侵者没有一次不是以传播文明、征伐野蛮人为理由。马克思在一系列关于西方列强对中国的侵略战争的论述中，对这种文明的伪善进行过深刻的揭露。他说，当我们把目光从资产阶级文明的故乡转向殖民地的时候，资产阶级文明的极端伪善和它的野蛮本性就赤裸裸地呈现在我们面前。此话是一百多年前说的，至今这种文明掩盖下的伪善并未绝迹。

我们反对的是西方包藏政治图谋的"普世价值"论，而不是反对自由、民主、平等、人权、法治这些人类认可的共同价值。

辨伪难

辨伪难，难在真伪莫辨，以伪为真。仁义道德也有真假之分。有的人满口仁义道德，实则为假道学、伪君子。庄子说过："窃钩者诛，窃国者侯。诸侯之门而仁义存焉。"所有窃国者无一不以仁义自许，认为是道德最高尚的人。庄子还以防偷为喻，说为了防止小偷，人们把箱子锁得牢牢的，用绳子捆绑得结结实实的，自以为万无一失，可遇到大偷，锁得越牢，绑得越紧越好下手。他连箱子一并扛走，唯恐不牢，唯恐不紧。儒家的仁义学说，就是为了防止小偷捆绑箱子的绳索。这是庄子一贯的反对儒家仁义的看法，不足为怪，也未必正确。

我们暂且丢开庄子对儒家仁义学说的反对态度不说，有一点足可启发我们，这就是辨伪。仁义有真假，有的人以仁义为名，实则假仁假义。道德如此，任何学说、思想，都可能有真有假。

有位哲学家说，人是所有动物中唯一会说谎的动物。道德有假仁假义，科学有真科学和伪科学，行为有真心真意和假心假意，学说有真有假。人生在世，可以说时时要学会辨伪。荀子在《解蔽》中说"凡人之患，蔽于一曲，而暗于大理"，并举例说："欲为蔽、恶为蔽、始为蔽、终为蔽、远为蔽、近为蔽、博为蔽、浅为蔽、古为蔽、今为蔽。凡万物异则莫不相为蔽，此心术之公患也。"如果说，荀子强调的是"物"为蔽的话，而在《邹忌讽齐王纳谏》中强调的则是"人"为蔽。邹忌自己明明不如城北徐公美，可是他的妻、妾、宾客无不赞扬他比徐公美。可见辨伪之难，故荀子称为"此心术之公患"。海德格尔强调真理是"去蔽"，也包含辨伪的意思。

伪之难辨，有二。其一，从客观上说，因为伪不同于一般的假。真伪相依而存，伪之能存在，就是它似真、逼真。因此，辨伪，就要知道什么是真，只有知道真，才知道什么是假。单纯从假本身着手难辨真伪。其二，我们不容易知道什么是真，因为我们从小到大受到的有形与无形的教育、各种直接与间接的影响，以及脑子中由于长期的积累所形成的先入为主的思维模式和价值观念，往往妨碍我们发现事物的真相。我们之所以难以辨伪，就是因为客观上的遮蔽、主观上的成见和定论，往往不知道什么是真，往往以假为真。

阅尽沧桑，就是人生经验的积累，不断地受骗，不断地去蔽，逐渐增加辨伪的能力。可谁也不敢夸口，他能达到对事物真伪洞若观火的境界。

仆人眼中无英雄

这是黑格尔的著名论断，有一定的道理。英雄并不是在任何方面都不同于凡人。他要吃要喝，要生男育女，在日常生活中与普通人一样，并无过人之处。仆人看到的是这一面。而且，只有英雄才能真正识英雄。用仆人的眼睛很难看出英雄，因为他的眼界是仆人的眼界。所以英雄在仆人眼中只是主人，而不是英雄。

可是英雄确有过人之处。英雄的见识深远，才智超群。他能透过眼前的经验的东西，看到隐藏在现实后面的尚未变为现实的东西。也可以说，他不为表面强大而腐朽的东西所迷惑，能看到新世界的曙光。而且英雄的行动坚决果断，他不是仅仅拥有一个单纯的幻想，一种单纯的意向，而是把理想化为内在信念，变为一种不可抗拒的激励他们行动的力量。英雄不是在幻想中而是在轰轰烈烈的实际行动中施展自己的抱负。还有一点是不容忽视的，这就是英雄所从事的是伟大的具有历史意义的事业。他是时代使命的执行者、实现者。他不一定完成这个事业，但他从事的是这个事业。

的确，英雄的结局不少是悲剧性的。黑格尔在讲到英雄的悲壮命运时，充满激情。他在《历史哲学》一书中说："他们的命运并不是快乐的或幸福的，他们并没有得到安逸的享受；他们整个人生是辛劳和困苦……当他们的目的达到以后，他们便凋谢零落，就像脱却果实的空壳一样，他们或则年纪轻轻便死去，或则被刺身死，像恺撒；或则流放而死，像拿破仑在圣赫勒那岛上。"但是，悲剧性的英雄终究是英雄。他们的死如长河落日，悲壮感人，这本身就是历史中不可磨灭的一页。

哲学与人生　Philosophy and Life

文化反思

第五章

人不可无魂 国不可无文

　　人不可无魂，人无魂则死。国不可无文，无文化则或衰或亡。民族是文化的生命载体，文化是民族的灵魂。一个民族的境遇会在处于主导地位的文化的地位变化中表现出来。当一个民族的政治环境处于稳定和发展的时期，人们对处于主导地位的文化怀有无限的崇敬，例如，中国封建社会处于稳定发展和统一时，儒学的地位很巩固。可当国家陷于混乱时，儒家的地位就会动摇，如魏晋时期道家的兴起。当国家又趋于统一和稳定时，作为大一统的精神支柱的儒学又会再度复兴，如宋代以理学形式出现的新儒学支配了宋、元、明、清各个时代。鸦片战争以后，中华民族在列强侵略下陷入民族危机时，中国传统文化也随之发生危机。人们对一向崇敬的固有的传统文化，尤其是对儒学产生怀疑、反对和否定性评价，如五四时期的打倒孔家店和反对旧文化的新文化运动。

　　传统文化仍然是传统文化。五四时期的文化变革与其说是单纯的文化变革，不如说是政治革命的辐射，是政治变革要求的文化折光。不论参与者是否意识到这种文化之争背后的深刻的社会动因。主张批判旧文化、批判孔学的人与维护国粹、维护传统文化的文化本土主义者的争论，不单纯是文化问题上的是非之争，更有文化之争背后隐含的政治之争，即要不要变革被中国传统文化维护的封建制度，追求倡导科学与民主的西方资本主义道路。所以，五四时期新文化运动与其说是文化之争，不如说是关于中国社会的发展前途、社会走向之争。

中华民族的复兴当然包括中华民族文化的复兴。鸦片战争后中国传统文化的衰颓局面应该改变。中国特色社会主义，反映在文化上也应该有特色，而最能体现其特色的社会性先进文化，不能是排斥自己传统的文化，而应该是包含自己传统因素的文化。孔子仍然是孔子，中国传统文化仍然是传统文化。可中华民族处境不同，对自己文化的评价不同，文化自强、自信、自尊的态度也会截然不同。鸦片战争以后的文化争论，与其说是文化危机，不如说是民族危机。在当代中国，与其说是单纯的文化复兴，不如说是民族复兴。中华民族只有复兴，才可能有文化的复兴，不仅是在国际政治上有显著地位，而且在文化上再现辉煌。一个屈辱的民族，在文化上也是屈辱的，即使它拥有文化名人，有辉煌的文化历史，也同样不为强国所尊重，不能自立于世界民族之林。

民族文化与民族境遇，可以说是一荣俱荣、一损俱损，但政治与文化又存在区别。政治变化的周期相对较短，而文化评价是长期的，是历史的。五四运动对传统文化的激烈批判态度，反映的是当时的历史变革的需要，可中国传统文化并不会因此而被永远打倒。应该以历史唯物主义态度对待中国传统文化，既不能搞虚无主义，也不能搞民粹主义。应该弄清我们究竟应该继承什么文化遗产，拒绝什么文化遗产。这也就是毛泽东一直倡导的"取其精华，去其糟粕"。当然，文化的精华与糟粕，不像苹果，可以切除烂掉的半个，保存好的半个。文化是一个整体，是不可分割的，任何外科手术都无法解决文化继承的问题。这就涉及消化问题，涉及咀嚼问题，涉及肠胃功能问题。所谓消化问题、咀嚼问题、肠胃功能问题，也就是文化研究问题。我们需要有一批文化研究者，尤其是中国传统文化研究者，有理论思维能力、分析能力，立足当代，面向世界，适应社会主义建设与科学发展的需要，通过对中国传统文化的认真研究，真正区分精华与糟粕，通过反哺式教育，传递给中国人民尤其是青年一代。

在资本主义社会，经济与文化之间，存在着不可解决的矛盾。一方面，生产力不断发展，科学技术不断创新；另一方面，社会道德水准却不断下降，价值观念发生危机。这种物质生产与精神生产的不平衡在资本主义刚刚登上历史舞台时就出现了。卢梭在他的获奖论文中，发现了这个矛盾，但他不理解这个矛盾。马克思论述过资本主义社会物质生产和精神生产的不平衡性问题，恩格斯也在《反杜林论》中对这个问题做过分析。资本主义社会的经济与文化关系的失衡，是以资本主义私有制为经济基础的社会不可避免的矛盾。西方有的思想家设想了一种混合结构，即经济上的社会主义、政治上的自由主义、文化上的保守主义，这是一种乌托邦式的设想，是根本不可能实现的。也有些思想家由于资本主义经济与文化失衡而反对物质文明、反对科技发展，倡导返璞归真、回归自然，这同样是一种错误的哲学思想。只有社会主义物质文明和精神文明同时并举，并且毫不放松抓到底，才有可能逐步解决文化与经济发展之间的矛盾，这是长远的目标，也是一个艰巨的任务。社会主义社会的发展应该是全面的。现代化的社会主义社会，应该是文化繁荣的社会。中国特色社会主义文化是当代中国之魂。没有发达而健康的社会主义先进文化，即使高楼再多，高铁再长，钱袋再鼓，也最多是暴发户，是所谓的经济动物。

在建设中国特色社会主义文化的伟大事业中，哲学社会科学的作用是无可替代的。哲学社会科学不同于存在于人们的行为与生活方式中的文化观念，它是一种系统化、理论化的文化形态。一个民族的风俗习惯和传统观念，以耳濡目染、润物无声的方式起作用，而哲学社会科学则是理论的学术形态，它具有自觉性、目的性和系统性。哲学社会科学处于人文文化结构的上层，它能丰富和提高一个民族的文化内容和文化层次，并通过各种渠道融入社会生活之中，发挥它的教化作用。哲学社会科学的繁荣有利于全民族思想理论素质的提高，有利于加强我们民族的文化凝聚力。没有科学的理论指导，就不容易在全社会形成共同的理想和精神支柱。没有自觉的道德纪律、没有较高的文化素质，就难以形成良好的文化环境。这是关系到我们能否继续推进改革开放和现代化的重要条件，也是关系到建设中国特色社会主义兴衰成败的重大原则问题。

　　在我们这样一个国家，要跨越"卡夫丁"峡谷，固然要充分吸收资本主义的科技成果，大力发展生产力，但也不可忽视坚定正确的政治方向、社会主义的道德情操和较高的文化修养的作用。人的素质问题是社会主义建设的关键问题，而素质不只是单纯的科技水平，它还包括人文素质，其中特别是哲学社会科学素质，如正确的世界观、人生观、价值观。发挥哲学社会科学的优势和专业特长，提高全民族的思想文化素质，从一定意义上说，就是造魂运动。有了这个魂，我们的事业就能长兴不衰。

社会问题分析的文化视角

一个民族的文化包含哲学、道德、宗教、风俗、习惯等，但是，文化不是它们的简单总和，而是它们相互结合成的整体，文化的力量远远大于它们简单相加的力量。它能对任何一种思想形态的产生和特点提供合理的解释，而任何一种单独的思想形式都无法解释一个民族特定时代的文化。

文化是一种背景，是一种土壤，是母亲，也是形成人的性格、解释人的行为的重要依据。文化分析应该成为社会和历史分析的重要视角。我们要理解原始哲学，就必须理解原始文化。原始哲学中万物有灵观、灵魂不死观念、物我不分的哲学观念，是在原始文化背景下产生的。这些观念是当时文化总体水平不发达的产物。在这种原始文化背景下，原始哲学、原始宗教、原始道德观念、不发达的艺术思维都处于大体相同的水平。

我们只有理解一个时代的文化背景，才能理解一个时代的哲学、流行风尚、流行观念。一个人的世界观、人生观、价值观，都与他所处的时代的文化背景息息相关，这就是为什么我们在不同时代能看到不同的哲学家的原因。甚至连精神疾病都与文化相关，现在有一门新兴精神病学名为文化精神病学，一些个体，由于其民族文化观念容易产生某种精神疾病，会产生相应的迷信观念和疾病观念，包括缩阳症、焦虑、集体自杀和群发的癔症等。鲁迅《药》中的人血馒头可以治病的愚昧观念，就是一种文化观念。寡妇沉塘，这种灭绝人性的做法，会得到宗族的赞同，这是文化观念对人性的扭曲。

人的行为究竟由什么决定？现在非常流行基因决定论。基因决定论是有利于种族主义的理论。动物可以通过选择、培育良种的方式来进行种的改良，人不能这样。虽然人也是生物学的个体，人的生物性特征有遗传作用，但人作为社会的人，他的行为和思想是后天的。我们强调先进文化的作用，反对暴力文化、色情文化、迷信文化，就是因为不同的文化会造就不同的人，影响人特别是青年人的思想和行为。

多数学者都否定犯罪基因说，强调社会环境、家庭环境的作用。完全主张基因决定人的行为的观点的学者并不多。

我们应该高度重视文化对人和人的品质、性格的教化作用。文化不单纯是一个名词——各种社会文化形式及其传统，同时也是个动词——化人。荀子在他的著名文章《乐论》中通过对音乐作用的论述，实际上是对文化功能的论述，明确提出文化的化人作用。他说，"夫声乐之入人也深，其化人也速，故先王谨为之文"。为什么音乐具有化人的作用呢？按照荀子的说法，"夫乐者，乐也，人情之所必不免也。故人不能无乐"。人有情感需要表达，就要有发于声、形于情的音乐，"乐在宗庙之中，群臣上下同听之，则莫不和敬；闺门之内、父子兄弟同听之，则莫不和亲；乡里族长之中，长少同听之，则莫不和顺。"音乐的功能，实际上也是文化的功能。文化之所以能起到这种作用，是因为文化尽管属于精神生产，但可以通过语言文字以及其他的物质载体，使其由个人意识变为社会意识，由主观精神变为客观精神，从而形成一种社会文化环境。

我们每一个人一出生，就无可选择地生活于某种文化体系、处于主导地位的社会文化环境之中，它将对我们每个人的一生产生巨大的影响。所谓人的社会化过程，就是接受文化的培育和熏陶的过程。即使没有受过正规教育，社会风气和家庭环境也往往使人为这种社会文化中的世俗观念所同化。晏子说过："橘生淮南则为橘，生于淮北则为枳。叶徒相似，其实味不同。所以然者何？水土异也。"晏子这段话虽是用来回答楚王对齐国人的攻击的，可是说了一个重要道理。不同的植物有不同的自然生态环境，人也一样有自己的文化生态环境。人的不同，往往是由于生长的文化环境不同。文化环境有大环境有小环境。荀子说的"越人安越，楚人安楚"，是大环境。孔子说的"里仁为美""择仁而居"，孟母三迁，就是小环境。

鲁迅佩服严复对19世纪末中国人敏锐的感觉，因为他根据北京街头看到的情况为中国的孩子担忧。其实最为中国孩子未来担忧的还是鲁迅自己。旧中国的文化凋敝，教育不发达，穷人的孩子蓬头垢面地在街上转，阔人的孩子妖里妖气、娇声娇气地在家里转。转得大了，都昏天黑地地在社会上转，同他们的父亲一样，或者还不如。鲁迅讲的社会环境，最核心的就是文化环境。

人是文化存在物，不仅人的行为方式的形成受文化制约，人的行为的评价也会受文化观念的影响，不同文化观念下的人的行为评价也不同。同性恋，过去认为是一种精神病，现在在西方某些国家被认为是个人的性取向问题，属于人权范围，完全自由。同性的婚姻在一些国家合法化。一些怪诞的行为，特别是裸体的行为可以被视为艺术。脱离文化背景，就无法理解何以有完全不同的评价。

各美其美 美人之美

　　费孝通先生关于文化"各美其美，美人之美"的说法，所言极是。我们反对西方文化中心论，认为那是欧洲殖民时代的文化自大；但也不同意东方文化优越论，它是受列强侵略的中国学者、文化保守主义者的文化心理。处在当代世界，重拾东方文化优越论不合时宜。中西文化，各有优点，又各有问题。应该持和而不同、海纳百川的文化心态。

　　在两种文化中，人的地位是不同的。西方文化中处于支配地位的是宗教文化，人生下来就是负有原罪的罪人，人的一生应该不断忏悔、不断赎罪。只有忏悔与赎罪才能得到赦免，死后才能进入天堂。中国文化是伦理文化，人不是罪人，而是人，人人皆可成为圣人、贤人，人人皆可为尧舜。人不是赎罪，而是修养道德，通过道德修养可以成为自立自强的人，因此中国文化提倡气节、骨气。西方宗教文化的道德作用是阻止人做坏事。中国伦理教人不要做坏事，是因为道德修养教人自觉为善。怕上帝惩罚而不敢为恶，作用有限，而通过道德修养达到不为恶，则是自觉自愿，无恐惧感，而是有快感。中国文化倡导"仁者寿，智者乐"，正是基于道德的感化作用，而不是对上帝惩罚的恐惧。西方文化有一个很大的矛盾，一方面宗教倡导原罪，人人有罪；另一方面，其哲学又倡导自由。负罪与自由不能并存，有负罪感的心是不自由的，因此，倡导自由的哲学往往不为宗教所接受。中世纪的宗教裁判所对异教徒的迫害，往往就是对自由的扼杀。

与其用儒家文化说明中国社会，不如用中国社会说明儒家文化。以孔子思想为核心的儒家文化，是在以血缘关系为纽带、以农业生产方式为基础、以宗法关系的政治制度为支柱的社会土壤上结出的文化之果。前者可以说是后者的文化形态，它产生以后又维持和巩固这种社会制度。儒家的支配地位稳定，社会就稳定；反过来说，社会动乱往往导致儒家学说权威的失重。农民战争后中国社会任何新王朝政权的建设，都必然是儒家的重建或发展。

西方文化中倡导亲子关系的相对独立性，孩子自小受到独立训练，与父母分开睡，十八岁即独立，而在中国，孩子从小受到无微不至的呵护。中国处理人与人之间关系时，倡导内敛、谦虚，而不像西方那样张扬个性、强调自我。我们很难将这种种区别视为两种不同的思维方式，其实最深层的原因还是基于社会生产方式和生活方式的不同而形成的不同的文化价值观念。包括中国在内的东方社会，工业生产方式起步晚，长期是农业生产方式，家庭结构稳定，因此重人伦、重亲情。而且，乡土社会可以说是熟人社会，重视人际关系，重视乡情、人情。西方资本主义市场经济发展早，是竞争社会，人要生存，必须从小培养独立意识，从小学会自立，不能像中国社会那样得到家庭、亲友和熟人的无私帮助。在中国最流行的话是"在家靠父母，出外靠朋友"，而在西方单靠关系是不可能生存的，必须靠自己。西方共餐是"AA制"，而"做东"则是中国人的交友之道。

以货币和商品为中介的市场关系，最重要的不是人际关系，不是人情，而是你手中货币的多少，货币的力量就是你的力量、就是你的地位、就是你的身价、就是你的价值。因而西方社会从小培养的是金钱观念、竞争观念、自我奋斗观念，而不是有事找亲朋好友的关系观念。当东方社会转型为近代工业社会，转变为以市场为主导的社会后，很多农业生产方式下的观念也在逐步改变。观念的变化往往落后于社会存在，因此原有观念的影响仍然会长期存在。但中国三十多年来的变化，已表明了这种趋势。企图通过复兴儒学来恢复中国历史上熟人社会的传统，恢复那种令人向往的浓浓的亲情、乡情、人情，我以为不太可能。即使可能，也可能与依法治国的道路相悖。我们应该在社会主义基础上建立新的社会主义人际关系，新的社会主义和谐的人际关系。这种关系既应该继承重亲情、乡情、人情中的好的传统，又要超越这种传统，清洗人情重于王法的观念，树立法治意识。

从思维方式说，很难简单说中国重视综合，而西方重分析；也很难简单认为重综合是整体思维，而重分析是形而上学思维。应该说，无论西方还是中国都有辩证观念。当然辩证观念各有特点，西方没有中国《周易》那样以卦的形式表达的变化和宇宙间事物的关系观念，但他们有他们的辩证思维方式，只要读读希腊罗马古典哲学著作就知道。只是后来因为分类科学发展，西方形而上学的思维方式兴起了。中国思维方式没有受近代自然科学的洗礼或入侵，因而整体观一直占主导地位。但分析与综合、整体思维与局部思维不能简单扬此抑彼。没有把握局部的整体往往容易流于模糊和混沌，而没有整体观念的微观思维往往容易陷入孤立片面的观点。

西方哲学的特点是以形式逻辑为方法构建庞大的哲学体系，而中国哲学往往是语录式、寓言式或格言性，充满情感和想象的表达方式。无论是《庄子》《列子》《道德经》，都是如此，即使《论语》也是语录体问答式的表述方式，每章都是以首句中的字句为题，并非着意构建一个形式体系。梁启超在《中国历史研究法》中曾批评说，中国"古代著述大率短句单辞，不相联属。恰如下等动物，寸寸断之，各自成体。此固当时文字传写困难，不得不然，抑亦思想简单，未加组织之明证也，此例求诸古籍中，如《老子》，如《论语》，如《易传》，如《墨经》，莫不皆然"。中国哲学没有严密的形式逻辑论证是事实，但中国哲学有它的内在体系，即它的一以贯之的核心思想，如孔子的仁、老子的道。中国自然哲学不发达，最发达的是人生伦理观念，因而形式逻辑的论证并不重要，重要的是情与理的结合，情中有理，理中有情。

中西文化不存在绝对优劣的问题，无论是西方中心论或东方文化优越论，都是具有时代特征的片面观点。我们不能简单以西方的自由、民主、人权、人道与中国封建社会的专制、等级制和法定特权相比，来证明西方文化优越于东方文化，也不能以中国农业社会中存在过的那种浓浓的亲情和充满诗意情感的人际关系与当代西方资本主义社会那种拜金主义、人际冷漠相比而赞美东方文化优于西方文化。因为其中很多不属于文化范围，而是社会制度和政治体制问题。就文化来说，东西文化不能简单区分高下优劣，它们各有传统，各有特色。

历史是发展的，可纵向比较也可横向比较。没有一个民族或国家的历史是一片光明的。历史有污点。任何国家的历史上都有战争、有杀戮、有压迫、有反抗，但也有发明、有创造、有业绩、有进步。中国历史确实值得骄傲，西方历史也不是一片光明。毛泽东在接见非洲朋友时评论西方历史说，西方帝国主义者自以为是文明的，说被压迫者是野蛮的。可是我们没有占领别人的地方，非洲也没有占领过欧洲，是欧洲占领非洲。帝国主义占领我们中国，这就很野蛮。我们中国过去现在都没有占领别的国家，将来也不会去占领美国、英国作为殖民地，所以我们始终是文明国家。

资本主义社会诞生是历史的革命，资本主义文明是高于以往文明的一种先进文明，但先进的东西并非永远先进。随着资本主义危机，资本主义的文明和文化也在经历危机。

中国的历史也非一片光明，中国也有过文字狱，有文化专制主义，有过小脚，有许多我们今天视为污垢的东西，但更有伟大的发明和创造。不如此就不成为历史。中国封建社会比较早熟，文化也早熟。中国古代文化成就卓著，不是任何当代西方发达资本主义国家所能比拟的。中国落后是在西方资本主义逐步兴起之后，特别是由于清王朝的腐败没落，自鸦片战争以后，中国为列强侵略，各种不平等条约像重重大山压在中国人民的身上。一个被殖民的国家，当然会产生殖民文化。一个贫穷落后、教育不发达的国家，文盲占绝大多数，文化当然落后。这是必然的、不可避免的。不能以半殖民地半封建时民族危机中出现的文化危机，作为中西文化比较的坐标。

处在半殖民地半封建的中国知识分子，没有西方那种绅士风度、贵族气派不是很自然的吗？可是鸦片战争以来中国著名爱国诗人那些椎心泣血、义愤填膺的诗篇，岂是西方的所谓绅士风度、贵族气派能比的！以一个发达的资本主义国家的优点与一个半殖民地半封建国家的缺点比较，能得出正确的结论吗？

就文明形态整体而言，毫无疑问，资本主义文明高于封建主义文明，特别是高于殖民地、半殖民地的文明。资本主义的人权、自由、法治、人道高于封建专制、人治和种种不文明现象，高于洋奴思想、媚外思想。但就文化而言，中国封建时代创造的文化与西方资本主义时代文化各有长处和短处，我们不能说西方现代哲学家比古希腊罗马哲学家更具智慧，正如不能说当代西方资本主义文化胜过中国传统文化一样。文明可以进行制度性的比较、进行古今比较，可以分别孰优孰劣，但文化是不能简单以古今中外的差异来判定高下优劣的。文化发展如万里群山，有高峰也有低谷。就一个民族纵向说，在文化的某一特定方面，后人可能永远无法超越前人，正如马克思说当代西方文学的发展永远不会超越古希腊的三大悲剧一样，中国当代也不可能再现唐诗宋词那样的诗词盛况。就横向比较说，西方当代思想、哲学、文学，与中国传统文化相比也只能瑕瑜互见，决无绝对的短长。

区分文化与文明的重要意义在于，不能以西方资本主义文明高于封建社会文明，推论出资本主义社会的文化全部高于中国封建社会时代的文化；也不能因为中国封建社会中的文化有高于当代资本主义文化的东西，就断言封建社会的专制、人治高于西方资本主义的人权、法治、人道。领域不同，衡量的标准各有尺度。

历史是曲折的，文化发展往往也是螺旋形的，仿佛否定之否定。例如，在中国农业生产方式基础上产生的中国传统文化，充满农业社会特有的乡土情怀和人情味。中国古代哲学关心人，关心自我的道德修养，对自然、对生命、对父母怀有敬重和感激之情。可是在西方工业文明下，由于科学昌明和人类对自然的空前改造，以及人与人关系的资本化，货币成为衡量价值的尺度，人与人的关系异化了。任何社会问题的最终解决只存在于自己的社会的特殊矛盾之中。文化模式不能决定社会模式，相反，它是社会模式的现实形态。

当代中国同样不能回到古代理想化的中国，不能保存农业社会那种以儒家伦理为纽带的人际关系和家庭关系，更不能回到古代那种田园风光，而只能在中国特色社会主义生产方式的基础上，吸取中国传统文化的优秀因素，推动社会主义先进文化的建设。

文明必然趋同 文化一定求异

"文化"是个内涵广泛的概念，对其理解和认识，可谓仁者见仁，智者见智。

中国传统文化，绝不低于西方文化

文化的重要性是不言而喻的，但一定要弄清文化的重要性与"文化决定论"两者的区别。文化重要，但"文化决定论"是不对的。在当代世界，尤其是大国之间的博弈，起主导作用的仍然是经济力量和政治力量，是经济实力和军事科技的发展水平。文化是综合国力的一部分，在国际交往中文化作为软实力的作用不容忽视，但没有硬实力的后盾支撑作用，单纯文化的作用同样是有限的。当代中国文化软实力作用日益显著，这与中国整个国力和国际地位的提高是不可分的。

近代以来，西方文明在中国的传播很广泛。先进的科学技术、廉价的商品以及各种所谓的"奇技淫巧"都会进来。但西方要以它的文化征服中国，则不可能。因为近代中国的落后是物质文明的落后，封建社会的农业生产方式无法抵御西方工业生产方式。文化则不同。中国几千年传统文化中积累的智慧和思想，绝不低于西方文化。它只是暂时被外部势力压抑难以发挥，但始终起着支撑民族精神的作用。一旦中华民族复兴，中华文化将会再度燃起不可扑灭的智慧火焰。

文化本质是存异，而不是趋同

文明可以接受、移用。科技和科技产品，近代的铁路、电话以及一切西方发明的代表先进生产力的东西都可以进口，也可以借鉴，可以学习，可以仿造。文化则不同。文化不可能简单引入。文化可以交流，可以相互学习，但文化的吸取必须以自己的民族文化为底色，是吸收而不是被同化。一个民族的文化被同化，表明这个民族之根已枯萎，它必将退出历史舞台。可以说，在经济全球化的世界，科学技术上可以趋同，落后的国家可以在科学技术上追赶发达国家，而在文化上则应保持自己的民族特色。它可以吸取其他民族文化中优秀的东西，但文化本质是存异，而不是趋同。

文化与文明的发展不是完全同步的。这是中国近代文化发展的一个特点，也是近代中国衰败的表现。在中国长期封建社会中，中国文明与文化的发展水平基本是合拍的。在近代则不同步，因而才可能在晚清产生"中学为体，西学为用"的思想。"中学为体"的错误，在于中国封建社会的"体"是封建君主专制制度。这恰好是西方资本主义民主制度文明优于近代中国的地方。而体不变，西学难以为用。我们可以用钱买来军舰大炮，但买不来国家的现代化。洋务运动虽然有点成绩，但其终难成事的原因正在于此。

文化内涵建设应重于载体建设

文化的可贵之处在于它可延续而泽及后人，器物则可用于当时而毁于当时或后世。阿房宫化为废墟，无论《阿房宫赋》如何铺陈，留下来的只是著名的赋，而阿房宫则无迹可寻。《论语》《道德经》《庄子》等历代经典至今犹存，可同时代的器物大多化为乌有。

我们重视文化内涵的建设应该重于文化载体的建设。与其建造豪华的大楼，不如多建造一些学校。培养人才是立国之本。所谓薪尽火传者，乃文化也；而薪尽火灭者，乃宫殿楼宇也。真正治国者注重科学文化和教育而不忙于建设豪华楼宇，更不应为了发展旅游而把早已不存在的东西重新建筑。修复古董、遗址重建之类，与文化建设风马牛不相及。至于我们重视文物，不是因为它是物，而在于它是文物，它承载着它那个时代的文化信息。如果复制古董，制造赝品，除了商业价值外，没有文化价值。

文化传统在社会发展中至关重要

文化传统在社会发展中的作用是至关重要的。从中外历史来看，凡是没有文化支撑而仅仅以军事力量确立的帝国，都不可能持久。例如，古代罗马大帝国，横跨欧亚非，结果仍然解体。再如，英国建立了一个日不落的大英帝国，结果仍回到英伦三岛。没有统一的共同主导文化的所谓大帝国，无论曾经怎样辉煌，终究会分裂。

我们有自己的文化传统，有几千年治国理政的经验，其中有许多值得批判继承的东西。自秦统一后，中国实行的是中央集权的制度，官吏选拔是选贤与能，政府官员须经地方历练才能逐步升迁。这种制度与西方那种靠竞选演说、电台辩论的表演民主，哪种更符合中国的文化传统和实际呢？当然是中国自己的传统。我们应该学习西方好的东西，但更应该继承我们自己好的东西。

"宰相必起于州部，猛将必发于卒伍"，这种选拔方式是中国的一个好传统。当然，社会主义同样需要民主。干部提拔和选用，仍然要经过民主程序。我们不是迷信选票，协商民主的优越在于它不是单纯选票说了算。协商，是了解人和事，参与者充分发表意见；民主，是充分协商后多数人赞成。向西方学习，我们永远要牢记邯郸学步的教训。学步不成，忘其故步，结果匍匐而归。

文化自信与民族自强

    民族是文化的主体，文化是民族的灵魂。一个拥有优秀传统文化的民族具有顽强的生命力，即使遭受重创也能浴火重生。但文化发挥作用不可能脱离作为文化载体的社会整体。文化是社会的构成要素，是以经济为基础、以政治为核心的上层建筑中的观念形态。一个民族的盛衰兴亡，不单纯取决于文化，而是取决于一个国家的综合实力。

    在当代中国，文化自信必须落实到民族自强和国家发展上，落实到中国特色社会主义建设上。创新、协调、绿色、开放、共享的新发展理念，就包括经济、政治、文化、社会、生态的总体性思考。如果不以经济建设为中心，经济停滞、民生凋敝，文化自信就会成为一句空话；而没有全面发展，经济一马奔腾，也不可能持续发展。因此，应使文化自信融入道路自信、理论自信和制度自信，成为一种精神支撑。文化自信，说到底就是民族自信、国家自强和社会发展。

    无论世界史还是中国史、无论古代史还是近代史都证明，作为民族文化载体的社会经济力量、政治制度和军事力量一旦落后，仅凭曾经拥有的优秀传统文化是难以维护国家生存和民族独立的。例如，古希腊罗马时期野蛮人入侵，西亚北非那些曾经拥有灿烂文化的庞大帝国的分裂，致使古代文物被掠夺、文化遗址遭破坏，一时辉煌的文化变成了文化碎片。中国是四大文明古国中唯一没有中断文明发展的国家，这不单纯是因为文化发达，也与中国长期拥有发达的农业和手工业，有一套逐步成熟的政治架构和中央集权的郡县制度紧密相关。尽管在长达几千年的历史中，中国有过多种政权的并存，也有过不同民族处于统治地位，但中国始终作为一个独立、强大、统一的国家而存在。国家不亡、民族不分裂，文化才不会变成与文化主体相脱离的"游魂"。

一个国家的传统文化相对于经济和政治发展来说，是一个相对恒定的力量，而国家的强大和社会的发展必须依靠人的现实创造。文化是国家繁荣发展的重要因素，但不是决定因素。近代中国的百年屈辱史，就能够说明这一点。第一次鸦片战争，英国侵华兵力仅有1.5万人。虽然当时中国经济总量在世界上仍处于前列，但由于清政府政治腐败，又没有海防力量，结果惨遭失败，被迫签订《南京条约》。第二次鸦片战争，英法联军以区区不足两万人直逼北京，号称"万园之园"的圆明园被付之一炬，无数艺术珍品成为劫灰。因此，一个国家并不因为单纯拥有优秀传统文化就可以免除民族灾难，综合国力强大才是国家长治久安的根本保障。

中华民族的独立解放并不是传统文化自然发展的产物，而是近百年来无数革命先烈流血牺牲、前仆后继的奋斗结果。也就是说，主要是革命的结果，是革命推翻了旧的腐朽帝制，推翻了压在中国人民头上的"三座大山"。中国共产党的成立之所以是中国历史上开天辟地的大事，就是因为它深刻改变了中华民族发展的方向和进程，深刻改变了中华民族的前途和命运，深刻改变了世界发展的趋势和格局。正是中国革命的胜利开辟了中华民族伟大复兴的道路，同时也开辟了中华文化伟大复兴的道路。

文化的发展一定要有助于促进中华民族的全面发展，文化自信一定要转化为民族自强、发展自强。现在，我们之所以重视中华优秀传统文化，是因为其中蕴藏着中华民族的智慧，是我们建设中国特色社会主义的思想宝库，而不是出于对传统文化的迷恋和孤芳自赏。如果不立足现实，着眼民族自强和发展自强来增强文化自信，繁荣发展文化，而是片面强调回归传统、回归儒学，那就偏离了我们党倡导增强文化自信的初衷。

文化自信是对民族生命力的自信

今天我们提倡的文化自信，说到底是对民族生命力的自信。在民族遭遇危机时，文化自信是一个民族浴火重生的精神支撑。提倡文化自信决不是搞文化民粹主义，它的立足点是促进中华民族和平发展、实现中华民族伟大复兴的中国梦。

文化是一种正能量。现在对文化的使用相当泛化，社会种种行为都贴上了文化标签，几乎有什么活动就有什么文化，把文化、亚文化、反文化都塞进一般文化中。建设社会主义先进文化，需要正确理解文化的本质，区分文化、亚文化和反文化。

文化是一个整体，是一条长河。这个整体的构成是可变的，否则就不是有机整体；长河是流动的，有河源有河流，有源无流就会干涸。因此，历史唯物主义的文化观，既是唯物的又是辩证的。我们在研究中国文化时，应重视处理好传统文化、革命文化和社会主义先进文化的辩证关系。尤其是对待传统文化要坚持历史唯物主义的文化观，否定传统和凝固传统都是错误的。没有革命文化和社会主先进文化，传统文化就会干涸断流。

　　传统文化之所以不可能全盘继承，正是由于文化自身的有机性。例如，在传统文化中，应区分智慧力量、生活方式、道德与风俗习惯，它们在文化整体中的可变性是各不相同的。智慧力量是超越时代的，具有永恒性和传世性。我国历史上思想文化经典著作中的智慧都具有超越性，可以反复为后人提供智慧力量。而生活方式会随着生产方式和社会的变化而变化。在文化中，道德观念和风俗习惯也是多变的。没有不变的道德观念和风俗习惯，但在变化中又有不变的东西，这就是一个民族的传统。

　　提倡文化自信应重视和深入研究马克思主义文化理论。在当今世界，文化问题不仅是一个学术问题，而且是一个政治问题。文化是国家和民族认同的精神黏合剂，没有文化认同，就不可能有真正的国家和民族认同，就不可能树立爱国主义精神；文化是软实力，是一个国家综合国力的重要组成部分，在文化上没有话语权，就不可能自立于世界民族之林；文化是承载民族精神的载体，没有优秀文化支撑，就不可能具备由优秀文化传统所凝聚的民族精神；文化是以文化人和以德育人最重要的途径，一个民族没有文化的发展和传承，必然走向没落。

　　对于一个民族来说，重视自己的民族精神并以优秀文化传统来培育自己的人民尤其是青年人，就是强化民族团结、生存、发展的精神力量。历史一再证明，一个文化认同感强的民族，往往能够抵御外来侵略，保持民族团结和国家统一，不容易被外来势力所分裂。中华民族长期以来一直维持团结统一，靠的就是由文化认同而产生的伟大民族精神。有了伟大的民族精神，即使有分裂也是暂时的。

　　当代世界的矛盾和战争并不是产生于文化差异，而是根源于霸权和利益的对抗。历史证明，相同文明的国家可能发生战争，而不同文明的国家也可以结盟。两次世界大战以及当代现实都充分说明了这一点。

人文文化与科技文化

　　人生活在两种环境即自然环境和社会环境之中，面对两种性质的矛盾，即人与自然的矛盾、人与人的矛盾。在解决这两种矛盾的过程中，不断形成两种类型的文化：科技文化与人文文化。人类需要科技知识发展生产，也需要人文知识了解人与人类社会自身，但是在社会发展过程中，人文文化与科技文化的发展是不平衡的，而且是在矛盾中发展的。

　　无论是西方还是东方，在古代，人文知识都是处于主导地位。中国尤其显著。在中国长期的封建社会中，儒家学说是修齐治平的经典，是被用法律维护的主导意识形态。中国的科学技术尤其是技术发展在封建社会有很大成就，但在中国传统文化中，技术被视为雕虫小技，不为士林所重视。中国知识分子的最大出路，是学而优则仕。特别是科举制度以儒家经典为录取标准，更是强化了这个特点。在中国做官的人都具有很高的文化修养。官吏、诗人、文学家往往集于一身。史学家在中国有法定的地位——史官。即使翻开中国的文学史、哲学史，一些文学家、诗人、哲学家，大都为官从政，而且身居高位者如李斯、屈原、贾谊、刘禹锡、韩愈、柳宗元以及王安石、欧阳修、王阳明这样的能官能文的人在中国历史上是常见的。身居高位，从政之余则为文为诗，宦海失意后更显出文人诗人的一面，所以中国传统文化中的人文方面具有强烈的政治伦理特色，它是为政者的人文修养，连作诗都是做官的必备条件，也是为政者的人格道德的培养。在长期封建社会中，我们出了不少足以骄傲的政治家、文学家、诗人、哲学家。在中国历史上，为忠君爱国、为道德理想而从容就义的不少。杀身成仁、舍生取义，这是古训，但为真理、为科学而献身的在中国并不多见。韩愈在《师说》中就拼命宣扬道统，认为"巫医乐师百工之人，君子不齿"，这大体上反映了中国传统文化的片面性。

在西方的文化传统中，在前资本主义社会同样是人文文化处于主导地位。古希腊罗马的哲学、文学是光耀夺目的。中世纪是宗教处于主导地位。在文艺复兴时期，人文学科的知识尤其是文学和哲学得到从未有过的发展，而且自然科学在反对神学斗争中起着特别重要的作用。许多科学家如哥白尼、布鲁诺、伽利略，都是名载史册的反宗教的英雄人物，他们为真理、为科学而不是为某种道德而坦然面对迫害，面对死亡。西方的文艺复兴是包括自然科学在内的反宗教的政治文化运动，是社会生活由神圣天国转向世俗世界的必然表现。如果说中国传统文化的特点是人文和伦理的话，那西方文化的特色则是科学与民主，反对专制的人文文化与倡导科学的科技文化在反神学斗争中携手作战。

资本主义是人类社会以往生产方式中最有利于科学技术发展的。在中国，明中叶以后科技的落后，中国文化的强烈政治伦理特性是一个原因，但并不是决定性的，关键是中国没有经历资本主义社会，缺乏对科技的生产需要。西方科技的发展，并不因为它的哲学是主客二分，主张向外用力，而是因为资本主义生产方式存在和发展的需要。资本主义越发展，科技地位越重要，人文学科由于它的非生产性、非直接实用性，逐步降到次要地位。科技并不排斥人文，而是资本主义市场经济的利益导向，必然把科技推向前列。最近几十年，西方教育界有识之士已意识到这一点，倡导文理渗透，加强理工科的人文教育，作为对唯科学主义思潮引发问题的补救。

人文科学属于文化的重要组成部分，但又具有特殊性。它不同于存在于人们的行为与生活方式中的文化观念，它是一种系统化理论化的文化形态。如果说一个民族的文化往往是作为传统观念以自发的和耳濡目染的方式起作用的话，而人文科学则是理论的和学术的形态，它主要通过学校传授知识的方式起作用，因此人文科学的作用具有强烈的自觉性、目的性和系统性。人文科学的知识处于人文文化结构的上层，它的作用和接纳范围有限，但它能丰富和提高一个民族的文化内容和层次，它能通过各种方式和渠道融入社会生活之中并发挥它的教化作用。

人文科学有价值性的一面，因此，不同社会中人文教育的目的和作用是不同的。经验证明，科学的理论指导、对祖国历史的了解、自觉的道德自律、一定的语言文学修养，对于我们的干部尤其是各级领导干部、对于提高我们整个青年一代的人文素质是非常必要的，这是关系到我们建设中国特色社会主义的重大原则问题。

在我们这样一个国家要跨越"卡夫丁峡谷"，固然要充分吸收资本主义的科技成果，要大力发展生产力，但同样不可忽视的是要有坚定正确的政治方向、社会主义的道德情操和较高的文化修养。试图在文化荒漠上建立繁荣的社会主义社会，就如同缘木求鱼，永远达不到目的，这也是我们国家要加强文化建设以及认识到其迫切性和重要性的主要原因。

民族的衰颓与复兴

中华民族是伟大的民族，但鸦片战争以后逐步陷入困境。实现中华民族的伟大复兴，是近代以来中国人民梦寐以求的理想。

一百多年来，无数先烈力挽狂澜，前仆后继。"浊酒难销忧国泪，救时应仗出群才。拼将十万头颅血，须把乾坤力挽回。"秋瑾高呼的"力挽乾坤"就是复兴民族精神。中国共产党领导的新民主主义革命取得胜利，奠定了中华民族复兴的政治基础。七十多年的社会主义革命和建设，特别是四十多年的改革开放，开辟了民族复兴的新道路，多少代中国人的梦想正在逐步实现。

民族精神是民族生存和发展的精神支柱。民族精神、民族性和国民性在我看来是有区别的。民族精神是一个民族的文化中最优秀东西的长期积累，它凝结着一个民族的生命力、创造力和凝聚力。而民族性是一个中性词，它是在一定的地理环境、种族特性和文化濡染中所形成的民族心理特征的总和，它不同于民族精神，不只是由民族的杰出人物和民族精英所代表，而是绝大多数民族成员所具有的普遍特性。它也不像民族精神那样崇高、神圣、具有激励性。一个民族的民族性中有好的东西，也有不好的东西。

国民性，往往决定于一定时期的具体的社会制度，它具有极其明显的时代和社会特性。例如，当我们国家处于半殖民地半封建时，由于帝国主义的殖民文化和国势孱弱，某些人奴性十足、麻木不仁，或有其他种种恶习。这不是中华民族的民族性，更不是民族劣根性，而是压迫和奴役制度造成的国民思想道德的萎缩。五四时期许多先进知识分子特别是鲁迅对国民性的批判，实际上是对旧制度的抨击。

民族精神并不是民族的每一个成员必然具有，它往往体现在一些优秀人物身上，如杀身成仁，舍生取义，以及为国家而英勇献身的爱国主义精神，并不是每一个人都能做到，在国家危难时，照样有汉奸、卖国贼、民族败类。一个民族的民族精神需要培育，需要弘扬，而文化的重要作用就是培育民族精神，使它成为我们民族大多数成员的自觉精神。只有这样，才能改善民族性，提高国民性。

民族精神是一个民族文化的积淀，文化是一个民族成员自我认同的标志。这种认同就是文化的纽带作用。中华民族几千年来一直维持团结统一，文化的认同作用是非常重要的，即使分裂也是暂时的。移居海外的华人华侨心向祖国，热爱中华民族，也是这种文化纽带作用的表现。中华各族儿女共同创造的五千年灿烂文化，始终是维系全体中国人的精神纽带。一个民族的文化之所以具有民族纽带的功能，是因为它在共同的语言中蕴含着共同的心理、共同的价值观和思维方式，这既包括情感因素，也有心理因素和认知因素。

民族精神是民族成员中占主流的具有相对稳定性和普遍性的价值观念、情感取向和心理特性的有机统一。它是一个民族赖以生存和发展的精神支柱，是凝聚和激励民族的精神力量。纵观人类历史，没有优秀的民族精神支撑而仅靠军事力量崛起的大帝国，即使占地万里、驰骋东西，也难以持久。世界上"其兴也勃，其亡也忽"的诸多大帝国的兴亡史，就是明证。

民族精神凝结的往往是民族的文化力量。一个民族的文化模式只要在历史长河中形成，就会对这个民族成员的思维方式、行为模式、价值观念和情感取向发生强大的作用，长期的文化积淀就会升华为民族精神。民族的凝聚力，就是由于文化认同而具有的民族归属感。因此，对一个民族而言，民族文化及其凝聚的民族精神，是维系这个民族生存和发展的思想黏合剂，是不同于经济力量、军事力量或政治力量的长久起作用的精神力量。

　　以民族成员为载体的民族精神包含多方面的内容，爱国主义情感是其最重要的方面。民族精神表现为一个民族的文化及其传统不同于另一个民族。没有文化的认同，就不可能有爱国主义情感。热爱自己民族的人必然认同自己民族的文化，而文化认同必然包含对以这种文化为纽带的自己祖国的热爱。一个民族文化的精髓往往凝结为民族精神。民族文化的首要作用是强化民族认同感和归属感，从而培育人民的爱国主义情感。

　　由于民族文化具有民族归属和身份认同的作用，因而由文化凝结的民族精神就成为民族团结的精神纽带。历史证明，一个文化认同感强的民族，往往是一个最强的抗拒外来侵略、保持团结的民族。一个民族、一个国家，如果没有自己的精神支柱，就等于没有灵魂，就会失去凝聚力和生命力。中华民族有丰富的文化遗产，有经久不衰的民族精神。我们一定要大力弘扬民族精神，激发民族自豪感，奋发图强、昂扬向上，推动民族复兴伟业。

　　在大力弘扬民族精神时，要注意继承两个传统。一个是民族的传统，就是中华民族在长期生存和发展实践中形成的以爱国主义为核心的团结统一、爱好和平、勤劳勇敢、自强不息的伟大民族精神。另一个是革命的传统，就是中国共产党领导人民在革命、建设、改革中铸就的新传统。井冈山精神、长征精神、延安精神、西柏坡精神、雷锋精神、"两弹一星"精神、载人航天精神等，都是民族精神最现实最生动的内容。

民族精神不是一种抽象的超历史的存在，而是具体的不断变化着的存在，既不能割断它由之而来的历史传统，更不能脱离它所依存的时代现实。前者可以称为民族精神的继承性，后者可以称为民族精神的时代制约性。时代制约性的本质，就是要求民族精神必须与时代精神相结合。

时代精神区别于民族精神。民族精神属于一个民族，而时代精神属于一个时代。时代精神是在理论上把握世界潮流、把握人类历史发展方向的进步观念，是一种与时俱进、把握时代脉搏的精神状态。民族精神必须与时代精神相结合，不断以时代精神来强化和提高自己的现实性和时代性。脱离时代的民族精神是没有活力的，也是没有时代基础和当代价值的。民族精神应该是永远流淌的活水，不仅要从本民族的优秀传统文化中吸收养分，而且要从自己所处的时代中吸收时代精神的精华。

严格说来，在前资本主义社会并不存在当代意义上的时代精神。那时，不同国家之间虽然也有某种程度的交往，但范围很小，历史突出地表现为国别史，还没有转变为世界史。在人类社会进入资本主义时期后，各个国家和民族之间的壁垒逐步被资本所打破，各民族的相互作用和世界性交往不断强化。尤其是在当代经济全球化浪潮席卷世界、信息网络使世界联为一体的情况下，任何一个国家都无法置身于时代潮流之外。

改革是时代的要求。当今世界，社会主义和资本主义两种不同社会制度并存，并且各自都在对自己的社会进行体制性调整，以便在世界竞争中获得发展。西方资本主义在第二次世界大战后的某些调整，对缓和其内部矛盾和强化对外竞争力显然起到了作用。当然，资本主义的任何调整始终都是有利于资本主义社会自身的，因而资本主义社会的矛盾不可能通过调整而得到根本解决。我国进行的改革完全符合当代的时代精神。社会主义制度不能脱离外部环境而独立存在。社会主义社会必须适应世界的变化，通过改革不断完善自身，才能真正发挥其制度的优越性。

创新是时代的要求。我们的时代是科学技术革命的时代，网络化、信息化成为推动经济社会发展的强大动力，科学技术创新成为世界潮流。创新是民族进步的灵魂，是国家兴旺发达的不竭动力，是实现民族复兴的必经之路。不仅在科学技术方面，而且在体制机制方面，在社科理论研究方面，我们都需要大力创新。创新意识，是我们时代的高速发展在理论上的凝结。

开放是时代的要求。当今时代，任何国家要发展，都不能孤立于世界之外。在维护国家主权的前提下，应采取开放政策，进行互利平等的经济、文化交往以及其他多种形式的交往。当代中国同世界的关系发生了历史性变化，中国的前途和命运日益紧密地同世界的前途和命运联系在一起。中国的发展离不开世界，世界的发展也离不开中国。

中华民族伟大复兴取决于民族精神，还取决于我们在新的时代条件下能否以时代精神丰富民族精神。只有民族精神与时代精神相结合，才能最大限度地激发民族复兴的精神力量。充分发挥民族精神和时代精神的凝聚力，从根本上说，也就是要建设以民族精神和时代精神为重要内容的社会主义核心价值体系。

人需要教育

任何现实的人都是生活于一定的社会结构之中的。历史中的人就是属于一定社会结构的人，一定社会结构的人就是历史中的人。

不应该把个人与社会抽象地对立起来。个人是社会的个人，而社会则是个人的共同创造。个人只能属于一定的社会，而社会则是体现了该时代个人的创造力和智慧的共同体。社会不是任个人随意进出的房间。把个人视为绝对独立的原子式的个人，就是把社会单纯看作与个人无关的容器。这完全不符合历史和现实。如果不懂得一定历史时期的人都是属于特定社会的人，那写历史就分不清社会性质，写社会就分不清处于什么样的历史发展阶段。从事文艺创作，写社会只能是历史的穿越，写历史就只能是社会的颠倒。如果唐朝的人穿清朝的服装，说当代的语言，甚至网络语言，这种历史书能读吗？

人不能离开历史，就是不能离开社会。人的一生都在社会中，受社会影响甚至可以说是被社会创造出来的。人的出生不是自我决定的，我们是被抛到这个世界上来的。人无法选择自己出生的社会，也就是说无法选择自己出生的历史时代。这一切都是被动的。人一来到这个世界，就开始接受所处环境的影响。我们之所以在不同时代、社会、民族、国家发现具有不同的思想观念、价值观念、生活方式的人，就是因为他们所处社会的历史时代不同。

日本创价会名誉会长池田大作《育儿是一种生命艺术》一文，特别强调家庭教育的重要性，强调父母对孩子生长的影响，"因为对于人来说，最初和最受影响的教育环境，就是家庭"。他还说到现今社会凶恶犯罪、劣质欺凌等事件数不胜数，它们毒害了少年儿童身心。池田大作引用卢梭《爱弥尔》中的一段话，"家庭生活魅力，就是坏环境最好的解毒剂"。一个人从小从家庭接受的教育，会决定他进入社会对待周围环境影响的态度。

人既有理性的方面又有非理性的方面。教育在于发挥理性对人的主导作用，减少和制约非理性的因素对人的行为的支配作用。当一个人失去理性而任由非理性支配自己的行为，往往违法乱纪，甚至践踏人性，做出令人震惊的事。十年"文化大革命"时期有些红卫兵以打人为乐，武斗时的残忍血腥，多是非理性的行为，很多的行为出于无知。在社会生活中盲目地听信"妖言"，也是缺乏理性思考的表现。

如此说来，人岂不是成为历史的被动的没有主动性的社会玩偶吗？不是。人既是被动的又是能动的。人一方面接受社会的影响和铸造，同时人又通过自己的行动改变人的社会环境和活动条件。人是实践的人。人是在一定条件下进行实践的，条件达到的水平会制约实践的水平。人又是通过一定条件下的实践不断改变条件，也为自身的活动创造有利于自我发展的新条件。这就是人与环境的互动关系。这个互动关系的决定环节就是实践活动。这样，马克思的历史唯物主义破除了在人与环境相互创造问题上循环论证的理论困境。

人是历史中的人，因此人生观与历史观不可分。李大钊先生强调，历史观，实为人生观的准据，欲得一正确的人生观，必须先得一正确的历史观。的确，有历史眼界和没有历史眼界的人，在遇到人生挫折时处理完全不同。"风物长宜放眼量"，放眼，就是用历史的长镜头看待人生。司马迁遭受宫刑的奇耻大辱，之所以能坚持完成《史记》这部"史家绝唱"的传世之作，可以说得自他的历史眼界。他在《报任安书》这篇披肝沥胆、千百年后仍令读者动容的信中，对历史与自己的人生选择有过描述。他说，"人固有一死，或重于泰山，或轻于鸿毛，用之所趋异也"。自己这个刑余之人之所以有活下去的勇气，就是因为从历史中看到，"古者富贵而名磨灭者，不可胜记，唯倜傥非常之士称焉"。他列举了一系列历史上遭受厄难而不屈服于命运的人，从文王拘而演《周易》，仲尼厄而作《春秋》，屈原放逐乃赋《离骚》，到韩非囚秦，作《说难》《孤愤》。他还说，"左丘明无目，孙子断足，终不可用，退而论书策以舒其愤"。总而言之，历史表明，凡是不屈服于命运的人，终有所成，他自己也向他们学习。虽然"草创未就，会遭此祸，惜其不成，是以就极刑而无愠色。仆诚已著此书，藏之名山，传之其人通邑大都，则仆偿前辱之责，虽被万戮，岂有悔哉！然此可为智者道，难为俗人言也"。俗人，即眼光短浅之人。历史眼光，使人更重视名节、历史定位和后人评价，而不是鼠目寸光，专注于自己短短一生而管它死后遗臭万年。文天祥在被俘北上所作《过零丁洋》一诗中，有千古名句"人生自古谁无死，留取丹心照汗青"。前一句是人生规律，后一句是人生的历史视角。人有生有死无一例外，而作为一个历史人物最重视的是自己的历史定位和历史评价。

个人主义只是一种人生观，而不可真正成为现实，没有任何人可以真正独自生存。如果真正让一个人孤独生活，不接触任何人，这是对人最大最严厉的惩罚。历史证明，没有一个人依靠自身而不依赖社会、不依赖别人能生存下去的。没有他者，自我也不存在。古代绝对不可能产生资本主义时代的那种个人主义，因为在生产力低下条件下，人都是从属于一个共同体，是氏族或家庭中的一员，离开这个共同体就不能生存。古代最严厉的惩罚，就是被驱逐出氏族或家庭，变为离开集体的孤独的个人。只有在私有制产生以后，特别是当生产力发展，人变成以物为中介而不是直接依赖集体的人，个人主义思想才有得以迅速膨胀和不断滋生的土壤。绝对个人主义是资本主义私有制的必然产物。个人主义作为一种人生观是历史的产物，也会历史地消失。社会主义的理想是恢复个人与社会的和谐关系。我们既不主张回到古代那种重集体轻视个人的原始集体主义，也反对当代资本主义那种个人利益第一、重新陷入个人与社会即与他人对立的个人主义。我们主张个人与社会共同发展。通过社会发展来促进个人发展，通过个人发展来推动社会发展。马克思和恩格斯关于共产主义是自由人联合体的理想就是这样。

　　"活在当下"，这是一句具有禅学意义的说法。有些人信奉这句话，以为这样的人生就没有痛苦，"活在当下"把自己与昨天、与明天完全隔开来，仿佛在一条即将沉没的船上，自己能安全地处在一个密封的舱中。这种生活没有历史感。人是在历史的持续中生活，不能缺少历史感。按照尼采的说法，这种"活在当下"的生活是动物式的生活，因为"动物就是非历史地生活"。他举例说，请看一看在你身旁吃草的牧群：它们不知道什么是昨天，什么是今天，它们来回跳着，吃着，歇息着，消化着，又跳着，就这样从早到晚，日复一日，毫不客气地愉快和不快，亦即对眼前的桩子的愉快和不快，因而既不忧郁也不厌烦。尼采说的"活在当下"是动物式的生活我认为有一半道理。人既要有历史感，不要忘记历史，又要生活在当下。这个活在当下，不是宗教式的"空无"而是立足现实，重视当代。重视历史而不陷于怀旧和沉湎过去，重视现实而不能忘记历史的经验和教训。

人只能生活在集体中才成为人。孤独是最难忍受的。单身监禁是比死刑更严厉的惩罚。马克思说过，单身监禁是对人性的摧残。宇宙航天员应该说无论身体素质还是心理素质都是第一流的，可是也很难长久适应太空中的寂寞和孤独，会发生激烈的心理变化。1985年，苏联航天员瓦林京在执行联盟 T 14 飞行任务时，焦虑、食欲差、睡眠不好，最后因情况未见好转提前返回地面。这不是个案。20 世纪 70 年代，天空实验室 4 号、阿波罗 9 号、苏联礼炮 7 号航天员都有类似感受，孤独、无聊最为难受。这是由于身处狭小空间缺少人际交流，不能形成丰富人际关系造成的情绪不稳。体检未发现异常，完全是孤独和寂寞所致。人是社会存在物，人性最重要的就是人的社会特性。在社会中生活，在集体中生活，在与他人和谐相处中生活，是符合人的社会本性的生活，或者说是无愧于人的生活。

尚留微命做诗僧

　　苏曼殊奇人奇才，在中国近代文学史上占有一定的地位。曼殊的小说哀婉动人，缠绵悱恻；曼殊的诗，格调清新，意境深沉。"春雨楼头尺八箫，何时归看浙江潮。芒鞋破钵无人识，踏过樱花第几桥。""江南花草尽愁根，惹得吴娃笑语频。独有伤心驴背客，暮烟疏雨过闾门。"一首又一首诗，深情满纸，和血带泪。他曾参加过反清的革命运动，但受身世之累，又浪漫聪慧、多愁善感，最终只能遁入空门，与后来的弘一大师李叔同相若。与弘一大师不同的是，曼殊做了和尚要革命，革了命还做和尚，但最终是个浪漫和尚。他自知自己禀性难以成仙成佛，只不过是身着袈裟的诗人。他在答友人诗中表达了这种心情：

　　　　升天成佛我何能，
　　　　幽梦无凭恨不胜。
　　　　多谢刘三问消息，
　　　　尚留微命做诗僧。

　　由此我想起邹容。1903年因《苏报》案，他与章太炎俱被捕，邹容后来病死狱中。他虽没有曼殊大师那样的诗才，但他以死表现了轩昂的人格和对革命理想的追求。他的《革命军》一书振聋发聩，比多少首名诗佳句在中国近代历史上都更为光辉夺目。无怪诗人柳亚子在哭邹容诗中对他表示了深沉的哀悼和敬意："白虹贯日英雄死，如此河山失霸才。"尊之为英雄，许之为霸才。苏、邹各有千秋，贡献不同。如果我们评价苏、邹，仅以能诗与否为尺度，当然会失之公平。

我之所以发表此种感想，不是针对苏、邹问题而发的，理论界并不存在这个问题。我是有感于当今有些学者特别是年轻学者，无论是在文学还是在历史领域，都用某人与某人相比，意思是那些革命者或马克思主义者在学术方面没有多大贡献，而真正有成就的是那些远离革命甚至反对革命、潜心学术的人，他们的人格是如何的壁立千仞，孤高自傲。这种历史评价观点显然是不对的。我们并不否认有些人的学术贡献，但仅以纯学术为尺度，是不能正确理解清末特别是"五四"以后中国的现代历史和人物的。

从十月革命马克思列宁主义传入中国以后，中国开始出现马克思主义的信奉者和宣传者，出现新的马克思主义学派。这是中国历史上从未有过的新的学派。例如，在哲学领域中，有辩证唯物主义和历史唯物主义者，在历史领域中出现用历史唯物主义研究中国历史的学者，在文学领域出现无产阶级的革命文学家。他们是整个中国革命的一部分，他们既以自己的笔又以自己的实际行动为中国的革命胜利而奋战。他们纯学术的著作也许不多，但他们是新的学派新的学说在中国的开拓者和创立者。这种地位和贡献是那些搞所谓纯学术的人无法相比的。中国自鸦片战争以后特别是"五四"以后，社会处于大变动时期。这种社会变动必然引起知识分子的大分化。有些投身革命，有些堕入反动阵营，也有不少处于或多或少的游离状态，潜心学术。知识分子所走的道路各异，不能要求一律，只要不危害人民，能做一些各自能做的事，无可指责，问题是在如何评价和评价标准问题上，我们应该坚持正确的观点。

我想起了恩格斯对资产阶级文艺复兴时期一些学者的评价。他说，这个人类以往从来没有经历过的最伟大的、进步的变革，是一个需要巨人而且产生了巨人——在思维能力、激情和性格方面，在多才多艺和学识渊博方面的巨人——的时代。他们的特征是他们几乎全都处在时代运动中，在实际斗争中生活着和活动着，站在这一方面或那一方面进行斗争，有人用舌和笔，有人用剑，有人则两者并用，因此就有了使他们成为全面的人的那种性格上的丰富和力量。书斋里的学者是例外：他们不是第二流或第三流的人物，就是唯恐烧着自己手指的小心翼翼的庸人。恩格斯的论断是发人深省的。他是站在历史前进的方向来评价一个学者对人类的贡献，而不是单纯局限于一个人在某一方面的学术成就。对恩格斯来说，人文学科的学者应该站在时代运动之中，在实际斗争中生活着和活动着，而不能是对人民的处境漠不关心，处于时代潮流和运动之外，仅仅满足于当一个书斋里的学者。

我们不可能要求每个学者都是社会活动家甚至是革命家，我们尊重学者们的专业成就和学术水平，但我们反对用所谓学术成就来贬低用笔参与实际斗争为人民利益而拼搏的学者们的贡献。《大众哲学》的深度也许不如某本纯学术专著，但在中国解放斗争的事业中，几乎没有任何一本纯学术专著起到过它所起的作用。任何一个稍明事理的人都懂，中国如果没有大批知识分子投身革命，以自己的才能书写革命这篇大文章，而都埋头书斋当纯学者，中国革命是不可能成功的。革命成功天下大定之后，以学术成就为尺度来评论长短，我以为是片面的甚至是不公正的。

对人物的评价有个哲学问题，它不能离开正确的世界观和正确的思维方法。不知其人不知其文，不知其时不知其人。比如说，歌坛上最流行的是哥哥妹妹、情啦爱啦。可谁以此为标准得出结论，《大刀进行曲》与《何日君再来》无高下、优劣、进步与落后之分，我们该怎么说呢？其实这个问题简单得很，把这两首歌放在当时抗日烽火燃遍中国，中华民族处于存亡危急之秋的背景下，体会一下这两首歌的曲调、内容、效果，就不难做出正确判断。如果离开了这个大背景，仅就歌曲本身来衡量，很容易变为个人趣味、风格爱好不同之争。这样看问题，当然超越意识形态、超越政治，为艺术而艺术，显得很洒脱，可离真理甚远。任何一个经历过日本侵华战争苦难的人，用不着具有高深的音乐素养都能把它们区分开来。只有生于安乐长于当今和平时期的人，没有挨过飞机轰炸，没有挨过日本人耳光的人，才会津津乐道所谓纯艺术之类的糊涂话。

这个问题，在文化领域中具有普遍意义。离开了中国 20 世纪二三十年代的白色恐怖时期和国民党的文化围剿，就难以理解鲁迅其人其文。人们只要读读鲁迅一篇篇掷地有声的文章，就能体会到鲁迅的骨气和革命精神。几乎每篇文章都可招致杀头之祸，都会受到围剿和攻击。可鲁迅不畏强暴，顽强以笔战斗。无怪毛泽东如此高度评价鲁迅，尊为最伟大最英勇的"旗手"，尊为没有丝毫奴颜媚骨的"英雄"。鲁迅难以心平气和、难以全面、难以飘逸、难以公允，这正是鲁迅之所以为鲁迅的缘由。把当时一些闲情逸致谈天喝茶的小品文放在鲁迅匕首与投枪般的杂文之上，只能说明对近代中国的历史、对中国人民的斗争历史无知，对中国人民曾经遭受的苦难无知。

鲁迅的文章能更深地使我们体会到不知其时难知其人、不知其人难知其文的历史唯物主义道理。

斗转星移，时过境迁。现在不是《大刀进行曲》的时代，是妹妹我爱你的时代。"我就是不喜欢鲁迅那种剑拔弩张，我喜欢淡淡的哀愁，没有火药味的琐事闲谈。"您喜欢什么，谁都无权干预。萝卜白菜，各有所爱。可当这种个人的爱好变为一种理论、变为一种衡文尺度、变为一种公开的主张，它就不是个人的爱好而是公开树起的一面旗帜。它会使我们一些年轻人对历史对现实产生错误的看法。

现在不是《大刀进行曲》的时代，不是鲁迅的时代，可也不只是妹妹我爱你的时代。我们正在建设中国特色社会主义，我们在文学艺术领域仍然要倡导主旋律。即使是多样化，也是题材和风格的多样化而不是创作思想无高下优劣之分，不是香花与毒草可以兼容并包、和平共处。这个原则也是我们对历史上的人与文予以评论的原则。马克思主义者决不会因为现在不是战争和革命年代，就贬低历史上曾起过重大作用的战争和革命题材，贬低曾经对革命的文学和艺术做过贡献的人与文，而以当今流行的散文风格来否定历史上的战斗檄文和匕首投枪式的风格。事过可以境迁，但历史的意义和价值不会因而消失。

如果以当今之得失论历史上人、文之是非，就会认为与其当年投身革命救亡图存，还不如缩在书房里进行学术研究写上厚厚的几本著作上算，与其文章写得剑拔弩张，不如恬淡飘逸可以传之永久，甚或与其革命送命何如留条命今日当大腕实惠。这种说法有点夸张、有点极端，可问题的本质就是这样。社会的领域是宽广的，只要于人民有利、于社会有益，从事何种职业都可以，本不应该扬此抑彼。

真正从事学术活动对人民同样是个贡献。问题是，我们决不能按照现今的标准甚至以自己的味觉不正的嗜好作为评人论文的标准。翻案文章会不断做的，但真正要论人衡文，品评人物，还是一句老话：不能脱离历史条件，要知其文必知其人，要知其人必知其时。

一世读书抵封侯

"大红大紫非我有，满床满架复何求。人生百样各有得，一世读书抵封侯。"这是我就读书问题写的一首小诗。"一世读书抵封侯"，在一些大富大贵者看来也许属于酸葡萄心理。不过，与"朝为骄子暮为囚"、欲以读书终老而不可得者相比，一个人终生有书可读，而且能自由阅读，难道不是一种幸福吗？人各有所求，读书人应以读书为乐。当然，不要读成书呆子，像《聊斋·书痴》中的那位彭城郎君。

我读书，首先是职业需要。哲学专业是一个需要广泛读书的专业，不仅要读哲学书，文史类的书也要读一点。从读的角度说，书对我来说没有好坏之别、鲜花毒草之分。坏书，读后知道它坏在哪里，应该如何评价，能说出个一二三来，就算有收获，这种书对我并不算坏。反之，好书读后说不出好在哪里，没有体会，不能从中得到启发，也算白读。我把读坏书比为吃砒霜，得其法能治病；读好书如食人参虫草，如不能吸收，等于白费。

除了专业需要，读书还对修身养性大有好处。培根在《论读书》中说，"读书使人充实"，并列举了读各种书的好处，如"读史使人明智，读诗使人聪慧，演算使人精密，哲理使人深刻，道德使人高尚，逻辑修辞使人善辩"。但培根说的另外一句话 —— "知识能塑造人的性格"更发人深省。"精神上的各种缺陷，都可以通过求知来改善 —— 正如身体上的缺陷，可以通过适当的运动来改善一样。"读书的确可以养性、可以怡情，使人的精神世界得到充实提升。我个人也有这方面的体验：有时心里不安，有点焦虑急躁，就拿一本自己喜欢的书来读，开始读不下去，思想会跑马，慢慢心就安静下来了。回过来一看，原来那些焦虑急躁全是庸人自扰。有时有点生气，或为某事不愉快，也是找本书来读，消消怒气，过一会儿就好了。一个读书人手中有书，心情就会平静下来。对于那些浮躁、坐不住的人，我总说，读书吧，能把一本书从头到尾读下来，你就能静下来。与其来回踱步、团团转，终日内心如万马奔驰，不如安心读点书。

一个把阅读当作生活方式、当作生命一部分的人，能够健康长寿。书是一味最好的保健药。凡是喜欢读书，以读书为乐，勤于用脑的人，都比终日无所事事的人活得健康、活得明白。如果不用脑，不读书，一旦退休，就会迅速衰老。虽然也可以搓麻将、遛狗，但我总认为不如阅读。如果每天抽点时间读书，可能更好些。当然人各有各的活法，这不能强求。

清人张朝在《幽梦影》一书中说："藏书不难，能看书为难；看书不难，能读为难；读书不难，能用为难；能用不难，能记为难。"最后一句有可议之处。记，决不会难于用。博闻强记是一种本事，但决不是读书的目的。单纯能记住书中所言，与引证时临时查用区别不大。学止于行而已，这是我国的老话。不会用只能记，最好也不过是"书橱"，不足为贵。但前几句话却很有启发。看书不难，读书为难，亦为知味之言。读书人喜欢读书，这极为平常，也极为正常。不喜欢读书的"读书人"，不算读书人。但只读书而不会用书，往往是书痴。用书比读书更难。读书可以带来愉悦，可以坐在沙发上，半靠在床上，甚至完全放平手捧书本，优哉、游哉！但用书则要实践，须身体力行，改变自我。就我自己的体会来说，读书是一种享受，而用书往往是一种痛苦。用书是一个"洗脑"的过程，凡有偏见者很难接受有不同意见的好书；用书还需言行合一，凡根本不准备践履者，即使对句句真理、字字珠玑的宝书也只是"叫好"而已，雨过水无痕，读与不读一个样。

看书宜多，读书宜精。看书多，可以东翻翻西翻翻，增加知识，拓宽视野；读书则应认真，深入研究，举一反三，碰撞出思想火花来。当然，读书不能单纯是喜好，书痴并非用书，而是对书的一种癖好。如果读书无助于做人与行事，与未读无异。能记并非最重要的，重要的还是用。能记，可以引经据典，头头是道，终无实际本领。文人纸上谈兵，不能实战，如赵括，熟读兵书，终于全军覆没，此为能读书而不能用书者之鉴。

看书容易，读书很难，而用书更难。能读书，能用书，能用好书，方是一个读书人的最高境界。

读书两忌

写作没有秘诀，读书也没有秘诀。不过借鉴别人的经验，结合自己的体会，还是会有所帮助的。

读书有两忌：一忌读什么，信什么；另一忌是信什么，读什么。如果读什么信什么，就会变成书的奴隶，让自己的头脑变成跑马场，任别人践踏。相反，信什么读什么，就会把自己的头脑封闭起来，变成某个人或某种学说的私人领地，任何新思想都进不去。

在现实生活中，读什么信什么的情况并不少见。这可能产生两种不同的后果，或者是被一种先入为主的观念俘虏，变成错误学说的信徒。有的学者很风趣地称之为"二世现象"，即读萨特就爱萨特，读胡塞尔就爱胡塞尔，读什么就变什么，就是这种情况。也可能是相反的情况，即另一种后果，由于自己没有主见，觉得书中讲的都有道理，观点三日一变。特别是当书中观点彼此矛盾，各有所说时，更是不知所从。

《道德经》中有一句话：少则得，多则惑。老子的原意不是用来讲读书的，可我以为借用来说明读什么信什么的后果，倒是适用的。多则惑，讲的正是读什么信什么陷于无所适从，即陷入惑的困境。读书本来是求解惑的，结果书读多了不仅未能解惑反而愈读愈惑，失去了读书的本意。孟子说的尽信书不如无书，用在此处，尺寸刚好。

这当然不是主张不要多读书，不要博学。书应该多读些，知识面应该宽些。可是多读书有个前提，这就是不能采取读什么信什么的态度，而应该以追求真理为目的，即读书在于求真。既不能先入为主，又不能六神无主。要在多读中通过比较分析逐渐形成自己的正确观点。少则得，这个少也是相对的，并不是愈少愈好。少则得，实际上强调的是读书要有自己的见解，从所读的书中获得真正有用的东西，即使是读得不多也是有所得，远胜于那种越读越糊涂的读书方法。

再说说另一忌——信什么，读什么。这表现在专业上就是学什么，就只读什么。我们的大学是分系的，系中有多种专业，一个专业有多个方向。我们以哲学为例，如果学马克思主义哲学的，不读点中国哲学、西方哲学的书，只是在几本马克思主义经典原著上打转转，肯定学不好；同样，学西方哲学只读西方哲学，不读马克思主义哲学的著作，也不读中国哲学的著作，成就肯定有限。学中国哲学的亦复如此。更不用说，有门户之见，学中国哲学瞧不起马克思主义哲学，学西方哲学又瞧不起中国哲学，瞧不起马克思主义哲学。而学马克思主义哲学的又视中国哲学、西方哲学为另类。每个人只读自己学的，只信自己读的。彼此贵己而贱人，结局如何，不问可知。

当然，生命有限，书是读不完的。读尽平生未读书，只是豪言而已，没人能做到。但是无论读多读少都要记住以上两忌。这也是我一生读书的教训，也算是人生经验的总结。因为一个教员的一生，就是读书的一生。

文化随想

治世与治身

在中国文化传统中，儒道两家是互补的。我们可以说，儒家是治国的，道家是治身的。当然，这种说法是相对的。

儒家的基本精神是入世的。儒家的修齐治平，以修身为本，通过正心诚意培养自己的理想人格。儒家理想的人格是具有阳刚之气的大丈夫品格，"富贵不能淫，贫贱不能移，威武不能屈。""居庙堂之高则忧其民，处江湖之远则忧其君。"可忧患无穷，操劳不已，仕途难测，何以保身？在这里，道家提供了一套方法。

道家也有治国的方法。如《道德经》中讲的治大国如烹小鲜，讲的以正治国，以奇用兵，以无事取天下，等等。但道家学说最本质的还是养生，是如何对待生死、富贵、荣辱，在纷乱的世界中求得安宁。为此，它倡导物我两忘，安时处顺，万物齐一，顺其自然，这样就能全生养亲尽天年。所以道家学说历来被视为安身立命之学。

佛学也是出世之学。但它超然物外，企求来世，以死为解脱。这不符合中国人的心态。少数知识分子信佛，并不是真正相信来世，而是迷恋它的哲理。至于大多数老百姓信佛，不是求死而是求生求福，而且大多临时抱佛脚，与佛学本义大异旨趣。

对于中国知识分子（士大夫）来说，得意时信儒，踌躇满志，治国平天下；失意时则隐退，浪迹江湖，讲求方术，以求心理平衡。这是中国传统文化的生命力，同时又是它的缺点所在。中国的知识分子尤其是文科知识分子，要正确对待中国传统文化，就应该认真学习马克思主义，这样才不致迷恋骸骨，不致取其糟粕弃其精华。

至言与俗言

庄子说过，"大音不入于俚耳"，可是通俗小调，则听得兴高采烈。这就是说，群众喜欢他们能听懂的东西和与他们生活最为接近的东西。这也就是毛泽东说的群众喜闻乐见的东西。文化的功能是化人，要能化人，首先要他们乐于接受，能懂，喜欢。所谓"入于俚耳"，即就此而言。纵然是阳春白雪，是精品、极品，群众不喜欢，不能欣赏，不能接受，也是枉然。可是，我们又不能简单地以能否"入于俚耳"，即为群众所接受为标准。因为受众的欣赏、爱好、审美水平，不是一成不变的，是受一定的文化背景制约的。低俗的文化可以不断制造低俗的受众。这是芝麻榨油、油浸芝麻的关系。

不少人包括我自己，不善于像当年艾思奇写《大众哲学》那样，把哲学变为有血有肉，与受众心心相印的东西。我们太倾心于抽象、思辨，写的文章让人看不懂，甚至不知所云。我认为，我们的哲学不能变成贵族哲学，我们的哲学家不能变为哲学家贵族。看不懂就是好的，这是蒙人的。康德的"三大批判"对普通读者来说非常晦涩，但康德并不以此自傲，相反却感到是个缺点。他在给朋友的一封信中说，缺乏通俗性，是对他的著作所提出的一个公正的指责。

因为任何哲学著作都必须是能够通俗化的，否则，很可能是在貌似深奥的烟幕下掩盖着连篇废话。

庄子说："高言不止于众人之心。"说空话，借以吓人的东西，只能是稻草人，不能"止于众人之心"。一旦真正高水平的东西不多，那种以次充好、假冒伪劣的东西一定会占领市场，这也就是庄子说的，"至言不出，俗言胜也"。

高雅文化要走出目前的窘境，应该提供给群众喜欢的作品。要使大声也能"入于俚耳"，必须是"至言"（有水平），而不是"高言"（空洞无物）。要使我们的文化市场净化，应该是至言和俗言相互补充，相互支撑，都能既"入于俚耳"，又能"止于众心"。

美言与信言

老子在《道德经》中以他卓越的智慧曾对美言和信言做过区分。他说，美言不信，信言不美。好听的话不一定都可靠，而老实话不一定都动听。这的确是人生经验的结晶。

"美言不信"，当然不是说，凡是美言都不可信，而是说凡是说谎话，一定要说得动听，迎合对方的心理，以博取信任。孔老夫子称之为"巧言令色"。越是谎话越要说得动听，可越是动听越是不可相信。谎言之所以要具有美言的外表，正因为它是谎言，需要借助美言来掩盖。

信言则不同。如果我们把信言称为真理，可以说，信言是朴实的，因为真理是平凡的，它不需要用比真理内容更多的话语来进行装饰或者粉饰。邓小平说过，马克思主义并不玄奥。马克思主义的道理是很朴实的道理，讲的也是信言不美的道理。

真理是朴实的，可是它具有严肃性和原则性。真理是严肃的，因为它要成为可信之言，必须实事求是，一是一，二是二，以事实为依据，来不得半点虚假。事实是不能伪造的，无论是自然事实或社会事实都应该真实。自然界的真实性是不以人的意志为转移的。《歌德谈话录》中记载了歌德关于自然界的谈话，他说，自然从来不开玩笑，她总是严肃的、认真的，总是正确的，而缺点和错误总是属于人的。自然对无知的人是鄙视的，她对有能力的、真实的、纯粹的人才屈服，才泄露她的秘密。

　　真理是不能谦逊的。正如马克思所说的，真理不能谦逊，它必须不向任何权威低头，真理如果谦逊就会变成虚伪，而虚伪则失去了真理的本性。所以真理是无畏的。真理的不谦逊是真理的原则性，它不屈从任何非真理的压力。但真理不能谦逊并不是说任何自以为掌握真理的人不应该谦逊。这是两回事。并不是任何自以为掌握真理的人，真的就是真理的占有者，任何以傲慢态度而不是以谦逊态度对待客观事物的人，很难真正发现真理。真理不应该谦逊，可探索真理的人和探索的方式应该谦逊。特别是要正确对待不同意见。人类最大的缺点是喜欢相同的意见，而不喜欢相反的意见。其实，从相同意见中得到的只是赞同，而从不同意见中得到的才是进一步探索的问题。真理的确是需要不断敲打才能发光的燧石。

　　真理要宣传，要灌输。有的学者反对马克思主义需要灌输，把灌输误认为强迫，这是不对的。强迫是不以理服人，用一种外在的力量使对方接受某种观念或理论。任何强力都只能服人之口绝不可服人之心，强力是不可能产生灌输的效果的。真理的灌输不同，它是以理论的真理性为前提，以说服为手段，以内心接受为条件的一种教育方式。真理之所以需要灌输，是因为错误的观念天天也在以各种方式进行有声的无声的灌输。我们生活在社会中，无时无刻不在受各种传媒、影视、书籍的影响。我们可能形成正确的观念，也可能形成许多错误的观念。日复一日，错误的观念会成为成见、偏见。这就是真理需要灌输的根据。错误的观念通过各种渠道在灌输，真理反而在沉默。这不利于人的正确观念的形成。歌德说过一段很有见地的话：我们对于真理必须经常反复地说，因为错误也有人在反复地宣传，并且不是个别人而是大批人在宣传。这话说得真是太好了。任何生活在社会中的人都应该明白，我们自发接受的错误观念往往比自发接受的正确观念多。真理需要认真地进行教育和灌输。

真理中的新与旧

真理问题只有真假，没有新旧。可以有最古老的真理，也可以有最新的谬误。人们把自己不同意的观点称为旧的，似乎只要这样一说，这种观点就是错的；而只要把错误的观点说成是新的，似乎就变为正确。这当然不符合认识史。地球是圆形的观点决不会因为年代久远而变为谬误。真理应该发展，但不能被推翻。凡是能被推翻的决不是真理；即使过去曾被认为是真理，那也是真理认识过程中的失误。因此真理永远不会陈旧。在理论领域中，我们不能仅仅求新，更重要的是求真。科学真理是朴素的，它从不哗众取宠，时间越长越显示它的真理性魅力；而越是迷信的、荒谬的东西越是具有流行性，但转瞬即逝。当然真理也要发展也要求新，但它是真的新，新的真，是两者的统一。历史证明，凡是离开了真理的新，就是假冒伪劣，是赝品；凡是离开了新的真，就由真理变为常识，变为被嚼过千百遍的馍。

逆取顺守，匡时救世

读经并不能救世。中国历史上并不缺乏读经的年代。历朝历代的读书人都是读经的，当时所谓读书主要就是读经。尤其是宋以后以"四书"作为标准教科书，封建时代的读书人，可以说是自小从经中泡大的。举国士子读经，是当时的社会现实。谁能说那些经书读得最好，在科举中荣登金榜的人，就是道德水平最高的人呢？只要懂点中国历史都知道，十年窗下无人问，一举成名天下知的士子中，确实有很多得儒学精髓，穷则独善其身、达则兼济天下，居庙堂之高则忧其民、处江湖之远则忧其君的读书人，但也有不少以弄权鱼肉人民为目的的大贪巨猾。《儒林外史》中塑造的严贡生严监生，以及鲁迅先生《祝福》中的鲁四爷，不过是这类人中微不足道的小人物。

封建社会的贪污腐败，虽严刑峻法、剥皮楦草，难以杜绝。这是社会制度的本质问题。它既不是读经读坏的，也不是单纯读经能读好的。至于当今社会中出现的贪污腐败、诚信缺失和道德失范问题，并非一些危言耸听者所说的是传统文化断裂造成的，而是社会急剧转变中法治建设和道德教育滞后导致的问题。解决的方法在于坚持中国共产党的领导、坚持依法治国和以德治国、坚持从严治党，坚决反对贪污腐败。当然，这不是我们不需要"读经"的理由，相反，中国文化经典中就包括古人治国理政、反贪惩腐的智慧；而且优秀文化经典进课堂，肯定有利于学生优良道德的养成，有助于形成向上向善的社会风尚。文化经典进课堂是教育体制改革的一件大好事，必须做好、做实。

中国传统儒学经典进课堂，可不是一件简单的事。如何教，如何学，这是教育体制改革的一件大事。经典文本并不能与中华优秀传统文化简单画等号。毫无疑问，中华优秀传统文化存在于经典文本之中，但经典文本同样存在糟粕，存在时代的局限性。把经典文本与优秀文化等同，以为读经就等于传授优秀传统文化，无须辨析，只能接受，这是一种简单化的看法。经典文本和从经典文本中提炼出来的精华存在差别。精华充分体现了中华优秀传统文化中的总体性理念、智慧、气度和神韵，它是各个学派经典文本的精华和中华民族生活实践经验的精炼，如百花酿蜜，得其精华，而文本中的思想则可能精芜杂陈。

取其精华，去其糟粕，这是我们对待中国传统经典的基本原则，也是提高优秀文化传承自觉性的根本之道。

哲学与人生　Philosophy and Life

叩问信仰

第 六 章

信仰·理性·行动

　　有位先生上门聊天，很是感叹：没有信仰的人是最可怕的人，不怕天、不怕地、不怕神、不怕鬼。总之什么都不怕，都敢干。言下之意，在当代只有宗教才能匡正世风人心。我说，先生之言有理，但不全。有人相信上帝，有人相信佛陀。上帝要人人相爱，佛陀教人慈悲为怀，这都是劝人为善。这些完全可以理解，宗教开始都产生于人间的不平，它当然宣传爱和众生平等。虽然这是在宗教框架内，但实际上已进入伦理学——宗教伦理。

　　宗教有文化作用，也有道德教化作用。可宗教道德有个无法解决的矛盾，如果劝善拒恶是建立在对天堂的向往和对地狱的恐惧，建立在轮回或因果报应的信念上，这种教化作用是有限的。它不是一种道德自律，而是一种恐惧。恐惧产生的道德往往是外在力量的压抑，人变得渺小。我们无法相信和期待宗教真能救世、真能匡正世风人心。宗教真正发生效用的倒是对善男信女们，他们本来就是"良民"，是一些普通的百姓。西方有些大科学家也信教，他们不是偶像崇拜，也不会相信上帝创世或天堂地狱之类的说教，他们是把宗教作为一种处理人际关系和自我约束的伦理原则。这些有积极作用。对以宗教牟利，或以宗教为政治统治手段的人，宗教无助于自己的道德，只是一种工具而已。

唯物主义者、无神论者，不信仰宗教，不见得道德水平低。恩格斯在讲到法国唯物主义时说过，唯物主义者同自然神论者伏尔泰和卢梭一样，几乎狂热地抱有社会进步信念，并且往往为它付出个人最大的牺牲。如果说有谁为了真理和正义的热诚而献出了整个生命，那么，狄德罗就是这种人。

马克思主义者是无神论者，真正的马克思主义者是具有爱心和崇高道德理想的人，他们爱人民，爱受压迫、无依无靠的亿万劳动者。这是一种大爱。多少人为了这种爱而牺牲在刑场、战场。这种为人民解放、为社会主义理想而舍身忘家的人，与对天堂向往和对地狱恐惧而行善的人，道德水平不在一个层次上。

不信神的人有些可能是坏人，敢于为非作恶、做坏事，而信仰宗教的人可能有慈悲心、菩萨心，但也可能相反。我们不来说中世纪宗教裁判所的残忍，不来说《十日谈》中那些令人捧腹但又发人深省的对教会的讽刺，就以资本主义扩张时的殖民战争为例，那些在所谓落后国家烧杀掠夺为所欲为的强盗们中，虔诚的基督徒还少吗？在当代西方神职人员中，性侵犯者也屡见不鲜。至于旧西藏农奴主和上层僧侣们不都是某种宗教的信仰者甚至是誓死的护法者吗，道德水平又如何呢？历史和现实都证明，道德水平高低无关有无宗教信仰。

马克思主义者也有信仰，但不是宗教信仰。有位哲学家说过，如果我们信奉一种哲学学说，我们有权利追问我们为什么应该相信它。的确，信仰需要有充分的理论依据和逻辑论证，要有经得起反驳的理由。没有理由的信仰是盲从；没有真理性的信仰，往往陷入迷信。马克思主义者信仰马克思主义，因为它是一个经过严密理论论证的、经过实践检验的科学理论体系。它既是科学理论，又是理想信仰。有些人认为现在还信仰马克思主义，肯定是被洗脑，或者思想太不解放。

信仰是人不同于动物的一个特点。有意识有思想的人也是有信仰的人。区别只在于这种信仰科学不科学、坚定不坚定、自觉还是自发，而不是有与无。那些被认为干坏事而没有信仰的人，其实是既没有对末日、天堂地狱的恐惧，没有因果报应的宗教信仰，更没有伟大的理想信仰，但他们肯定有一种信仰，这就自发地相信"人不为己，天诛地灭"。他们可能不知道何谓信仰，也不知道自己怀着这种观念也是一种信仰。因为这种极端利己主义的信仰与他的人生观是合而为一的。他怀着一种极端自私的人生观，认为人的本性是自私的，这种坚定不移的观念就是他的信仰，而他的这种信仰就是他的人生观。这种极端自私的人生观成为信仰，这种错误人生观与信仰合而为一的自发信仰，危害性最大，也最为顽固。

在当今的所有信仰中，争论最大甚至需要用生命来实现的科学信仰是马克思主义。如果前资本主义不算的话，在当代西方"文明"的资本主义社会，没有人因为你相信上帝、相信佛陀而迫害你，也不会因为你相信实用主义或者利己主义而歧视你，可相信马克思主义则不同。马克思主义涉及他们的根本制度问题，涉及维护谁的利益问题。因此信仰马克思主义，同时意味着具有反对剥削制度、反对资产阶级统治的政治信仰。这种信仰，得不到统治阶级的默许更不用说赞同，有什么奇怪呢！

如果你只是说说而没有行动，在当代西方世界可以容忍，因为它标榜信仰自由，但有一个条件，你不能按照马克思主义原则而进行斗争，并企图按照马克思主义来改变资本主义社会。讲坛马克思主义、论坛马克思主义，对资本主义社会无害、无大害，相反彰显它是自由民主的国家，可一旦真正企图实现社会主义行动，那就对不起，照样会镇压，会取缔。美国不是有过麦卡锡主义吗？现在可能没有明目张胆的麦卡锡主义，可有中情局。何况只停留在讲坛、论坛的马克思主义，就其作为马克思主义的作用而言，是有限的。这就是为什么西方不会禁止马克思主义，但不准有马克思主义者的革命行动。西方可以不断出现各种各样名称的马克思主义，但是不会容忍出现真正以马克思主义为指导、把变革资本主义付诸行动的革命政党和革命行动。

信仰需要理由。马克思主义者信仰马克思主义，当然有理由。迄今为止，在当代世界，马克思主义对于立志改造社会、改变世界的人来说，最具有理论说服力和理想吸引力。在人类历史上，有哪一种学说像马克思主义这样为人类，为全世界被侮辱、被压迫的人类、民族谋利益谋解放？有哪一种学说有如此合乎逻辑的最具说服力的理论论证？

宗教不可能解放人类。原始基督教的产生虽然具有革命性，但后来蜕变成统治者对群众进行精神奴役的工具。中国历史上的农民战争曾利用过宗教作为组织手段和凝集方式，但这不是解放人类的战争，而只是一种斗争的组织工具。宗教不可能解放人类，它只可能解放信仰者个人的灵魂，但代价是牺牲自我，跪倒在自己崇拜的偶像面前，而不能真正解放成为大写的人。

马克思主义不同。它是人类解放的旗帜，是世界上各国共产党人、马克思主义者斗争的旗帜。从十月革命至今逾百年，共产主义革命此起彼伏，在困难中前进。马克思主义不仅是一种信仰，而且是一种理论，是一种运动，是一种亿万人参加的群众性运动。坚定的马克思主义信仰是真正共产党人的政治优势。邓小平说过，过去我们党无论怎样弱小，无论遇到什么困难，一直有强大的战斗力，因为我们有马克思主义和共产主义的信念。事实证明，不管苏联解体和东欧剧变带来多少伤害，但马克思主义并未消失，社会主义并未失败。中国特色社会主义的成就，世界资本主义的经济危机，再度显示马克思主义的理论威力。

信仰需要理由，可信的理由总是与理性思考不可分。信仰的科学性就在于它是经得住实践检验的具有真理性的认识。信仰坚定，不仅要有理论的支撑，更需要行动，言行不一的"信仰"不是真正的信仰。孔夫子也说过，"始吾于人也，听其言而信其行；今吾于人也，听其言而观其行"。看起来，连孔子都自我检讨，不能轻信，要看其是否言行一致。信仰，只有言行一致才算真正的信仰。行动的侏儒、语言的巨人，不管如何激昂慷慨，终究不算具有真正的信仰。

在历次革命中，都能见到一些激昂慷慨、悲歌击筑，甚至以咬破手指写血书表态明志的人，但并非每个人都能坚持到底。1939 年，毛泽东在纪念五四运动二十周年时专门讲过这个问题。他说，有些青年，仅仅在嘴上大讲其信仰三民主义，或者信仰马克思主义。这是不算数的。真正的信仰应该是言行一致的，而且判断一个人的信仰应该是听其言、观其行，看其对人民群众的行为。毛泽东曾以张国焘为例，说他不是信仰过马克思主义吗？他现在到哪里去了呢？他一小差开到泥坑里去了。大浪淘沙，历史的考验是信仰真假的鉴证。

人的宗教崇拜与当代的追星族

　　崇拜，具有时代的、民族的特性，它可以是一种宗教情感，也可以是一种时尚，例如我们这里流行过的或还在流行的追星族。

　　人的崇拜似乎是一种完全发自心灵的情感，是内心的激动与信仰的升华。其实，只要仔细考察，完全可以发现这种情感的现实基础，即崇拜者对崇拜对象的依赖关系，没有依赖就没有崇拜。只是时间久远，代代相传，崇拜者与被崇拜者之间的关系变得模糊不清，好像是一种与生俱来的感情。例如，中国人特别是汉族崇拜黄河、长江，这是因为它们是母亲河，是农业民族的生命之源。没有水，就没有我们的生存和发展。对黄河、长江的崇拜，是对水的崇拜，是对农业的命脉、对我们自身生命依赖物的崇拜。

　　图腾崇拜也是如此。几乎一切民族，无论是文明的还是欠发达的民族，在原始时期都存在过图腾崇拜，即把某种动物或植物视为与自己有血缘关系的祖先。人们对本民族的图腾的自觉崇拜已经达到无以复加的境地，图腾被作为房屋、器皿、武器的装饰，甚至作为文身的图案。任何人，如果残杀或损害被作为图腾的动植物，就会受到最严厉的惩罚。这种崇拜绝不是偶然的，它反映特定部落人群对这种动植物的依赖关系。恩格斯说过，人在自己的发展中得到了其他实体的支持，但这些实体不是高级实体，不是天使，而是低级实体，是动物，由此产生了动物崇拜。为什么最初的宗教崇拜多是崇拜自然？为什么一个民族和部落生活其中的特定的自然条件和自然的产物，会被搬进自己的宗教，成为崇拜对象呢？当然是由人对自然的依赖关系决定的。没有依赖就没有崇拜，而没有生存需要就没有依赖。

如果说，最早的崇拜是人对自然的崇拜，包括图腾崇拜和表现为自然力的风、雨、雷、电、山、河、日、月诸神的崇拜，然后逐步产生人对人的崇拜。但最初的人对人的崇拜是神人崇拜，即对能征服自然灾害、有利于人类生存的人物的崇拜。这些人，实际不是人而是已被神化或传说中的英雄。例如，中国传统文化中的神农氏、燧人氏、有巢氏以及射日的后羿、治水的大禹，等等。这种崇拜同样是与人的生存息息相关的，是对为人们兴利除害的人的崇拜。这种崇拜也不是超功利的纯粹的信仰。

当进入阶级社会，出现了国家和手握重权的统治者，人对人的崇拜具有明显的阶级的政治的色彩，这种崇拜是英雄崇拜。这里所说的英雄分为两种，一种是手握权力、作为权力化身的帝王将相，崇拜他们，本质上是崇拜权力。这是一种敬鬼神而远之的崇拜，与其说是崇拜不如说是恐惧、敬畏。一切君权神授论者都极力宣扬对权力者的崇拜，以此作为巩固统治的一种理论的和心理的支柱。还有另一种英雄，相应也就有另一种崇拜，这就是对在各个领域中对历史对人民确有贡献的人物的崇敬，包括英雄崇敬和名人崇敬。例如，中国人对孔子的崇敬，对屈原、杜甫、李白、岳飞、文天祥的崇敬，等等，这是出自内心的、非强制性的崇敬，是人们对为后代留下宝贵的物质财富和精神财富、为后人创造更好的生存和发展条件做出突出贡献的先人的无上的敬仰。

　　人是要有所崇敬的。例如，我们对历史上的英雄人物，对在各个领域中为中国人民做出贡献、为子孙后代造福的人物为什么不可以怀着特别的崇敬？崇敬历史上的有成就的卓越人物就是尊重自己的历史和传统。数典忘祖是民族虚无主义。我们同样应该崇敬为中国人民解放而英勇斗争的老一辈无产阶级革命家特别是其中贡献最大的卓越人物，我们应该崇敬各行各业对祖国对人民有着卓越贡献的专家和模范。我们反对的是个人迷信。个人迷信是属于宗教崇拜的范围，因为崇拜者完全失去了自我意识和自我的独立性，从精神上成为被崇拜对象的奴隶和附属物。相反，对历史杰出的人物的崇敬，是崇敬者从被崇敬对象的成就、人格和实践中，受到教育、启发和激励。这种崇敬不是降低了自我而是提高了自我。个人迷信在苏联和中国都发生过。个人迷信是造神运动，把领袖人物神化为凌驾于全党之上全民之上具有超凡入圣能力的神人，这种超越理性的过度的崇拜已经转化为对被崇拜者的迷信。这种崇拜（个人崇拜）是有害的，它窒息广大干部和人民的创造精神和创造力，从制度上和心理上拆除了防范破坏民主集中制、破坏法制、个人专权的一切屏障。只有从思想上制度上破除个人迷信，才有可能纠正个人迷信造成的错误。

　　破除个人迷信和与个人迷信不可分的教条主义和思想僵化，是我们改革能迈开步伐的重要一环，也是我们思想理论领域中的重大收获。但我们也应该看到，有些人主要是年轻人走向了另一个极端——什么也不崇敬、什么也不信仰，这就是所谓信仰危机。说什么都不崇拜并不确切，除开崇拜金钱的拜金主义外，疯狂地崇拜流行歌星、影星的所谓追星族的存在，说明这些人不是没有崇拜，而是有很深的很热烈的甚至可说是疯狂的崇拜。对有成就的歌唱家和演员的崇敬本身不能说错，我们这里说的是追星族，即对一些流行歌星和演员的无限的迷恋，达到废寝忘食、如醉如痴的地步。他们不能正确区分社会的分工和各行各业的特殊作用，不能区分各种人物的独特贡献，把自己心目中某一个歌星或影星置于一切人之上。这是一种变相的个人迷信，是一种没有政治色彩的个人迷信。就崇拜者与被崇拜者的关系看，与个人迷信一样，追星族同样失去了自我，降低了自身的价值，把一切最美好的东西都转移到对象上，制造了一个虚假的存在。这大都是一些中学生，年轻、幼稚，还不成熟，涉世未深，正处在情感的躁动时期，随着文化水平的提高和生活经验的积累，这种狂热会降温。可是我们应该看到，这种无信仰的信仰、无崇拜的崇拜对中学生的成长和培养不利，我们应该进行教育和引导。

精神需要安顿

　　从人类生存实践需要角度考察文化，最根本的需要可以说是精神需要，只有精神有安顿之处，人类实践才能和动物的本能活动区分开来。精神显现出人之为人的特点。有精神才有人的自我意识的能力，才有人的自主创造力，人才能创造文化和文明，使世界变得丰富多彩。但精神对人来说又是双刃剑，它既使人具有创造力，又可能使人罹患精神性疾病。我说的精神疾病不仅是个人心理或社会心理性疾病，更重要的是人类的精神危机、文化危机。因此人类精神需要文化的培养，需要文化安顿。而文化中最重要的当推哲学。有位诗人说过，哲学是乡愁，是寻找精神家园。哲学的确具有精神家园的作用，这就是哲学对于人具有安身立命的作用，它给人一个精神的安顿之处。但这种精神安顿不能只归结为人生观，归结为人生境界，而应该从更宽广的文化角度来理解。

　　哲学是从人类精神需要中产生的，但如果人类不摆脱蒙昧状态，就不可能产生哲学。人作为人的存在开始自己的人类史历程，逐步产生对自己生存环境理解的精神需要。原始宗教、原始神话本质上都是对精神的一种安顿方式。原始人类面对恶劣的自然环境，昊昊上天，茫茫大地，风雨雷电，洪水猛兽，疾病和瘟疫，极短的寿命，极偶然的意外死亡。人既要通过劳动维持自己的生存，又要面对自然威胁带给人类的恐惧。原始时代，人不是也不可能是自然界的主人，而是自然的十足的奴隶。在自然面前，人是如此渺小，因而对自然即对天地，满怀恐惧和敬畏之心。人对头上的昊昊苍天，对周围的山水草木，对风雨雷电都不理解，因而把它们神化、灵化，山有山神，水有水神，风雨雷电都各有神。总之，人为了自身的生存，为了减少对自然的恐惧，力求通过对自然现象的神化理解和各种祈禳仪式，求得生存，安顿心灵。

天地是如何开始的？我们这个氏族的祖先是谁？我们死后到哪里去？任何民族都有开天辟地的神，各个氏族都有图腾，有灵魂不死，有此岸世界和彼岸世界，也有战胜一切灾难的神话中的英雄人物。像中国的盘古开天辟地、女娲补天、夸父追日、大禹治水，都是自然力神化，既为了寻求解释、慰藉，用各种祈禳躲避灾难、保存生命，又使心灵和精神得到寄托，从幻想征服各种自然灾难的神话英雄中吸取精神力量。这就是适应人类生存需要的精神家园的最初形态，或者说最粗糙的形态。

随着人类智力和抽象思维能力的发展，人类面对自己存在的难题时，也不再单纯求助于具有感性形象的原始宗教和原始神话，而是进行理性思考和概念思维，从而开始进入哲学领域。哲学不同于原始宗教和原始神话，它不是通过自然力的神化来求得安宁，而是将精神安顿转变为对世界的认识和理解，在认识世界、理解世界中求得精神的安顿。柏拉图说，哲学起源于惊讶、诧异，他在《泰阿德篇》中说，惊讶，这尤其是哲学家的一种情绪，除此之外，哲学没有别的开端。可是，柏拉图没有说人类为什么惊讶，惊讶什么。

原始人的惊讶与哲学的惊讶不同。原始时代求助于原始神话和原始宗教，而哲学进行理性思考和逻辑论证，求助于理性来认识世界、解释世界。原始人的惊讶变为万物有灵论，而哲学家把惊讶问题变为哲学问题。例如，茫茫宇宙和天地起源，在哲学思维中转变为本体论问题，即宇宙生成和世界的本质问题；人有没有灵魂，人做梦是不是灵魂出窍，人死后有没有另一个世界，转变为哲学中的思维与存在的关系问题，转变为形与神的问题。人为什么有的穷、有的富，有的寿长、有的寿短，命运各不相同？是不是前生注定的，是不是命中注定的？逐步转变为社会问题，转变为社会历史观的问题。当人类为自己面临的生存困境求得精神的安顿，进行理性的、概念式的思考时，必然需要哲学，而不是原始宗教或神话。哲学对人类面对的世界的解释，不仅具有理解性的认识价值，同时具有精神和心灵安顿的作用。理解能使人由恐惧归于平静，一个无法理解的世界是最令人恐惧的世界。

在当代，人对许多过去不理解的自然灾难、对天灾人祸有了科学理解，可人的物质生活条件的改善、科学技术的发展，并没有使人普遍感到幸福，反倒使人感到苦恼，感到空虚，感到失落。社会生活越好，科学技术越发展，物质财富越增加，物质和精神的不平衡和矛盾反而加剧。历史很奇怪，穷的时候，各种心理疾病反而不多；社会越富裕，精神问题反而越来越突出。这就是哲学在当代越来越成为寻找精神安顿之地，成为精神家园的社会大背景，因此有的哲学家把哲学干脆称为"心灵的慰藉"。

寻找什么样的精神家园，寻找什么样的安身立命之处，这就涉及需要何种哲学的问题。比如，原始宗教具有精神作用，现代宗教同样具有安身立命的作用。人们总以为随着科学进步，许多过去令人恐惧和不能理解的自然现象不再成为难题，宗教也会随之消失。可是相反，社会越发展，科学越进步，宗教信仰反而更加扩展，不少人甚至是科学家，可以一方面相信科学，一方面以宗教作为安身立命的精神食粮。宗教信仰具有巨大的精神作用和力量。

基督教提倡原罪，人生下来就有罪，人要永远赎罪，只有信仰上帝，永远忏悔，把灵魂交给上帝，心灵才能安宁。佛教要人相信佛祖，相信四大皆空，一切都看破，脱离红尘，才能脱离苦海，才能没有凡心，才能心安。我不反对宗教信仰，宗教信仰自由，个人可以信仰宗教。我也不否认宗教具有劝人为善、培养仁爱和慈悲心的道德教化作用，可这种作用是双刃剑。社会主义中国，不能以任何一种宗教作为整个国家和民族的精神家园和灵魂安顿之处。

当代人类仍然感到惶惶不安，感到精神无依无靠，不少人仍然求助于宗教，甚至求助于占卜，求助于风水先生、算命先生。号称文明人尚且如此，人类蒙昧时会如何看待自己？如何看待他们面对的世界？哲学已经代替原始宗教和原始神话成为认识世界和理解世界的高级形式，但仍然无法完全取代宗教，甚至消灭最粗陋的占卜和算命。人类任何时候都需要精神安顿，不是迷信就是科学，不是宗教就是哲学，但往往是同时并存。

自古以来，皇帝的陵墓要选择风水最好的地方，可照样有末代皇帝；富人的坟地选择风水最好的地方，照样出败家子，富不过三代。有什么风水宝地呢？如果从自然环境的角度看，选择一个适宜建屋、适宜安葬的地方，并不错误，但如果说它能影响人的命运甚至子孙后代，能保佑人做坏事不受惩罚，则纯属迷信。这只是一种心理安慰和暗示，与家族的实际命运没有任何关系。

从原始宗教、原始神话到占卜算命再到现今寺庙的香火旺盛，都说明精神需要安顿之处，需要有精神家园。需要什么样的精神家园，这是我们面临的一个重要问题。

批评、抹黑及其他

批评不能说是抹黑，而是意见。激烈的批评中可能出现情绪化的东西，但仍然属于批评；对社会一些不良现象的抨击，也不应该简单归为抹黑。抹黑绝不是批评，因为它不是意见，而是以漫骂对党和社会丑化。抹黑也不是对社会不良现象的抨击。抨击的对象是个人的丑恶行为和某些社会不良现象，而抹黑则是"项庄舞剑"。我们应该欢迎批评，也不会因其情绪过激而拒绝其意见中的正确因素。我们也应该欢迎对不良社会现象的抨击，它有利于揭露和制止不良现象的传播。但，我们应该拒绝抹黑。

我以为，绝大多数教员，尤其是思想政治课教员，是尽心尽职的，是希望把课讲好的。利用课堂蓄意抹黑的人，有，但极少。抹黑不是批评，不是抨击不良社会现象，而是"意在沛公"。抹黑并不可怕，适足以显露自己。最大的危险是来自抹黑中的"理论"误导。似乎有道理，可又是片面之词；似乎有事实，但又是攻其一点，不及其余。似是而非，似真实假。误导的危害，还在于它以学术自由为"盾"，足以迷人。但课堂并非论坛，学生并非辩方。在课堂，教员是唯一的发言者，掌握话语权。

我不反对在课堂上发表批评性意见，也不反对抨击不良社会现象，但要正确引导。我是"讲理"派。凡事都有个理，要知理、明理、讲理。批评、抨击与抹黑的区别，就在有理或无理，大道理或小道理上。批评是讲理的。即使态度激烈，但仍然是在讲理。而抹黑则主要是依据个人的政治价值判断。

中国共产党建立以来，为中国人民做了许许多多的大事、好事，但也犯过错误。中国共产党有一个从幼稚到成熟、从不太成熟到比较成熟的过程。党的领袖人物也是如此。在历史上，由于"左"的错误，有过错杀、误杀。一些革命同志死在同一阵营射过来的子弹，或蒙遭不白之冤。在社会主义革命时期的政治运动中，尤其是十年动乱中，同样由于"左"的错误，我们不少干部，有些著名的知识分子，受到迫害。三年自然灾害中曾经也有过大饥饿，如此等等。这是一笔旧债，其中包括深刻的教训，应该吸取。

中国共产党已经承认错误、清算错误，检讨错误、纠正错误，平反冤假错案，为受难者昭雪，还了这笔债。虽然不少是迟来的正义，但表明中国共产党是一个对人民负责的郑重的政党，是一个知错必改的党。对中国共产党对待错误的这种态度，应该是赞扬还是以追求历史真实为名不断算旧账呢？何况某些人心中的所谓事实，并非历史的真实，或历史事实的全貌。

即使改革开放以来，我们取得举世瞩目的成就，但也面临不少新问题。群众中有些议论，有不满，可以理解。问题是，中国共产党是不是正视这些问题，是不是在着手逐步解决这些问题？我相信，任何一个不怀偏见的人，都能看到中国共产党通过总结改革以来的经验，正在完善依法治国，提高治国理政的能力，严惩腐败，标本兼治，通过全面深化改革，努力解决前进中的种种问题。我们不仅应该看到问题，更应该看到问题的被重视和逐步解决。一个真正的知识分子，尤其是理论工作者，应该超越日常生活经验的水平，站得更高，看得更深、更远。

错误如同包袱，错误多，就是包袱重。有什么理由，把已经清算的错误，已经放下的包袱，企图重新一个个捡起来压在共产党人的背上？有什么理由重新撕裂开始愈合的伤口，甚至往伤口上撒盐？有什么理由把已经发现和正在着手逐步解决的问题，作为抹黑的依据呢？我们应该用科学的历史观引导学生，让学生看到祖国的灿烂未来。对一个根本不知改革的艰苦历程，更不知道旧中国历史上被侵略、被瓜分，极端贫困落后状况的80后、90后，甚至00后，不是使学生懂得我们的成就来之不易，而是以不断揭历史疮疤、往伤口上撒盐进行错误的历史观和理论误导，这是一种极不负责任的态度。

我是个老者，我亲身经历过新旧两个"中国"，也经历过新中国成立以来的全过程。从过去不能制造火柴，称之为洋火，不能生产煤油，称之为洋油的旧中国，到现在成为世界第二大经济实体；从汉阳造到如今两弹一星和嫦娥奔月，制造核潜艇和航空母舰；从鸦片战争中三千洋兵就可以搅得清王朝屈服投降，到如今再强大的敌人对中国也不敢轻启衅端。

在现实生活中，我们面对的问题不少，需要解决的问题还很多。社会仍然存在阴暗面，存在社会不公，存在令人愤慨和不满的现象。可以批评，可以抨击，但有一点应该明确，与上述成就相比，我们究竟应该如何看、如何说、如何教育学生呢？我们不能明察秋毫而不见舆薪，不能一叶障目而不见泰山。

世界上没有从不犯错误的政党，没有绝对完美的社会。即使是共产党，即使是社会主义社会也是如此，但性质根本不同。要是把中国共产党大大小小的错误全部堆在一起，把各个角落里发生的全部阴暗的东西都堆在一起，而根本无视她给中国带来的翻天覆地的变化，无视她如何认真地对待自己的错误，不管她如何努力纠正错误，这是个什么样形象的中国共产党？！在我看来，抹黑不同于正常的批评和抨击，它不是在期望解决问题，而是在堆垃圾。

绝对完美性不是判断一个政党、判断一个社会的标准。绝对完美是空想，恩格斯在《费尔巴哈与德国古典哲学的终结》中曾经说过这个问题。关键是中国共产党把中国建设得更好、更强，还是更弱、更穷？是在为人民办好事，还是压迫和剥削人民？我们的社会主义和社会主义制度，是变得更加完善、更加讲究法治、更加尊重人权、更加公平，还是更糟呢？在前无古人、后无范例的中国特色社会主义建设中，失误是难免的。对于一个勇于自我揭露错误、纠正错误的中国共产党，对一个具有生机活力自我完善的社会主义社会制度，应该是丑化呢，还是采取建设性的建议？这就是抹黑与批评、抨击的分水岭。

牛虻善叮，但不如牛能负重力作；食客比厨师更有权品评菜肴，但不一定厨艺高超，也许根本不会做菜。治理国家不易，尤其是"治大国如烹小鲜"。中国梦凝结着近代无数仁人志士的理想和鲜血，承载着全体中华儿女的共同向往。在如此激烈竞争的当代世界，要把一个十四亿人口的中国建成和谐、文明、共同富裕的大国，实现中华民族伟大复兴之梦，其难度是可想而知的。

教员，尤其是思想政治课教员，面对社会的各种问题，应该以马克思主义为指导直面现实的热点、难点问题，发表意见，提出批评和建议，也可以饱含激情地对社会弊端和丑恶现象进行抨击。但应该用正确的观点来教育和引导学生，拒绝抹黑。教员的责任是传道授业解惑，不能以一己之偏见"骂堂"，以获取一些缺少生活经验和辨别力的学生的掌声。如果这样，是在害人，而不是育人。

理想的人生和人生的理想

　　理想人生和人生理想是不同的，但又不可分，它们之间存在辩证关系。"理想人生"是很少的。"人有悲欢离合，月有阴晴圆缺，此事古难全。"李煜说"人生长恨水长东"，以水向东流喻人生长恨，这是他个人的亡国之痛，不具普遍性，但理想人生很少倒是事实。当人们年老回忆往事，甚至在离开人世时，事事满意、毫无憾事者少之又少。无论是亿万富翁和权可倾国者，还是儿女事业有成者，都不可能自认为是毫无缺憾的"理想人生"。

　　人生理想不同于理想人生。理想人生是客观的人生历程，而人生理想确立的是人生目标。人只能确立人生理想，但无法肯定自己的人生一定是理想人生。人可以在人生理想的实现中来寻求自己的理想人生，离开正确人生目标的实现，就人生谈人生，这种人的人生肯定不是理想人生。所以对人来说，重要的不是追求理想人生而是确立一个正确的人生理想。只要人生理想正确，即使没有完全实现甚至没有实现，但努力过、奋斗过，就是有价值的。

　　人与动物不同。动物的生命是生存，而人的生命是生活。生活也包括生存，但不仅限于生存，生活是有意识有目的的自我创造过程。理想就是在生活目的中最具自觉性和崇高性的一种形态。没有理想，人的生活就失去了生存的意义和价值。理想是人生意义和价值的承载者。苏格拉底说："未经审视的生活是不值得过的。"所谓审视生活，就是认识自我，充分理解生命的意义和价值。

什么样的人生理想才是具有意义和价值的崇高理想呢？在革命年代，这很容易判别。在抗日战争时期、解放战争时期，以及鸦片战争以来的历次反对西方列强的战争中，人们都赞扬救亡图存，为国家民族复兴舍生忘死者是具有崇高理想的人。捧读黄花岗烈士林觉民写给妻子的绝命书和方志敏的《可爱的中国》，至今仍然令人动容。他们的崇高理想激励着一代又一代人。

有人说，在市场经济条件下谈理想，完全是迂阔之论，不合时宜。这种说法当然是错误的。不可否认，在市场经济的大潮中，如何对待理想、金钱、财富、个人名利，很多人是非界限并不清楚，至少不十分清楚。在有些人眼里，既然是市场经济，多赚钱是最为实际的。讲国家、民族、人民的利益，都是假、大、空。一句话，市场经济与理想是相悖的，它赋予人生意义和价值的唯一内容就是金钱。在市场经济条件下，就是要逃避崇高、消解理想、回归世俗、求利务实。

我认为，西方资本主义的市场经济以货币为中介，肯定会对人与人的关系，对人的价值观念、理想、信仰产生影响。西方流行的"把肉体交给市场、把灵魂交给上帝"的消费主义成为许多人的生存原则。但不能认为生活在市场经济条件下，人人必然如此。其实同样在资本主义市场经济条件下，由于理想不同，生活态度和价值观念也不完全相同。马克思和恩格斯，以及许许多多的无产阶级革命家，他们是生活在资本主义市场经济条件下，但他们具有崇高的革命理想。即使是直接从事经营的资本主义企业家，也并非个个把金钱视为人生的唯一意义和价值。比尔·盖茨以几百亿美元回馈社会，这样的企业家在西方也不少见。如果说在西方资本主义市场经济条件下尚且如此，在社会主义市场经济条件下，提倡理想，进行树立核心价值观念的教育更是理所当然的。事实上，在中国改革开放过程中致富的企业家里，也有一些人开始关注社会公益和慈善事业，并不单纯把赚钱当成人生的唯一目标。这说明，同样生活在市场经济下，对待金钱的态度可以完全不同，关键在于人的价值观念和人生理想是什么。

在我国，由于经济形式的多样化、利益主体和分配方式的多元化，人们对生活意义和价值的看法并不完全相同。价值观念颠倒、道德失范的现象同样存在。这是市场观念泛化的消极面。这正是我们党提倡社会主义精神文明建设，提倡社会主义荣辱观所要着重解决的问题。应当知道，尽管和平年代与战争年代不同，革命年代与社会主义建设年代不同，但都需要理想作为人生价值和意义的支撑。认为搞市场经济不需要理想是不对的。其实，建设中国特色社会主义，完善社会主义市场经济体制，构建社会主义和谐社会本身就是一个史无前例的伟大社会理想，需要全体社会主义建设者通过自己的实践去实现。如果不提倡理想，人人只想发财、赚钱、牟利，我们的共同理想就会变成空中楼阁。

理想并非都是豪言壮语，高不可攀。理想既崇高，又平凡。"位卑未敢忘忧国。"一个医生，以仁者之心治病救人，力求医术精益求精，就是一个有理想的医生；一个教师，以教书育人为目的，一心为国家培养人才，就是一个有理想的教师；一个企业家，为社会创造财富，以财富回报社会，就不是一个单纯的牟利者，而是一个有社会理想的企业家。尽管行业、职务、能力不同，只要不是把职业单纯作为谋生手段，甚至作为牟利的工具，而是自觉认识到自己工作和职业的社会价值，努力做好本职工作，把它作为实现我们共同社会理想的一部分，就是有理想的人、高尚的人。

理想和信仰不可分。理想的理论基础是信仰。理想是否坚定，取决于我们的信仰是否坚定。理想决定行动，而信仰从理论和道义上支撑着理想。在中国革命战争时期，在战场上、刑场上视死如归者，都是具有坚定信仰的人。他们坚定地相信自己的崇高理想一定要实现，也一定能实现。

人，应该有信仰，而且是科学的信仰。没有信仰，就像船没有帆，没有前进的动力和方向。一个没有理想和信仰的人，仿佛是没有目标、没有驿站、永远处于途中的无休止旅行的人。这种旅行肯定是乏味甚至痛苦的。一个至死都不知道为什么活着的人的一生，大抵与此相似。所谓活得很累，往往就是这种情况。一些人之所以没有理想，实际上是没有正确的政治信仰。他们根本不相信社会主义，不相信马克思主义。我们并不反对追求个人致富，但我们反对拜金主义，反对以追求金钱为人生的最高目的；我们也不反对追求个人事业的成功，但反对以自我为中心的利己主义。年轻人应该以建设中国特色社会主义作为我们的共同理想，在实现这个共同理想的过程中，完全有可能有条件实现自己的个人追求。因此，在进行理想教育时，必须同时进行社会主义信仰教育，只有拥有坚定的社会主义信仰才能有崇高的理想。

在物质丰富和精神贫困的背后

在所有的动物中，唯独人有两重生活：物质生活和精神生活。人有客观世界和主观世界，人的主观世界即精神世界的复杂性不亚于物质世界，人的内心的确是一个小宇宙。人的内心世界，是人之为人的重要方面。

可是人的两大世界之间既相适应又相矛盾。人的内心世界随着人的交往的频繁和生产方式与生活方式的发展而日益丰富。与原始社会的物质贫困相应，人们的精神生活也是贫困的。以为原始状态的人内心和智力非凡的想法是天真的，马克思曾经批评过这种浪漫主义的幻想。在 18 世纪最后几十年间，曾经有人这样想：自然状态的人是具有非凡的才智的，捕鸟者到处都在模仿易洛魁人和印第安人等的歌唱法，以为用这种圈套就能诱鸟入网。所有这些奇谈怪论都是以这样一种真实思想为依据的，即原始状态只是一幅描绘人类的淳朴的尼德兰图画。事实上，与生产力的发展、社会交往的频繁、物质产品的丰富相适应，人的精神生活也日益丰富。问题是这两者并不绝对同步。

每个社会都会产生各自不同的问题。西方资本主义国家就有其各种各样的问题。美国著名社会学家弗·斯卡皮蒂就写过《美国社会问题》的专著，揭示了美国大量的结构性问题和非结构性问题、过失性社会问题的各种表现，其中特别涉及价值观的蜕变以及生活中表现的腐朽和堕落。这说明，资本主义社会处于自身不可解决的矛盾之中，一方面具有高度的物质生活水平，另一方面人在精神世界中又陷于困顿与危机。

人的欲望趋向于无限制的物质追求和过度的消费，而人的信仰、理想、人与人的感情联系为金钱所取代。西方有的学者把这称为文化危机。美国当代著名学者丹尼尔·贝尔的著作《资本主义文化矛盾》是专门论述资本主义社会的结构和断裂的。贝尔承认，资本主义是一种经济—文化复合系统。经济上它建立在财产制和商品生产基础上，文化上它也遵照交换法则进行买卖，致使文化商品渗透到整个社会。但他又认为资本主义社会中的经济、政治、文化三者各自围绕自己的原则旋转，彼此相互矛盾甚至冲突。资本主义经济领域中的主导原则是最大限度地追求利润，促进拜金主义和享乐主义，而文化领域特别是文艺则恰好与经济相反，它强调个性化独创性，强调自我表现，因而与经济领域的原则相对立。在资本主义与封建主义斗争时，彼此携手共同向封建主义战斗的经济与文化，在资本主义制度确立并发展以后，反而处于矛盾越来越激烈的状况之中。可是在文化领域例如文艺领域同样也存在危机，例如"现代主义的真正问题是信仰问题。用不时兴的话来说，它就是一种精神危机"。

贝尔把宗教精神的没落作为这种矛盾产生的一个重要原因。他所设计的社会是一种混合结构的社会，即经济上是社会主义、政治上是自由主义、文化上是保守主义的社会。这个社会即他所说的后工业社会，应该保存传统宗教中的积极的有价值的内容，以消除经济、政治、文化这三者之间的矛盾和分裂。贝尔是寄希望于宗教的：

"假如世俗的意义系统已被证明是虚幻的，那么人依靠什么来把握现实呢？我在此提出一个冒险的答案，即西方社会将重新向着某种宗教观念回归。"贝尔期待宗教可能开出最旺盛无比的文化花朵。在这种文化保守主义的传统下成长的人，不是无限制地追求物欲和享受，而是能够尊重传统、考虑将来、乐于为公、与社会共患难。只有这样，资本主义社会才能恢复它赖以生存和发展的道德正当性和文化连续性，消除文化危机。

贝尔的确发现了资本主义社会的某些问题并提出一些有价值的想法，可是所谓后工业社会的混合结构是不可能实现的。我们暂不谈政治结构，仅就经济与文化而言，在唯物史观看来，资本主义社会中，文化旋转的轴心不可能是与经济不同的另一个原则。资本主义社会经济的丰富和精神的贫困原因，正在于资本主义经济制度自身，是资本主义经济制度本身滋长而且必然滋长追求享乐和纵欲无度。贝尔明确表示不同意马克思的唯物史观的看法。他说按照马克思的观点，财产关系是再造并渗透整个社会的，而他则把现代社会当作不协调的复合体，这样，他不能解释资本主义文化危机的根源。大众消费的兴起、人们对享乐的追求、精神的贫困和自我的丧失，等等，不可能期望通过文化的修复来解决。马克思主义者期待建立一个合理的社会制度，即用社会主义来代替资本主义。这个代替是完整的，即社会主义经济、社会主义政治、社会主义文化是统一的社会结构中的各个侧面。当然，社会主义文化不能也不会抛弃传统中有价值的东西。任何一个民族都不能脱离自己的民族文化传统来建设社会主义，但文化的批判吸收是不能用文化保守主义来概括的。

有的哲学家将西方人文精神的没落和社会道德沦丧、价值观念的颠倒称为人失去了自己的精神家园。现在，西方哲学家们纷纷在寻找安身立命之学，号召人们回归自己的精神家园。其实，所谓人的精神危机本质上是社会危机，它的根本原因不在于人本身，而在于使人沉湎于纵欲和享乐的社会结构。如果说贝尔试图恢复宗教中某些合理的东西来达到经济、政治、文化的统一是无法做到的一种乌托邦式的设想的话，那么，通过人寻找自己的精神家园同样是无济于事的。事实证明，如果把哲学的功能仅仅归结为寻找精神家园，归结为最终关怀，只是为哲学找到一条通过抽象人本主义通向神学的道路，而不可能真正解决人的精神危机。当代西方的精神危机问题，原因并不是精神本身而在于社会。在资本主义社会中，人们对消费的无限追求，对金钱的崇拜，人与人的关系疏远化，依靠每个人回归精神家园是无法解决的。这种宗教式的独善其身的方法，无非是自我麻醉和痛苦的减轻。

当代西方资本主义社会中的物质丰富和精神贫困，隐含的是一个资本主义社会向何处去的问题。尽管西方各种不同学派和学者们提出解决精神危机的各种方案，包括后现代主义，总的原则都是在保存资本主义基本制度的前提下使资本主义社会变得更美好。这样，它们根本不可能解决物质富裕与精神贫困之间的矛盾，也许可以暂时缓和这种矛盾，但又不断地再生产这种矛盾并使它激化。因为在资本主义制度范围内，物质与精神发展不平衡的矛盾是绝对规律，是不可能解决的。

是不是在社会主义革命胜利后，变资本主义私有制为公有制，这种矛盾就可以自动解决呢？也不会。历史证明，如果弄不清什么是社会主义和如何建设社会主义，人民长期处于贫困状态，社会主义社会也会出现信仰危机的。作为西方重要思想家，贝尔对此很敏锐。他说在人类历史上，信仰危机是周期性发生的。一旦信仰破灭，它需要很长时间才能重新生长起来，并重新发挥效用。他以苏联为例，说在苏联就发生了信仰危机，多数人不信仰马克思主义理论，人民对领袖失去了信任，斯大林这尊偶像已被打碎，而且很少有人相信将来。这是1976年说的。西方资本主义是过度消费后的信仰和理想的淡化，苏联则是物质短缺带来的人们对信仰的丧失，当转向有可能公开追逐物质需求时，又由于欲望的无限膨胀而导致信仰的进一步溃灭。这是社会主义运动中的一次惨痛教训。经验证明，长期的贫困和物质匮乏，同样会使人们失去对社会主义的信仰和热情。

"拿起筷子吃肉，放下筷子骂娘"这种情况存在，但要比饿着肚子空喊政治口号好。尽管在我们国家也出现了一些因过分追求物质需求而滋生拜金主义和利己主义的问题，存在分配不公问题，存在思想道德领域某种程度的滑坡问题，存在信仰危机问题，但这与西方资本主义社会中物质生产和精神生产不平衡规律所导致的两者分裂是不同的。在我们这里是教育问题，是两手都要硬的问题。我们不会发生西方那种物质丰富和精神贫困的问题，发生因经济发展而导致的文化危机问题。"富则修"的说法是不对的，是有害的。从历史上看，还从来没有一个社会因百姓富足而垮台的，而只有因为民不聊生、因为社会极端不公平而危机四伏。我们当前最重要最紧迫的是让人民真正富起来，赶快富起来，大家都一步一步富起来，并把"富"与"教"结合在一起。这样，在人民特别是青年一代中，社会主义的信仰和理想不会倒也摧不垮。

做坚定的马克思主义理论工作者

"姓马"容易，"信马"不易。"姓马"是专业，"信马"是信仰。专业可以变为单纯谋生的手段，而信仰则是高于谋生的精神追求。

如果没有共产主义这个目标，那么马克思主义者就不是在航线上航行，而是在"漂流"。青年学子的思想要有"岸"，不能"走一站，报一站"，要以共产主义为方向，在马克思主义的指引下向着未来航行前进。从事马克思主义理论的学习与研究，是青年学生的历史使命，更是时代责任。只有"信马"才能真正"姓马"。

马克思主义是科学学说还是信仰

有人问我：马克思主义是科学学说还是信仰？马克思主义当然是科学学说，但对以马克思主义为指导的共产党来说，对马克思主义者和一切反对资本主义制度的革命者来说，马克思主义学说可以成为一种信仰。这里所说的信仰，就是行为原则、理想追求、价值目标。

马克思主义是科学学说，它是以事实为依据，以规律为对象，以实践为检验标准的学说。事实、规律、实践，是任何一门科学的本质要素。不以事实为依据、不研究规律、不以实践为检验标准的所谓"学说"，不能称为科学。马克思主义是科学学说，马克思和恩格斯创立马克思主义依据的就是事实。马克思主义政治经济学依据的是资本主义社会的经济事实，马克思主义哲学是对自然科学和社会科学的总结，尤其是 19 世纪上半叶自然科学和社会科学研究提供的科学成果；至于科学社会主义不同于空想社会主义的地方，正在于它是立足于资本主义社会现实的。马克思主义基本原理，包括哲学原理、政治经济学原理、科学社会主义原理，都是以事实为依据，以规律为对象，经过实践检验和仍然经得起实践检验的具有规律性的认识。当然，它不可能详尽无遗地包括马克思和恩格斯的全部思想。我们还在不断地根据新的时代、新的事实进行研究。基本原理可以丰富、运用和发展，但不能推翻。当代中国马克思主义在哲学、政治经济学和社会主义学说等方面的发展，其事实依据就是我国国情和我国发展的实践，成果就是对中国特色社会主义规律的新的概括和新总结，而标准仍然是实践。事实依据、规律概括、实践标准，是马克思主义作为科学学说始终如一的要素。

马克思主义学说是科学，绝不是说马克思主义揭示的规律可以没有人的参与而自动起作用。相反它必须有这种学说的信仰者为之奋斗，为之实践，马克思主义学说的理想才有可能实现。正如普列汉诺夫说的，月食是客观规律，没有人为阻止月食或促进月食而组织月食党，但为实现无产阶级革命必须组织革命党。由学说进到行动，由理论进到实践，必然进入到对马克思主义科学学说的信仰维度。一个不为马克思主义理想而奋斗，不为社会主义和共产主义理想而奋斗的共产党，只是徒有其名的"共产党"。一个不为马克思主义理想而奋斗的人，最多可成为马克思主义的研究者，而不是信仰者；可成为学者，而不是马克思主义者。

马克思主义作为科学和作为信仰有区别吗？当然有。科学是共有的、普遍的，而信仰是个人的。马克思主义作为共产党的信仰，其中就包括每个共产党员个人的共同信仰。马克思主义所揭示的规律，对所有的人都适用。资产者们可以不喜欢劳动价值论，不喜欢剩余价值学说，不喜欢阶级和阶级斗争学说，不喜欢社会主义最终会取代资本主义社会的学说，总之，他们可以不喜欢马克思主义学说，反对或禁止马克思主义的传播，可是马克思主义揭示的规律照样存在。中世纪不会因为神学家们的反对，地球就不再围绕太阳旋转。马克思主义揭示的基本规律也不以人们的意志为转移，个人好恶取舍无碍于它的存在。"不为尧存，不为桀亡"，用在此处，十分贴切。

　　信仰则不同。马克思主义只有对共产党人，对马克思主义者，对一切拥护马克思主义的人来说，它才是信仰。对于一切反对马克思主义的政党或学者，它就不具有信仰的性质，而是反对的对象，被视为歪理邪说。任何信仰都是信仰者的信仰，而不能成为不信仰者的信仰。作为一种信仰，可以有马克思主义的信仰者，也会有马克思主义的反对者。即使在马克思主义者队伍内部，信仰的坚定性程度也不会完全一样。

　　对坚定的马克思主义者来说，科学和信仰是统一的。一个马克思主义者的信仰是否坚定，取决于它对马克思主义科学性的态度。越是深入地理解马克思主义的科学性，个人信仰越是坚定。马克思主义的科学性是信仰坚定性的理论基础；而信仰坚定性是马克思主义学说科学性的内化，化为内心的坚定的信念和情感："砍头不要紧，只要主义真。杀了夏明翰，还有后来人。"科学理论动摇，信仰就会随之倒塌。这就是为什么恩格斯要求追随者们要把社会主义作为科学来研究的原因。

科学信仰和宗教信仰的区别

在历史和现实中把马克思主义宗教化的学者并不少见。著名哲学家罗素在他的《西方哲学史》中说，耶和华等于辩证唯物主义，救世主是马克思，无产阶级是选民，共产党是教会，耶稣降临是革命，地狱是对资本主义的处罚，千年王国是共产主义。这种比附当然是曲解，不值一驳。在当代，把马克思主义宗教化的现象并不罕见。约瑟夫·熊彼特在《资本主义、社会主义和民主主义》中就明确说，"在某种意义上说，马克思主义是一种宗教"，因为，"第一，它提供了一整套最终目标，这些目标体现着生活的意义，而且是判断事物和行动的绝对标准；第二，它提供了达到这种目标的指南，这一指南包含着一个拯救计划，指出人类或人类中被选择出来的一部分应该摆脱的罪恶"。指责马克思主义把资产阶级定为罪人，无产阶级视为上帝选民，资本主义视为罪恶，共产主义视为千年王国，这是一种常见的歪曲和曲解马克思主义本质的伎俩。马克思主义宗教化，是把为改变此岸世界而斗争的学说，变为憧憬彼岸世界的梦想。理想化为幻想，革命学说变为劝世箴言。

宗教信仰是个人的私事，我们党保护宗教信仰自由。马克思主义作为信仰和宗教信仰有本质区别。马克思主义的信仰，是以事实为依据的信仰，是建立在规律基础上的信仰；宗教信仰是建立在"信"的基础上的信仰，我"信"因而我信仰。宗教信仰不追问"为什么可信"，而是"信"；科学学说不是问"信什么"，而是要问"为什么可信"。不能回答"为什么信"，"可信"的科学根据和事实根据是什么，就没有科学；而穷根究底地追问为什么信，为什么可信，信仰的科学根据和事实根据是什么，就没有宗教信仰。

马克思主义是救世的，是改造社会的，是认识世界和改造世界的学说；而宗教是救心的，宗教信仰是自救自赎的。宗教不企图改变世界，改变社会，而是各人回归自己的内心世界，改变自我。马克思主义解决的是社会不公问题，而宗教解决的是个人灵魂失衡问题。宗教抚慰对宗教信仰者有效，而对非信仰者无效。马克思主义以解放人类为目标，解决社会向何处去的问题。不管你对马克思主义信与不信，消灭剥削，消除两极分化，消灭阶级，获得解放的不是某个人，而是整个社会。

　　马克思主义是治河换水，治水救鱼，只有水好，鱼才能成活；宗教是救鱼的，水有没有污染、是否适合养鱼，这不是宗教的任务。宗教劝导各归本心，培养自己的慈悲心、善心、爱心。宗教有各种清规戒律，规范信徒的行为。从这个角度，宗教具有伦理性质，修身养性，行善积德，劝人为善。宗教有它特有的社会功能，我们重视宗教对人心教化的良性作用。但社会不可能通过逐个改造人心而得到根本改造。只有变革社会，建立一个共同富裕的公平正义的社会，人才真正有安身立命之处。

　　对于虔诚的教徒来说，自己信仰的宗教是不能批评的。马克思主义不仅批判世界，而且提倡自我批评。一个郑重的马克思主义政党，是一个有自我批评勇气、有改正错误勇气的政党。中国共产党一贯倡导批评和自我批评。一个坚定的马克思主义者，不仅对反马克思主义思潮具有战斗性，还能够审查自身理论阐述的真理性和说服力。一个只能接受点赞而不接受批评的共产党，不是成熟的共产党；一个只讲蛮话，讲硬话，不准对自己观点质疑的人不是真正的马克思主义者。马克思主义者的坚定性表现为勇于坚持真理，敢于实事求是。乌云难以蔽日，真理不怕反驳。

摒弃共产主义理想，就不是马克思主义

　　谈论马克思主义而完全避开共产主义理想，就不可能是真正的马克思主义者。很多年来，"共产主义"这个词似乎已经被遗忘了。最近，习近平总书记多次讲到共产主义理想问题。他说，革命理想高于天，实现共产主义是我们共产党人的最高理想。对马克思主义理论工作者来说，共产主义理想和信仰的确是钙，是脚跟能否立稳、腰杆能否挺直的关键。

　　我们的改革取得了举世瞩目的伟大成就，但我们也看到一些与改革初衷不符的现象，如两极分化，贫富对立，官员腐败，社会道德与价值观念的混乱，生态环境的恶化；看到了市场经济对中国经济发展的巨大促进作用，也看到了它的某些消极面，它对社会的政治、思想和道德带来的侵蚀。马克思主义应该是社会医生。在旧社会，我们通过社会革命的方法治病；在当代社会主义中国，我们是通过深化改革"治病"。改革是通向中华民族伟大复兴的关键。习近平总书记说，这种改革是有方向的、有立场的、有原则的。原则就是坚持四项基本原则；立场就是一切为了人民，一切使人民幸福满意；方向就是通过社会主义自我完善并逐步走向共产主义。

　　在现实生活中，对共产主义理想我们可以看到两种不同态度：一种是少数不当利益获得者，暴富者，一听"共产主义"就感到浑身发毛，似乎此时谈论共产主义目标和理想，就是否定改革，否定中国特色社会主义；另一种是对贫富两极化不满，对自己处境不满的人，什么共产主义，纯粹是乌托邦，我看不到，我儿子看不到，我孙子也看不到。两种不同的议论，仿佛处在同一链条中的两端。处在链条一端的既得利益者害怕共产主义；处在链条另一端的人，根本不相信有什么共产主义。

这里涉及什么是共产主义的理解问题。共产主义包括三种不同的涵义。其中，作为社会形态的共产主义，是指社会主义社会发展的高级阶段。它需要生产力的高度发展，需要物质财富和精神财富极大丰富。这是需要多少代人努力才能建设成的。我们距离这个目标还很遥远，但并不能因其遥远而根本不能提。恩格斯在《共产主义原理》中回答"能不能一下子就把私有制废除"时，明确说："不，不能，正像不能一下子就把现有生产力扩大到为实行财产公有所必要的程度一样。因此，很可能就要来临的无产阶级革命，只能逐步改造社会，只有创造了所必需的大量生产资料之后，才能废除私有制。"在人类历史上，私有财产制度是人类走出原始社会进入文明社会的杠杆。在资本主义社会，资本主义私有财产制度对人类文明的发展和生产力的发展起过非常积极的作用，《共产党宣言》对此有过公正的评价。当一种所有制关系仍能够容纳生产力发展时，它就有存在的必然性和必要性。我国仍处在社会主义初级阶段，私有财产制度的存在和发展有着积极的作用。我们并不反对私有财产制度，但要坚决反对动摇公有制主体地位和国有经济主导作用的全盘私有化思潮。

作为成分的共产主义因素，可以存在于社会主义现实中。共产主义高级阶段不是在某个早晨一觉醒来就会出现的，它有个不断积累的过程，是一种具有连续性的运动过程，是一个共产主义因素在社会主义过程中不断增长的过程。在这种意义上，共产主义并非"烟涛微茫信难求"的太虚境界。马克思明确说过，"共产主义对我们来说不是应当确立的状况，不是现实应当与之相应的理想。我们称为共产主义的是那种消灭现存的现实的运动。"我们党中央确定的"四个全面"的战略布局，强调共同富裕，强调在教育、医疗、住房等等方面，既让市场在资源配置中起决定性作用，又发挥政府的作用、公共财政的作用。凡是泽及全体人民的公共福利，不断增进人民福祉，朝共同富裕方向前进，就是在社会主义中不断增加共产主义因素。因为它不是一手交钱一手交货的纯市场行为。在一定意义上，可以说是最低程度的按需分配。

"千里之行，始于足下；九层之台，起于垒土。"社会主义社会中的共产主义因素的增加，是非常重要的，也是可以做到的。我们国家实行的市场经济，是社会主义市场经济。市场在资源配置中的决定性作用与更好地发挥政府作用并非冰炭，而是相得益彰。我们一定要明白，我们经济运行方式是市场经济，但我们社会的性质是社会主义，而不是市场社会，即不是把社会全部交给市场支配，让看不见的手作为上帝主宰一切的社会；我们社会的主导观念是社会主义核心价值观，而不是以货币作为衡量一切关系的拜金主义观念。

有人会说，西方发达国家尤其是一些福利国家，这方面比我们做得更好。如果说共产主义因素的话，它们才应该叫共产主义呢！这里有个最简单但又最不容易被一些人明白的道理。在资本主义制度下这种社会福利多少，能否持续维持，取决于劳动者能创造多少财富。税收从本质上说是剩余劳动的积累。归根到底是羊毛出在羊身上，而非富人的恩赐。"羊毛出在猪身上"的说法是蒙人的。说到底，资本主义制度下的社会福利，最终目的仍然是维护资本主义制度，是稳定资本主义制度的压舱石。因此某些福利国家仍然是改善了的资本主义社会，而不是社会主义社会，更不会走向共产主义。

我们国家仍然是发展中的国家。我们的社会福利还不多，还不普及，但从本质和发展总的方向来说，是朝着共产主义方向前进的。正是通过这种因素的不断增加和积累，经历一个相当长时期的建设，会逐步超出社会主义初级阶段而变为发达社会主义社会，并逐步走向共产主义。借用中国传统文化的说法，是由"小康社会"走向"大同社会"。这个过程的长短取决于国际国内的多种因素，但我们是在朝着这个方向前进的。现实与理想相比，是不完美的；与不完美的现实相比，理想是超越的。我们国家的社会福利虽然现在还少，但它不是贫富分化，不是只有一部分人富起来的现实状况的固化和补救，而是朝共产主义社会一步步前进的台阶。

从理想目标角度来看的共产主义，是马克思主义的本质和共产党人奋斗的最高纲领。如果不以共产主义为目标，马克思和恩格斯为什么要撰写《共产党宣言》？在《宣言》中，马克思和恩格斯毫不隐讳地向全世界公开说明的观点、目的和意图是什么？《宣言》开宗明义写得清清楚楚。没有共产主义目标，就不是马克思主义，也不会产生马克思主义。不以共产主义为最高目标，中国共产党何必称为共产党？如果中国共产党不是朝共产主义前进，那我们是朝什么目标前进呢？没有目标的航行是永远不能抵岸的航行。这不能称为航行，而只能称为漂流。一个随波漂流的共产党，能称为马克思主义政党吗？正因为中国共产党是以共产主义为最高纲领和目标的党，所以我们要求共产党员和革命干部立足现实，尽心尽力做好本职工作，在实现两个一百年目标的同时，不能忘记这个远大理想和目标。

要不要对青少年进行共产主义理想教育，会有争论。其实任何社会制度都会有关于自己制度的理想，都会宣传这种理想。资本主义社会诞生前，反对封建制度的启蒙主义者们抱有对新制度的期待，他们是一些有卓越才能的思想家和理论家，是憧憬新制度的理想主义者；在资本主义诞生并巩固后，资本主义制度的辩护者和理论家们，他们制造各种理论和学说，宣传私有制度是人类社会的永恒基础，个人主义是人类最高价值，资本主义制度是不可超越的制度。他们实际上是在进行关于资本主义优越性的宣传和教育。这种维护资本主义社会的理论和学说，不仅影响和培育一代又一代的资本主义的拥护者，甚至影响到无产者。只要读读葛兰西的《狱中札记》，读读马尔库塞的《单向度的人》，就懂这个道理。

为什么中国共产党就不能宣传自己的理想，就不能用自己的理想教育我们的青少年呢？我们的先烈为共产主义理想而牺牲，推翻了旧政权，但不可能消灭几千年私有制度永恒的观念。私有观念比旧的制度要活得长久。资本主义私有制度与传统的私有制观念在本质上是相一致的，它是延续了几千年的私有制度的当代形态，具有深厚的私有观念的传统。现代世界的人类，是在延续了几千年私有制度下生长起来的，因而私有观念已经被西方有些学者视为人性，资本主义私有制度是与人性相适应的制度。只要读读弗兰西斯·福山把共产主义视为与人性相对立的制度就可以明白。在他看来，资本主义是符合人性的，而"共产主义对自由构成的威胁是如此直接和明确，其学说如今这样不得人心，以至于我们只能认为它已经被完全赶出发达世界"。

我们很清楚，共产主义理想和信仰的教育是一个艰巨的任务。现实的发达的西方资本主义社会，比刚刚摆脱贫困的我们国家具有某些先发优势。这就是为什么有些人看不到当代中国是近百年来从未有之巨变，总是振振有词为资本主义优越性辩护的原因。但我们不能因此就放弃共产主义理想教育。共产主义理想教育，不是讲空话、讲大话。我们在进行社会主义核心价值观的教育，进行中国传统基本的伦理和道德教育的同时，适当进行共产主义教育，进行共产主义远大理想教育，并不是要他们立即从事共产主义建设，而是把它作为世界观和人生观教育的一部分，让我们的青少年明白人类社会将来在朝什么方向前进，什么样的制度是人类最美好的制度，什么样的理想是人类最美好的理想。虽然我们现在距离共产主义社会还有很长一段路，但如果我们的青少年特别是大学生，一点不懂社会发展史，不懂什么是共产主义，就不可能真正理解什么是社会主义，什么是资本主义，不可能真正理解当代中国社会主义初级阶段的本质和中国社会的未来走向。

不能把共产主义理想教育和现行政策对立起来。在多种所有制并存的条件下，会有民营企业家，会存在贫富差别，会有一部分人成为亿万富翁；在市场经济条件下，会存在资本和劳动的分离，一部分人是企业主，而另一部分人是依靠工资为生的劳动者。我们并不反对合理合法地拥有财富。富人增多，中产阶层壮大，有利于社会总体财富增加。社会总体财富的增加，有利于增进全民福祉。马克思说过，"如果没有这种发展，那就只会有贫穷，极端贫困的普遍化，而在极端贫困的情况下，必须重新开始争取必需品的斗争，全部陈腐污浊的东西又要死灰复燃"。但我们应该把我们的现行政策放在共产主义学说的理论总体框架内来理解。

我们反对强调共产主义目标和理想时采取"左"的政策，重新回归平均主义。这方面我们有过教训。但我们也必须明白，中国特色社会主义是属于共产主义这个总过程的一个阶段。它是过程，而不是终点；现存的种种社会矛盾也是前进过程中的现象，应该通过全面深化改革逐步化解，而不是加深和固化。如果把共产主义目标排除在中国特色社会主义事业之外，完全不许讲共产主义理想和目标，这种不知最终向何处去的"改革"，会模糊人们对中国特色社会主义道路的最终走向的认识，容易被一些人对我们的改革开放政策做出种种错误解释。这正是新自由主义最最期待的。

共产主义事业是伟大的充满艰难险阻的事业，也是长远目标。一个坚定的马克思主义理论工作者，不能因为自己的生命短暂看不到共产主义社会的实现而发生动摇。我们每个人的生命是有限的。如果我们的眼界受制于个体生命的长度，而非马克思主义理论的厚度和深度，我们往往是短见的、近视的，遇到挫折和风波就会动摇。这就是为什么革命胜利、处于革命高潮时，"马克思主义者"如此多，而在革命低潮，在革命失败，在社会主义遇到严重挫败时，原来的所谓"马克思主义者"有些人倒戈、忏悔。他们都是以自己的生命长度作为衡量理论、信仰价值的尺度。

"姓马"光荣，"信马"很难

"姓马"是光荣的，历史上没一种学说有马克思主义如此大的吸引力，凝聚力；也从来没有一种学说像马克思主义这样，如此深深地改变世界，使资本主义世界对它如此害怕；也没有一种学说像马克思主义这样让维护资本主义的形形色色的理论家为驳倒它而绞尽脑汁，劳心费力。一代又一代、一批又一批、一次一次宣布马克思主义已经被消灭、被驳倒，可马克思主义依然是当今世界最具影响力的学说。

苏联解体、东欧剧变，不是马克思主义的失败，而是教条主义和修正主义的失败，是一种僵化体制的失败。它从反面证明了马克思主义的真理性。苏联解体和东欧剧变并不是因为当政者创造性地、与本国实际结合起来应用马克思主义，而是走了一条由教条主义到修正主义，到最终解散共产党取消马克思主义的道路，走了一条由深陷泥潭到彻底没顶的道路。

马克思主义与社会主义现实之间，存在着一个由理想转变为现实的中间环节，这个环节就是共产党人的实践和实际路线和政策。马克思主义真正发挥作用必须有一个马克思主义政党，有一大批矢志不渝为之奋斗的忠诚信仰者和实践者。宣布取消共产党领导，取消马克思主义的指导地位，就注定没有任何可能通过总结教训来挽救社会主义。这种社会主义社会必然失败，回天乏术。

做一个马克思主义者很难，做一个坚定的马克思主义者更难。我们社会主义革命已经取得了胜利，政权掌握在自己手中，不存在因为坚持马克思主义而掉脑袋、坐牢、流血的问题。但社会主义建设绝不是坐在咖啡馆里喝咖啡，高谈阔论，指点江山。对共产党人来说，革命有革命时的生与死的考验，和平建设时期有顺境与逆境的考验，改革有改革时利益关系调整中的金钱考验。从某种意义上说，改革时期的考验更大，因为它是原有的社会关系和利益关系的一次大的调整。在现实生活中，经不起市场经济考验，经不起改革开放考验，经不起地位变化考验，经不起金钱考验的"老虎和苍蝇"并不少。

在改革开放中始终坚持马克思主义方向，对理论工作者也是一个考验。改革开放是关乎中华民族命运的大事，也是对每个马克思主义理论工作者的考验。在意识形态领域，我们一定要头脑清醒，能辨别理论上的大是大非。做一个坚定的马克思主义信仰者，不仅要有深厚的马克思主义理论学养，吸取人类积累的广博的知识，而且要有关心社会现实问题和以人民利益为中心的激情和热情。曲论阿世，信口乱言，我死后管它洪水滔天的人，不可能成为马克思主义的坚定信仰者。"不管风吹浪打，胜似闲庭信步。"毛泽东在《水调歌头·游泳》中的这两句词，应该是马克思主义理论工作者的座右铭。

鲁国无儒和真假马克思主义

儒墨在古代是显学。特别是鲁国，是儒学发源地，儒学虽无后来那样荣耀，却也是很有地位的，所以身着儒冠、儒服，脚穿方鞋，身上佩玉，自称或被认为是儒者的不少。可当鲁哀公向庄子夸口鲁多儒士时，庄子不客气地说，鲁国少儒。哀公不服气，说，鲁国到处是儒冠儒服，何谓少儒？庄子回答得很好：有其道者，未必为其服也；为其服者，未必知其道也。如若不信，您可以下个命令，无此道而为此服者，其罪死！结果全国只一人敢儒冠儒服，是货真价实的儒者，而其余的都是冒牌货。

其实，自从汉武帝罢黜百家独尊儒术，特别是以儒家经典为科举取士的教科书以后，这种冒牌货越来越多。孔夫子已经成为做官的敲门砖，可真正能以儒家经典作为行为规范的真正儒者是极少的，光孔老夫子的"己所不欲，勿施于人"这句话，天下儒者能用以律己的有几个？记得有个读书人毫不隐讳地说，《论语》中我能做到的只有两句话：食不厌精，脍不厌细。这当然是调侃的话，但也说明一个道理，儒家的那些抽象道德原则是可说而不可行的。毛泽东《在延安文艺座谈会上的讲话》中讲过这层意思。他说，世上决没有无缘无故的爱，也没有无缘无故的恨。至于所谓人类之爱，自从人类分成阶级以后，就没有过这种统一的爱。过去的一切统治阶级喜欢提倡这个东西，许多所谓圣人贤人也喜欢提倡这个东西，但无论谁都没有真正实行过，因为它在阶级社会里是不可能实行的。在中国长期的封建社会中冒牌儒者是特别多的，一个读书人只要企图混进上层就不能不冒牌。《儒林外史》描写了各种冒牌儒生的"众生相"。

儒家学说的道德伦理规范，是对以血缘关系为基础的封建人际关系的美化，具有超现实性的理想化的性质。汉以后的历代封建帝王提倡以儒治国，可封建帝王的父子、兄弟之间为权力而仇杀的事屡见不鲜。至于封建社会人际关系的现实，真正符合儒家道德标准并真正不折不扣以其作为行为规范的是极其稀少的。儒家学说的可行性与它在封建社会政治和意识形态中的崇高地位是不一致的，因此假儒家的出现是必然的、大量的，成为中国封建社会的现实。

这大概是处于支配地位学说的共同命运。当一种学说成为主导意识形态并受到政治的维护，同样会出现各种冒牌货，但不同的是，马克思主义是一种科学学说，它具有真理性与可行性。任何为无产阶级和人类解放事业而奋斗的政党与革命者都信奉并实行马克思主义，这不决定于个人的道德品质而是历史的规律，因此在当今世界上，马克思主义政党和马克思主义者是非常多的，这是阶级剥削和阶级压迫的现实决定的。尽管马克思主义者在实践中也会犯错误，会犯违背马克思主义的错误，可这与假马克思主义是不一样的，这是马克思主义者的错误，是马克思主义在实践马克思主义过程中的错误。但这不是说，马克思主义不会出现假货。会的。一部马克思主义发展史，其中最重要的一个方面的内容是与各种伪造的马克思主义的斗争史。取得政权以前如此，取得政权以后，同样会以另一种方式存在这种斗争。

当马克思主义在 19 世纪末成为工人运动占支配的思想体系后，打着马克思主义旗号的假马克思主义就作为一种思潮大量出现。列宁说过，马克思主义在理论上的胜利，逼得它的敌人装扮成马克思主义者，历史的辩证法就是如此。列宁对第二国际后期以伯恩施坦为代表的修正主义的斗争，实际上就是一次与打着马克思主义旗号的假马克思主义的斗争。

在社会主义国家相继成立后，马克思主义在世界上成为显学。"西方马克思学""西方列宁学""西方毛泽东学"等以各种名目研究马克思主义经典作家的著作和生平思想的学者和团体不断出现，他们并不自称为马克思主义者，但其中不少人把马克思、恩格斯、列宁、毛泽东对立起来，把老年马克思与青年马克思对立起来。可以说，他们不冒充马克思主义，但伪造了一个假马克思主义。西方马克思主义不同，这是一个标榜真正理解了马克思主义的马克思主义学派。西方马克思主义力图用西方哲学来解读马克思主义的经典著作，并把马克思主义与西方哲学思潮结合而形成不同的流派。尽管西方马克思主义各流派的情况不尽相同，不能一概而论，但从根本上说，西方马克思主义是属于学院派，与工人运动脱离，与现实的政治斗争脱离。它们对资本主义的批判是纯理论的或道义的谴责，而没有也不可能为被压迫被剥削者真正找到一条出路。西方马克思主义不能称为假马克思主义，因为它们从来明确表明自己与正统马克思主义的分歧。西方马克思主义不能称为马克思主义，因为无论是分析马克思主义、批判马克思主义，或者其他各种名目繁多的马克思主义流派，从纯学术的角度看也许它们能有一得之见，但与作为科学共产主义学说的马克思主义是根本不同的。

说句实在话，对马克思主义的威望甚至生存危害最大的并不是西方马克思学或西方马克思主义，因为人们知道它们的追求和见解；最危险的是"鲁儒"，即社会主义国家中的所谓马克思主义者。在社会主义国家，无产阶级掌握政权，马克思主义处于指导地位，愿意和乐于当马克思主义者的人是不少的。我们只要看看，东欧剧变前，尤其是斯大林时代的苏联，马克思主义者何其多也。即就哲学界说，著名的马克思主义哲学家也是成串的，当时都是坚定的马克思主义者。可当赫鲁晓夫大反斯大林时，充当枪手的"马克思主义者"不少，后来发展到反对列宁、反对马克思主义、取消共产党、取消马克思主义的指导地位，跟着跑的"马克思主义者"更多。当然，政治的压力、环境的突变，以及种种复杂因素的作用，我们难以苛求，但此事却足以说明：当一个教条主义者容易，当一个真正的有创造性的马克思主义者很难；在社会主义制度下当一个马克思主义者容易，在另一种情况下始终坚持马克思主义很难。教条主义最容易变为修正主义，历史和现实都不乏先例。

　　当一个马克思主义者需要坚定性和创造性。这不是死守教条能办到的，而必须结合实际善于应用马克思主义，像邓小平所教导的，当一个坚定的马克思主义者要有眼力（高超的马克思主义水平）、魄力（自我牺牲的精神）、战斗力（敢于斗争）。革命处于高潮或社会主义发展顺利，当一个马克思主义者容易，而革命处于低潮、社会主义遇到挫折，始终坚持马克思主义是很难很难的。这样我们就能理解当年毛泽东说的一段话：在担负主要领导责任的观点上说，如果我们党有一百个至二百个系统地而不是零碎地、实际地而不是空洞地学会了马克思列宁主义的同志，就会大大地提高我们党的战斗力量，并加速我们战胜日本帝国主义的工作。过去每读至此，总以为一二百个马克思主义者太少太少。其实，主要领导岗位上的人，有一二百个这样的马克思主义者那可了不起。邓小平对马克思主义、对建设中国特色社会主义的贡献，就说明了这一点。

不朽的马克思

德里达写过一本书叫《马克思的幽灵》，大意是说，无论是在赞成马克思主义还是反对马克思主义的著作中，都可以发现马克思的幽灵。德里达并不是马克思主义者，无意吹捧马克思主义，可他这个说法有几分道理。

马克思死了多年，可当今世界，在哲学、政治、道德、文学、艺术，乃至所有意识形态领域，无论是赞成还是反对，都脱离不了马克思和马克思主义的影响。当年马克思把一个民族的传统称为纠缠活人头脑的亡灵，不同的是，马克思主义并不只是某一个民族的传统，更不是已经去世的亡灵，而是一种现实的政治力量和思想力量，是一种时时刻刻都起作用的活的力量。

马克思主义也不是德里达说的幽灵。马克思和恩格斯曾经把共产主义比作幽灵，可那是在 1848 年，共产主义在欧洲刚刚出现的时候。现在这个幽灵已经是席卷整个世界的巨人。可以说，在当今世界的每个角落，没有哪个民族、哪个国家，不知道马克思和马克思主义。它们或迟或早、直接或间接都会受到马克思主义的影响。

从人类有史以来，还没有一个思想家一种思想体系像马克思和马克思主义这样有威力。宗教，如基督教、佛教、伊斯兰教影响力是巨大的、持久的，可是它们只影响自己的信徒，即这种宗教和学说的信奉者。马克思主义不同，它不仅影响自己的信仰者，而且感染自己的敌人，迫使他们研究马克思主义，迫使统治者动员一切力量来反对马克思主义。马克思主义不仅影响人们的思想，而且实际地改变世界。自从马克思主义诞生以来，世界发生了巨大的变化，出现了一种新的社会制度，人类社会进入了一种更高的社会形态。

从当今世界存在的几种意识形态中，都可以看到马克思的"幽灵"。一种是西方马克思主义，其中有的学者在寻求对马克思主义的新的解释，有的是在马克思主义的名义下，把马克思主义和西方资产阶级哲学结合起来。这是一种复杂的思潮，并不是统一的学派，而且它不单纯是哲学，在经济学、政治学以及文学艺术领域都有广泛影响。有的学者提出了一些有价值的思想和问题，但它们基本属于书斋哲学、学者哲学，与现实的人类解放和广大劳动者的命运问题越离越远。

还有一种是民主社会主义。它直接来源于伯恩斯坦。它所强调的关于建立一个公平、正义、自由平等的社会的思想，是把马克思主义社会主义理想中的价值思想与它的科学理论相分离的结果。这种思潮在西方尤其在欧洲影响很大。近年来，国内也有的学者表示赞赏。毫无疑问，所谓实行民主社会主义的国家，无论社会福利还是工人的生活状况和民主权利，与早期资本主义相比，都有很大的进步。可民主社会主义从本质上不能说是社会主义社会，而是一个经过改革和调整的发达的资本主义社会。从已经建立社会主义国家的角度看，放弃建设社会主义转而实行民主社会主义，这是一种倒退。特别是在中国这样一个发展中的人口大国，以为放弃共产党领导实行多党制，放弃公有制的主体地位实行私有化和普遍的混合经济，放弃马克思主义的指导地位而实行指导思想的多元化，就能达到西方某些经过几百年资本主义发展、人口少、科技发达的国家那样的社会性保障和社会福利水平，这只能是幻想。社会制度的参照系不同，结论不可能相同。

再一种是现代西方哲学中科学主义和人本主义思潮，它们都是把科学与价值、人与世界片面地对立起来，把在马克思主义中统一的东西分割为两个不相容的对立面。

我们的世界不能没有马克思，不能没有马克思主义。我们面对的世界肯定比马克思所处的时代更复杂多变。马克思用毕生精力解剖资本主义社会写出了《资本论》，而对我们时代面对的问题的分析，需要更多的马克思。与马克思的天才比肩而立，多个马克思同时出现是不可能的。马克思主义的当代继承者们完全可以利用集体的智慧，结合本国的实际创造性地发展马克思主义。当今世界矛盾重重，我相信被德里达称为幽灵的马克思，一定会以新的姿态出现于当今世界。

中国是社会主义国家，我们有一支庞大的马克思主义理论队伍。在感情和理论上，我们都不能接受在西方尚且受到尊重的马克思和马克思主义在社会主义中国受到冷落。

信仰随想

信仰 · 信念 · 理想

信仰是二元结构，有信仰者和被信仰者之分。宗教信仰的是上帝、神，或者其他崇拜物；革命者信仰的是马克思主义、共产主义。被信仰的东西是外在于信仰者心灵的存在。

信仰有科学与非科学之分。信仰是不能强迫的。强迫的信仰，如同叔本华说的是强迫的爱，这是不可能的。任何强迫的爱都会变为恨，强迫的信仰会变成对这种信仰的厌恶。因此，真正的信仰必须内化为自己的内心的理念，这种化为内心的信仰就是信念。信念是内在的。当宗教信仰内化为内心信念时，就是宗教感情；当马克思主义和共产主义的信仰变为革命者的信念时，就成为坚定的立场和行动的指南。

信念在人们的行为中非常重要。一旦人们形成某种信念，它就会影响人们对某些相关信息的知觉。正如一位哲学家说的，一旦你将某个国家视为敌人，你就倾向于将其模棱两可的行为理解为对你表示敌意。信念，会支配自己对相关信息的判断。

理想，则是信仰的追求的目的性存在。科学信仰追求的是能实现的理想，而宗教信仰追求的是天堂、千年王国或者极乐世界，这些都是虚幻的空想。马克思主义不反对使用"信仰"这个名词，但认为信仰一定要转化为内心的信念和理想，变为实践的指南。马克思主义的信仰是科学的，信念是坚定的，理想是现实的。

头上的天空与心中的道德

康德说过，有两样东西他最关心，一个是头上的星空，即宇宙；另一个是心中的道德。这实际上是说，哲学探索宇宙秘密，探讨人如何才能过合乎道德的生活。康德非常重视道德，他说过，人是作为动物的存在，但应该把自己提升为道德的存在物。作为动物性存在的人依本能活动，而道德的人则应该超越本我，按道德规范处理人际关系。

自然科学中有天体论，有宇宙起源学说，如霍金的学说。可这不是哲学，而是实证科学，它研究的是宇宙的物理规律。哲学研究的是宇宙观，即如何看待宇宙本质的观点。它是上帝创造的还是原本如此的？是精神的还是物质的？我们实际生活于其中的世界是"我的梦"，是意识和知觉中的假象，还是真实的、不依存于我的客观存在？任何一个人都免不了一死，任何一代人都会死去，甚至人类有一天会因为生态恶化而自我消失，但宇宙仍然存在。"尔曹身与名俱灭，不废江河万古流。"

关于人应该如何生活，生活的意义和价值问题是哲学问题，是人生观问题。心理学也研究人，当然只限于人的心理活动，各种各样的心理活动和活动规律。哲学的特点是宏观的、总体的，各门科学的特点是特殊的、中观或微观的。中国哲学，如孔孟老庄都强调天道和人道，但实际上是关于宇宙与人生的大道理。

做人要记住头上的星空和心中的道德。记住"天"，知道世界发展有规律。天网恢恢，疏而不漏，这不是"天"的意志，而是客观的因果规律。"种瓜得瓜，种豆得豆"，人的行为也是如此，做坏事而不要坏的结果是不可能的。违背自然的客观规律，会遭自然报复；作奸犯科，会受到法律的惩罚。要记住，中国哲学强调"心"，不是心脏的实体的"心"，而是良心的"心"。善心并非天性，而是高尚的道德的内化。

道与德

我们常用的道德这个概念，实际上可分为道与德。儒家的道是可闻之道，孔子说："朝闻道，夕死可矣。"孔子说，自己"十有五而志于学，三十而立，四十而不惑，五十而知天命，六十而耳顺，七十而从心所欲，不逾矩"，说的就是自己求道闻道的过程，而不是指一般的学习。

孔子的道是人伦之道，它支配人与人的关系。所谓道不远人，人之为道而远人，不可以为道。君臣有君臣之道，父子有父子之道，夫妻有夫妻之道，朋友有朋友之道。每种关系遵守相应的道，就是德。可见，孔子的道可通过规范而约束人的行为，告诉人应该如何做人。

老子的道是不可见的道，是先天地而生无象无声的宇宙之根。老子摒弃儒家的仁义道德，因为这些道德规范是违背"道"的，"大道废，有仁义。智慧出，有大伪。六亲不和，有孝慈。国家昏乱，有忠臣"。老子认为，只有得道才具有真正的德。德就是得，即得道。

孔子对道的看法，决定了他在认识论上主张学习，主张求知，主张"学而不思则罔，思而不学则殆"。而老子强调得道、体道，因而反对求知，主张绝圣弃智，认为人可以"不出户，知天下。不窥牖，见天道。其出弥远，其知弥少"。从认识论的角度说，我认为孔子比老子要正确。

其实，道德不能与知识相脱离。道德不能归结为知识，但道德肯定包含知识，即对自己所处社会关系的认知。无知会导致道德的沦落，但知识又不等于道德，有知识而道德极坏的人并不少见。因此，道德不仅是规范，而更重要的是德性，是一种品质，是一种发自内心的自觉的行为。德性不好，或知而行，都谈不上道德。我们当前道德建设的关键，不仅要宣传，更要倡导践行。高尚的道德如果只是某一个人的行为，就会高不可攀。社会道德风尚应该成为一种相互影响的道德环境。古人非常重视道德的作用："风俗之变，迁染民志；关乎盛衰，不可不慎也。"在一个好的社会环境中，自觉的道德行为才可以蔚然成风；而自觉的道德自律成风，才会形成一个好的社会环境。

道与理

中国人在生活中，无论处世、处事、处人，都重视讲道理。一个讲道理的人为人所尊重，不讲道理的人为人所不齿。一个人被指为"不讲道理"，就是霸道。霸道，首先就不讲理，失去道义。在世界政治中，以强凌弱，以大欺小，就是霸权主义；在日常生活中，蛮不讲理，就是牛二式的人物。大到国与国的关系，小到个人处世、处事、处人，都得讲理。不讲理，虽可得势于一时，从长远来看，终必搬起石头砸自己的脚，没有好结果。

道与理，其实是组合词，非常妙，包含着很深的哲理。中国哲学家所说的"道"，既具有规律又具有道路的意义，理由道来，得道才能有理，违背道，肯定无理。理是对道的体认，像庄子说的"知道者必达于理"。我想，一个在国与国的关系中不讲理的霸权主义者，肯定不相信"道"，不相信"多行不义必自毙"的规律。当年日本的军国主义者疯狂至极，认为"天下无敌"，可以为所欲为，结果如何？还不是以失败而告终。历史证明，任何侵略和压迫别的民族的国家，最终没有一个能长治久安，失败是迟早的事。翻翻史书，许多大帝国的崛起和衰亡的历史，无不体现了这条规律。无理者必背道，背道者必不能久。

真正得道明理的人，并不会因为"占理"而走向反面。中国人说，得理要让人，理直要气和，这也就像庄子说的"达于理者必明于权"。毛泽东当年领导对敌斗争时，强调有理、有利、有节。有理是前提，即使有理，也要有利，还要有节。这是真正对待斗争的哲学智慧。这同只讲斗或一味讲和的哲学都是不同的。

明于权，就是不以得理而陷于另一种片面性。根据不同情况、不同对象，灵活地运用理。坚持"理"时，原则性和灵活性相结合就叫"权变"。权变是非常重要的，"明于权者不以物害己"。一个只知道原则性而没有任何灵活性的死板僵化态度，无论治国、治事、处世、处人，都很难达到预期的效果。

一个马克思主义者自以为在坚持马克思主义，可就是不知道权变，即如何从实际出发，灵活运用马克思主义，这种马克思主义本身就违背了马克思主义。列宁说过，马克思主义具有决定意义的东西是辩证法。没有辩证的态度，就是不知道权变。中国革命和社会主义建设中的教条主义，或"左"的思想，就是自以为得马克思主义之理而陷于"本本主义"。

权变，不是无原则随风倒，而是有原则，但不死守原则，一切以时间、地点、条件为转移。因为权变的依据是理，而理的依据是道，所以权变绝不是契诃夫小说中的"变色龙"。真正知道权变的，必然是"察乎安危，宁于祸福，谨于去就"，而不会以权变为借口而肆意妄为。

道、理、权，三者是统一的。得道知理，知理明变。这是我们工作的原则，也应该是我们做人的原则。

道德的根源不在道德自身

人穿衣服，首先是生理需要——御寒，而不是由于害羞——道德的羞耻感。长期穿衣服，已经使穿衣服变为一种习惯，变为一种文明，它就会转变为一种道德要求。正如兄妹不能结婚，开始是人们对自然选择的不自觉服从，然后转化为伦理规范一样。道德的深层根源并不在于抽象的人性或道德规范自身，而在于社会的和自身发展的需要。当然，衣服究竟短到何种程度符合道德要求，这是可变的。但有个限度，这个限度是社会的和生理的，这就是它要遮盖最容易引起两性关系的器官又为社会习俗所容许。

竞争并不违反道德，垄断必然导致腐朽。竞争中也会存在不道德的竞争手段，但克服这种不道德仍然要通过公平的竞争。在体育活动中表演不如表演赛，表演赛不如真正的比赛。最能出成绩的是比赛。体育比赛——各类运动项目的比赛都有自己的规则，商业中的竞争也应该如此。因此，在社会主义条件下，竞争应该是社会主义性质的竞争，即符合社会主义法律和道德要求的竞争。

性与爱的关系也是如此。性是生理要求，是两性相爱的基础。在这个意义上说，无性即无爱。可是爱又是对性的约束，它要求性的专一性。性的解放，是爱的坟墓。性的范围越大，爱的成分越少。人与其他动物不同。人的爱，赋予性以人的尊严。因此家庭婚姻道德，是人类维护社会稳定和人类自身延续所必需的。

道德源于生活，但又高于生活。道德具有理想的成分，因而能够成为提高人类自身和促进人类发展的力量。道德的过分的功利化就是道德理想的丧失。

行贤而去自贤之心

中国有句古话，无心为恶虽恶不罚，有心为善虽善不赏。我说这只有一半理，这一半理是着重动机在道德论中的重要性，可是道德也有效果问题，只讲动机而不讲效果，肯定是片面的。

康德在他的名作《纯粹理性批判》中，就把行为的动机与效果绝对对立起来，只是从行为动机方面考察人的道德行为。在他看来，只有从最纯正的动机出发的行为才是道德行为。人的道德行为所应该遵循的不是外在目的，而是实践理性的"绝对命令"。道德行为是"应当"而不是"因为"。康德认为道德是自律而不是他律的看法很有见地，说明道德不同于法律。但没有任何原因的"应当"是空洞的，康德的绝对命令软弱无力，只是一种道德哲学，不可能奉行，也无人奉行。

我认为《庄子·山木》中讲的"行贤而去自贤之心，安往而不爱哉"的说法，不同于康德的绝对命令。因为"行贤而不自贤"是对的，做了一点儿好事就喜形于色，甚至自夸，生怕别人不知道，确非道德的本意。道德动机有深层原因，道德行为有社会和文化背景，但一个人的道德行为绝不应该以非道德的目的为动力。对于社会而言，道德规范的产生肯定是有原因的，人的道德行为肯定有道德的动机，有自觉的道德意识，而且会意识到这种行为的后果，并感受到道德行为的心理愉悦。

道德教育最重要的是要使受教育者把道德规范内化，即变为自己的道德素质，确实融化在血液中，落实在行动上。这种被视为"应当"、视为"当然"的道德行为，不是出于所谓道德本心，也不是"绝对命令"，而是长期教育内化的结果。我在日本的一个小区中住过一个暑假，看到日本人倒垃圾时将垃圾分类非常自觉，而且都是集中在离楼较远的地方，我没有看到不分类或随手扔垃圾的，也没有人表扬这种行为，也没有看到天天宣传，仿佛就应该这样，不这样反而不正常。这就是素质问题。

素质教育中的一项重要内容就是道德素质，当道德变为一种素质，内化为自己的良心时，就会行贤而无自贤之心。这种境界是真正的道德境界。

一个行动胜过一打纲领

这是马克思的名言。在道德问题上也是如此。凡属所谓道德说教，总会使人感到陈腐，苍白无力，可一旦付诸实践，就显得伟大和崇高。例如，为人民服务，只有五个字，说者无心，听者无意，似乎是空话官话。可是一个人真正在行动中始终坚持为人民服务，那将是伟大的一生，会得到人民广泛的持久的传颂。即使只是真正为人民办了几件实事好事，也会得到人民的拥护。再如，一对夫妻相濡以沫，经历种种磨难，相守不变，比起那些夫妻应该如何如何的道德教条来更能得到人们的尊敬。在思想特别是道德领域中，人们重言行一致，而且行重于言。如果言行不符，特别是伪言劣行，人们称之为假道学。道德教育一定要落在实处，千万不要摆花架子。

儒、释、道的融合

中国习惯称呼的儒、释、道，并非在宗教意义上并称。儒、释、道的融合并非三种宗教的合一，而是思想的相互激荡。儒、释、道合一是从思想史角度说的。儒学，指的是儒家学说；道，不是指道教，不是张天师而是被尊敬为祖师爷的老庄哲学思想，他们是思想家，不是教主；释，指的是佛学思想和智慧，而非释迦牟尼，不是佛教。通称"三教合一"，容易误解为三种宗教的合一。没有见过大雄宝殿中有孔子塑像，或道观中坐上弥陀大佛。教是教，学是学。

其中，儒家学说的重大作用是教化，而不是神化。虽然儒家学说关于天、关于天命的观点也有超越世俗的神圣性，但只是其中的极小部分，绝大部分都是世俗性的教化。只要读读《论语》，就能感受到其中的生活气息扑面而来。儒家学说不主张鬼神崇拜，子不语怪力乱神。儒家主张祭祖，慎终追远，是怀念先人，是孝道，而不是相信死后仍然有灵魂；儒家重视祭祀，但祭神如神在，可以说是心祭，而非偶像崇拜。孔子像没有摆进神殿，孔庙是读书人祭孔拜孔的地方，而不是烧香叩头求财求子的地方，不具有"有求必应"的世俗化功效。

哲学与人生　Philosophy and Life

我的人生之路

哲学没有带给我金钱，没有使我像其他某些专业的学者那样风光，但哲学确实给了我思想财富，使我知道要了解自己，也知道人应该了解自己。我至今仍在不断这样做。

懂得接纳自己

我是家里唯一的男孩，很得宠。我从小用钱很随便，从账房里拿，专门有个户头，年底结算，但我并不奢侈。父亲很爱我，可并不关心我的学习。他做生意很忙，文化水平又不高，也无从关心。我的环境很宽松，性格很随便、散漫，不注意小节，也不重视金钱。家里经济条件比较好，什么都不在乎。同学们经常在我家吃饭，母亲总是热情招待，所以我自小人际关系就好。

按现在的标准，我应该是属于坏学生。我初中一二年级就会赌点小钱，玩牌九，和同学们经常上饭馆。有时因为赌钱父亲动怒了，就罚我在堂前跪下。跪一会儿，认个错，也就过去了。我小学时受到最严厉的惩罚就是罚跪。小学六年级学会吸烟，是我们家乡厂家自己生产的洋烟，即用土法生产的纸烟。我也有优点，从小喜欢读书，老师喜欢我，特别是语文老师。我把小时候的"劣迹"讲给孙女听，她说："爷爷，您要搁在现在属于不良少年，早被开除了。"

我从小性格上就充满矛盾，既聪明又胆小，既喜欢读书又赌钱抽烟，散漫邋遢，不讲究穿着，不重视金钱。从内心深处说，我自小受文学影响较大，是一个家庭比较富有但又不羡慕财富，喜欢无拘无束追求所谓名士风格的人。

对孩子来说，最有害的是自卑，是不能愉悦自己、接纳自己。自卑可能会激发上进力，更多的是带来心灵创伤，埋下心理疾病的祸根。马克思说，妄自菲薄是毒蛇，它永远啃噬着我们的心灵，吮吸着其中滋润生命的血，注入厌世和绝望的毒液。这句话出自马克思的中学毕业论文，当时他才17岁，足见其思想的早熟。

我的学习、为人很得同学欢迎，人际关系也很好。中学办壁报，我的文章出过一点小风头，可我并不认识自己的优势，只看到自己的缺憾。我的才能和灵气被对自己外在东西的不满窒息了，陷入不能接纳自己的苦恼之中。我开始尝到苦头时是18岁，高中二年级。我家在小县城，中学时我住校。一天晚上，我半夜突然惊醒，感到无比恐惧，仿佛灾难临头，难以自制，穿好衣服往家里跑。一到家，见到父母，一切都平静下来了，好像什么事都没有发生似的。当时无知，缺少心理学知识，不知道这是急性焦虑发作，而以为自己是在做噩梦，不以为意。进入大学以后，开始失眠，难以入睡，只有到医务所要点安定、利眠灵之类的东西抵挡一阵。我急于求治，但医生从来说不清什么病，给点药打发走了事。我也偷偷找过心理医生咨询，诉说失眠的苦恼，同样使我失望。

大学期间，我的学习成绩一直很好，深得同学好评。行为正常，没有任何人知道我灵魂深处的苦恼，连自己都弄不清我究竟为什么会失眠。最后，哲学帮助了我。我可以自豪地说，我读的书太杂，但没有白读。因为我了解了自己，或者说尽力了解自己，身心日趋健康，在专业学习和研究上也为一些同行和学生所错爱。

人生困境靠哲学

人生有许多自己难以预料，难以把握的事。

"文革"期间，中国人民大学解散停办，我在江西余江干校待了三年，在五连菜班。种菜对我是困难的，不说别的，光是挑粪肥就够呛。江西农村的木桶又大又沉，两个桶就够意思，别说加上满桶的粪。我只挑半桶，走路还像醉打山门，跌跌撞撞。累是累点，但我没有干校仿佛是地狱，是劳改所的感受。也许人民大学的干校宽容些，也许因为我是普通教员，不是走资派或什么分子，比较自由。每到休假，到离干校20里的鹰潭去改善改善。去鹰潭全靠两条腿，早去晚归，算下来往返也有几十里路。

我的厄运是回京以后的事。回校等了一年多，成批成建制分到别的高校。我随同研究所分到一所著名高校，教了一年书。不知为何，一天党总支通知我到一个什么写作组去工作。我没有觉悟，从来没有想过一个共产党的基层组织会派自己的党员去为"反党篡权"效劳。城门失火，殃及池鱼。我们这批人当然应该受审挨批，谁叫我们炮制那么多文章，头版头条，推波助澜，罪有应得。我却没有搞什么阴谋，也没有什么私下的指示之类，就是写文章。

在学习班时，我曾有一股消极情绪，有时以洗澡为由偷偷溜回家看看。途中看到摆摊子的小贩、炸油条的、修鞋的，非常羡慕，心想要是不读书，不会写几句破文章，何至如此，自由自在多好。我学过的哲学这时跑出来开导我：风物长宜放眼量。我心中有愧但没有鬼：有愧，是的确写了有错误观点的文章，为"左"的路线摇旗呐喊；没有鬼，是我心中坦然，我没有反这反那的念头，也从没有得过任何指示之类。我相信唯物主义和辩证法，事情会弄清楚。

回人民大学后，我没有消极。虽然开始两年仍然是靠边站，坐冷板凳，但我以"十年贻误日兼程"的决心，埋头读书写书。我没有年节，终年奋笔。65岁开始学电脑，这以后所有文章都是自己敲出来的。

我能走出这段人生困境，没有绝望，也没有消极悲观，一靠党的实事求是政策，二靠自己的哲学修养。这一经历，使我深感哲学确实管用。它能使我们在困顿时看到希望，在暗处看到光明，不会一蹶不振、自甘沉沦。

为所当为，顺其自然

老与死，是老年人面对的两大问题。马克思对老与死的态度的确是革命者的态度，也是智者的态度。他晚年多病，但最为担心的不是自己的生命，而是自己的著作。他在 1867 年 4 月 30 日给齐·迈耶尔的信中解释为什么没有及时复信时说：我一直在坟墓的边缘徘徊。因此，我不得不利用还能工作的每时每刻来完成我的著作，为了它，我已经牺牲了我的健康、幸福和家庭。我希望这种解释用不着再做进一步补充了。我嘲笑那些所谓"实际"的人和他们的聪明。如果一个人愿意变为一头牛，那当然可以不管人类的痛苦，而只顾自己身上的皮。个人生死置之度外，重要的是关注人类的痛苦。这就是马克思。

1883 年 3 月 15 日晚，马克思逝世的第二天，恩格斯在给左尔格的信中，对马克思的死表达了一个革命者对生命的态度。他说：医术或许还能保证他苟延残喘地多活几年，让他毫无办法地活下去，让他为了证明医生们的医术上的胜利，不是突然地死去，而是慢慢地死去。但是，这是我们的马克思绝不能忍受的。不能为了给医学增光和让庸人们嘲笑，就眼看着这个伟大的天才像庸人一样地消磨残生，不，死要比那样好一千倍，的确好一千倍。马克思和恩格斯生是革命者，死也是革命者。一个以马克思主义哲学为终生信仰的人，在生与死、老与病的问题上，同样要以他们为榜样。

我是个教员，当为之事就是当好教员，力求能胜任本职工作，并尽可能在学术上有点小小的成绩。教员是清苦的职业。韩愈在《进学解》中曾记载学生不服教导而反唇相讥他说："冬暖而儿号寒，年丰而妻啼饥。头童齿豁，竟死何裨？不知虑此，反教人为？"很是讥讽了一番。现在的教员生活当然不同，我们生活无虑。

我这个人很平凡，没有什么成就，但即使老了仍还算刻苦。长期在高校工作，养成了读书的癖好，连上厕所都喜欢手上抓本书。不只是专业书，只要是人文方面的书都愿翻翻，连小学生字典我也读，得益良多。除了散步花点时间外，节假日对我都一样。我常说，我这个人很简单，就四个字：走（站起来就走）、读（坐下来就读读写写）、吃（一天三餐，普通饭食）、睡（进入老年不熬夜）。我的一些著作和文章基本上是 50 岁以后写的。人家问我高寿，我说 40 多岁。的确，我的学术生命从 1980 年算起至今才 40 多年。我 65 岁开始学电脑，学会打字，吃了点苦头，但也尝到了甜头。我最得意的并不是自己不起眼的文章和书，而是它们的"生产方式"，居然是人到老年敲出来的。

为所当为意味着人活着有目标、有理想，即有追求。追求对人生非常重要。一切都已满足、用不着追求的人生是平淡的，浑浑噩噩不懂得追求的人生是可怜的，而以追求个人名利为目的最终走向堕落的人生则是可悲的。

在为人处世上，我主张顺其自然。顺其自然绝不是随波逐流，不要任何追求。人，特别是年轻人，一定要有追求。对理想的追求是成功的动力，又是一个人的成就所能达到的最高标度。在追求中，我们不应鄙视平凡，但要赞美崇高，拒绝堕落。我们一定要把我们的追求建立在与人民的利益、国家的利益相符合的基础上。应该记住马克思年轻时的一句话，我们的追求，应该遵循的主要指针是人类的幸福和我们自身的完美。

活，要尽人事，为所当为；死，要知"天意"，顺其自然。这样，活得充实，走得安详。

经历了中学时的自卑期，大学时的心理困惑期，我最终从哲学中找到了出路，生活在心灵平静、满足、高兴、不断学习和写作的生活中。我的心灵从地狱走向天堂之路，就是我的人生之路，也是我的哲学之路。

我的学术之路

我一生与书相伴，从家门到校门，从读书到教书，教书仍然是在读书。我确定自己的学术方向是在人民大学，它几乎占了我整个一生。在人民大学大体上可以分成两个阶段：从 1953 年开始学习马克思主义哲学到 1980 年，属于接受哲学教育的启蒙时期；从 1980 年至今为独立研究探索时期。这两个阶段当然无法截然分开，它有一以贯之的东西。无论是国家困难时期还是我个人有点儿坎坎坷坷，都没有动摇我对马克思主义哲学的信仰，但从我写作的关注点和风格来说，确实发生了变化。改革开放后第二阶段可以分成三个小段：从学术研究转向哲学随笔，从哲学随笔又转向政论文章。孔子说："齐一变，至于鲁，鲁一变，至于道。"我希望我的变能越变越好。

第一阶段：哲学启蒙时期

1953 年我于复旦大学历史系毕业，被分配到中国人民大学马克思主义研究生班哲学班学习。从上海到北京，这是我的学术专业的定格，从此我与马克思主义哲学结缘。三年研究生班学习，我最大的收获是学到了一些马克思主义哲学的基本观点，读了几本经典著作。尽管当时理解并不深，但总算打下了一点儿基础。

从 1956 年到 1980 年，各种政治运动比较多。从我个人来说，做学问还没有上路，也不知道怎样研究，成果很少。值得记的事，我概括为两文一会。

第一篇是发表于《教学与研究》1963年第3期的《实践检验与逻辑证明》。在此文中，我特别强调实践检验和逻辑证明是不同的。把逻辑证明和实践相并列，认为真理有两个标准是错误的，但否认或贬低逻辑证明的作用也是片面的。辩证唯物主义在承认实践是检验真理唯一标准的基础上，正确估计了逻辑证明的作用，并科学地阐明了这两者的关系。全部文章都是围绕这个中心层层展开的。另一篇是发表在《前线》1963年第2期的《服从多数尊重少数》。这是一篇多少有点儿政论性的文章。文章提出了一个重要问题，即如何发扬民主的问题。我提出应该重视票决的民主方式，但又不能迷信票决。因为多数票并不表明就是正确的，真理在少数人手中的事并不少见。程序民主不应该绝对化，因此，我提出"服从多数，尊重少数"的主张，而且对尊重少数着墨甚多。当时反右斗争刚结束不久，阶级斗争火药味浓重，提出"尊重少数"应该说是有点儿见识。文章中还批评了西方的普遍自由的观点。多年以后，我重读这篇文章，感到它虽然很短，却不比我后来的大块文章的含金量少。这引起了我对自己学术之路的反思。如果此后我继续沿着独立思考之路进行学术研究，写点儿有见解的文章，而不是无棱无角的学究式的论文，成就可能会更大些。不过这是条有风险的理论之路。真理的探索有时会灼伤探索者的手指，人生的各种偶然性很难预料。

除了两篇文章外，还有一个会，值得说道。因为它也是我学术生涯中一件有意义的事，我称之为马克思主义哲学的"鹅湖会"。1960年春，在现为中央党校的校内举行了哲学教科书的讨论会。这是新中国成立以来第一次关于哲学教科书的讨论会，规模不小，档次也很高，主持人是著名哲学家艾思奇。我是个小小的讲师，主要是去学习、听会。这个会很长，是"马拉松"，共开了两个多月，如果要讨论，仍然可以开下去，哲学问题是个无底洞。

我此生参加过多次教科书的编写，也当过主编，至今仍不时会参加此类讨论。我有一个体会，马克思主义哲学内容和体系会随时代变化而变化，会增加新内容，会更具时代特色、民族特色。可是要试图推翻马克思主义哲学基本原理，否定马克思、恩格斯、列宁、毛泽东已经取得的成就，在理论观点上另起炉灶，没有一个成功的。我积此生经验认识到，马克思主义哲学中凡属规律性的内容，只能根据新条件加以运用和发展，可以结合中国实际，结合科学发展充实新内容、新材料，编出具有中国风格、中国特色的教科书，而不是任意构建什么新体系。除非完全脱离马克思主义哲学范围，弄一个四不像的东西，如果这样，就无权称为马克思主义哲学教科书，可以称为专著，称为某某人自己的体系，但绝不能把它作为马克思主义哲学教科书。

第二阶段：独立研究探索时期

从学术上说，我的确是改革开放的同龄人。这40多年，可以细分为三个小阶段，各有特点。

第一，研究马克思主义史和马克思早期思想。差不多从20世纪70年代末到90年代，我的基本研究方向是马克思主义史和马克思早期思想。我参加集体编写的《马克思恩格斯思想史》，我写了头三章，并负责对全稿进行润色；参加《马克思主义基本原理教程》的写作，并担任主编。这两部书最大的特色是把马克思主义作为一个整体来研究，把马克思主义融为一体，并不是割裂的三个部分的组合。可是由于水平的限制，仍然避免不了"拼盘"的缺点。我个人的专著主要是《走向历史的深处》。这是我第一本个人专著，也是我所有著作中非常值得回忆的一本书。除了专著外，这一时期我还重视学术文章的写作，发表的文章比较多，这些文章现实性较强。

第二，转向哲学随笔。我喜欢读同行中如万马奔腾、有气势、立论难以撼动的好文章。我心向往，但非我所能。我知道自己才拙，永远写不出这种大眼界大手笔的风雷文章，于是开始转向写随笔。我的第一本随笔是《漫步遐思》。我的随笔最大的特点是立足现实，着眼于智慧的启迪。我的随笔很多都来源于我自身的经验、来源于读书的触发、来源于新闻、来源于对社会事件的观察，总之，不是纯粹从自己头脑中挤出的"水货"。我的随笔中有三篇短文《论后悔》《论命运》《论失败》，看标题是纯哲学的，实际上都包含着我自己人生经历的体悟。在道德教育中，我感到我们没有着重于行而着重于说，因此我写了一篇《八十老儿行不得》的短文。据说，有个和尚法号鸟窠禅师，住在树上，精通佛典，能为人指点迷津。苏轼闻禅师之名，前去问做人之道。禅师说："恶事不做，众善多行。"苏轼很是失望，说这个道理三岁小孩都知道。禅师答道："三岁孩儿懂得，八十老儿行不得。"这句话看似平淡，实在对得很。许多道理是平凡的，但能终生恪守、始终不渝却是极难的。"八十老儿行不得"，对于马克思主义者来说同样有这个问题。的确有的人革命一辈子，马克思主义最基本的一条——"为人民服务"就做不到或不打算做。为人民服务，道理深不深？好不好懂？易懂难行。一个马克思主义理论工作者如能终生力行，在我看来就是一个实际的马克思主义者。在现实中我们能见到一些人口不离马克思主义，实际上是个幌子，或者说是用来应付上级、蒙骗群众的"护身符"，不会照着做，也从来不打算照着做。因此，有人革命一辈子，还是一个"八十老儿行不得"的假马克思主义者。

第三，时政论文。已经到耄耋之年，我又做了一次改变。大概是从2015年开始，在《求是》《人民日报》《光明日报》发表了有关马克思主义与中国传统文化、中国道路方面的文章，差不多有二十多篇，这些文章被结集为《一位"85后"的马克思主义观》。我在写一些长文章的同时，还写一些短小、有点儿战斗性的文章。我曾在《光明日报》《北京日报》发表过一些文章，有好心朋友劝我说，你写它干吗，就不怕得罪人吗？我说不怕，没有什么可怕的，作为一名马克思主义理论工作者，我的任务就是宣传和捍卫马克思主义。我为什么如此执着于马克思主义，坚定地跟着中国共产党？我们这一行当，可不是一般的学术研究，没有强烈的感情和对马克思主义的信仰，单纯读书，你也许可以成为一个马克思主义研究者、学者、专家，但绝不可能成为一位坚定的马克思主义者。

第三阶段："谢幕"

我2019年3月退休。按60岁退休规定，我多工作了近30年。在首批一级教授退休仪式上，学校给我们以极大荣誉，校长发表讲话并献花，对我一生的成就和贡献作出了高度评价。当然多过誉和溢美之词，这是难免的，符合中国人情的。退休嘛，当然如此多多鼓励和慰问。这不能当作真实的评价，人应该有自知之明。我已年过九十，体力和写作能力肯定已经衰退。我看到哲学界新人辈出，有许多非常有思想有抱负的年轻哲学家，非常欣喜。

长江后浪推前浪，这是历史进步的规律，也是学术进步的规律。

我写一首"寄语后浪"的诗：

> 修道学佛两难能，喧嚣世界一俗人。
>
> 终身舌耕喜弄笔，半篓废纸半拙文。
>
> 头白已无攀登力，月月愧领养老银。
>
> 笑迎后浪逐前浪，壁间剑鞘莫生尘。

"壁间剑鞘莫生尘"，这是我对后浪的期待。希望他们坚持马克思主义、坚持当代中国马克思主义，为马克思主义哲学创新作出新贡献。